安全運転の科学

牧下 寛

九州大学出版会

推薦の辞

　コンピュータと通信システムの進展には，目を見張るものがあります．今や，世界中の産物や製品の情報を瞬時に入手でき，また，世界中に情報を発信できます．産物や製品の販売や入手対象領域は世界規模になり，これまで以上に便利な生活，豊かな生活が可能となっています．しかし，産物や製品，地域情報が入手できても，物の輸送，人の移動が容易にできなければ，その情報の価値は小さなものとなります．このような人の移動，物の輸送を主に支えているのが自動車です．今の高度な情報化社会の一端は自動車が支えており，それによって経済的な効果がもたらされていると言えます．

　OECD（2005，HP）の報告によりますと，世界では，年間約120万人の人が交通事故で死亡しています．豊かさと利便性をもたらす自動車が，その事故によって，一方では量ることのできないほどの大きな悲しみと損失をもたらしていると言えます．自動車運転事故防止のためには，運転者や歩行者，自動車，道路環境の安全性能を高める必要があります．ただし，現在の自動車運転事故の80%以上は，人にその責があるとの分析がなされています．したがって，効果的事故防止のためには，自動車運転者や歩行者の安全面での改善が重要です．

　スウェーデン政府をはじめ欧州連合は，交通事故による死者を2010年までに半減させ，2020年にはゼロにすると宣言しています．日本でも，2013年までを目処に交通事故による死者を半減させるとの目標を政府は掲げています．ところで，これまでの自動車交通事故防止における運転者対策としては，道路交通法を遵守しての運転や，精神的に集中した運転を要求するといったものがほとんどでした．しかし，道路交通法を積極的に遵守しようとしない人も少なくはなく，また，集中した運転を行おうとしても，その具体的な実行法は不明であり，また，集中していたつもりでも事故を引き起こした人は少なくありません．このように，これまでに示されている安全運転法は，積極的に実行しようと指向されるものではなく，また，具体的な内容の不明な抽象的な言葉で示されているにすぎないものがほとんどであったと言えます．実行可能で事故防止に有効な（安全）運転法が不明であったのは，事故を実験的に発生させることが困難であり，したがって，その人的発生メカニズムの解明が困難であったことが一因と考えられます．

　このような中，本書は，数々の果敢な実験と緻密な思考に基づき事故発生の人的問題を解

明し，具体的でかつ実行可能な安全運転法を明らかにしており，今後の事故防止に大いに貢献するものと確信します．交通事故防止に関わる諸機関，また，自動車運転に関わるすべての人に精読頂き，自動車の運転事故を減らして頂きたいと祈念するものであります．

　本書は，著者の長年にわたる研究の集大成と言えるものでありますが，今後も，益々研究に精進されることを期待するものであります．

　　平成 17 年 6 月 10 日

九州大学名誉教授
九州産業大学情報科学部教授
松 永 勝 也

はしがき

　本書は，緊急事態に対処する能力を中心とした運転者の特性について実証的なデータを提供するとともに，実際の交通場面における運転の問題点と事故の関係を定量的に分析した結果を示したものである．自動車の運転は，認知，判断などの連続であり，これらの能力の違いは，危険発生時に事故を回避できるか否かと大きく関わっている．運転者はもとより能力のばらつきの大きい'人'であるが，運転者の高齢化の進展に伴い，能力のばらつきは，ますます拡大していくと考えられる．それは，運転者の能力の問題が交通事故の防止上，ますます重みを増すことを意味している．

　本書では，運転者管理データ及び交通事故統計データによる事故分析に基づき，加齢に伴い減少していく違反・事故がある一方で，増加していく違反・事故があり，増加していくものは身体能力との関わりがあることを示した．本書では，また，視力の計測や意識調査に基づき，視力と運転者の意識などが違反・事故とどのように関係しているかについても示した．加齢とともに増加していく違反・事故には，認知・判断の遅れに関連する事故が多く，加齢とともに視力が低下していくことと関連している．このような事故は，十分な車間距離があれば避けられるものが多い．一般的に，運転中に発生する危険を回避するためには，そのための空間と時間が必要であり，十分な車間距離を保つことは事故を起こさないための運転の基本である．本書では，事故事例調査に基づき，衝突相手との距離がどの程度不足していたかについても示した．さらに，高速道路を観測し，実際の速度と車間距離の状況，車群の状況などから，交通状況の危険の程度を表す尺度を提案し，その方法を用いて，観測した高速道路の状況を評価した．

　車間距離の重要なことは広く認知されているが，これまで示されてきた車間距離の指針の多くは，路面の特性や車両の制動能力に基づいたものであり，運転者については，代表的な値，あるいは，理想的な運転操作を前提としたものであった．しかし，運転者は多様であり，事故防止の観点からは，運転者の特性について十分な検討が必要である．本書では走行実験などに基づき，運転者のどのような特性が車間距離の長短や安定性，目測の正確性などと関係しているかについても示した．また，車間距離に関連する運転者の特性として，制動距離，反応時間，目測誤差，車間距離の変動等を計測し，年齢による違いや，視力との関係などを明らかにした．これらの結果から，各特性値の分布状況を調べ，ほとんどの運転者が

衝突を回避することができる車間距離の値を求め，現実の交通場面への適用についても記述した．最後の章では，以上の内容を踏まえ，事故防止対策の位置づけとその定量的効果を考察し，将来の展望を述べた．

　本書で示した個々の研究の成果は，車間距離の問題につながるものであるが，それぞれの成果は，運転者の特性についての独立した意味を持ち，交通安全に関する他の場面でも活用できると考えている．本書が何らかの形で交通事故の防止に役立てば幸いである．

目　次

推　薦　の　辞……………………………………………………………松永勝也　i
はしがき……………………………………………………………………………… iii

序　章　安全運転へのアプローチ ………………………………………………… 1
　　1．本書の基本的な考え方と概要 ……………………………………………… 1
　　2．本書の構成 …………………………………………………………………… 5
　　3．序章のまとめ ………………………………………………………………… 7

第Ⅰ部　運転者の特性と違反・事故

第1章　認知・判断の遅れに関連する交通事故 ……………………………… 11
　　1．本章の位置づけ …………………………………………………………… 11
　　2．交通事故統計データの概要 ……………………………………………… 11
　　3．事故当事者の年齢 ………………………………………………………… 12
　　4．事　故　類　型 …………………………………………………………… 14
　　5．事故の際の違反 …………………………………………………………… 15
　　6．ま　と　め ………………………………………………………………… 18

第2章　運転者全体でみた場合の違反と事故 ………………………………… 19
　　1．本章の位置づけ …………………………………………………………… 19
　　2．データの概要 ……………………………………………………………… 19
　　3．違反と事故の比較 ………………………………………………………… 22
　　　　3-1　違反と事故の加齢による変化 …………………………………… 22
　　　　3-2　6種の違反の加齢による変化 …………………………………… 22
　　　　3-3　6種の違反による事故の加齢による変化 ……………………… 26
　　　　3-4　事故に結びつきやすい違反 ……………………………………… 29

4．それぞれの違反についての傾向 ……………………………………………… 31
　　　5．まとめ ………………………………………………………………………… 33
第3章　運転者の身体能力及び心理特性と違反・事故の関係 ……………………… 35
　　　1．本章の位置づけ ……………………………………………………………… 35
　　　2．本章の背景と目的 …………………………………………………………… 35
　　　3．本章の記述の基になっている調査と分析の方法 ………………………… 36
　　　　3-1　調査の概要 ……………………………………………………………… 36
　　　　3-2　調査対象者の属性と違反・事故の有無 ……………………………… 37
　　　　3-3　視力の計測 ……………………………………………………………… 38
　　　　3-4　反応時間の計測 ………………………………………………………… 41
　　　　3-5　運転意識・態度などの分析 …………………………………………… 43
　　　4．視力，反応時間，運転意識・態度などと違反・事故の有無の関係 …… 45
　　　　4-1　相関係数 ………………………………………………………………… 45
　　　　4-2　判別分析 ………………………………………………………………… 49
　　　　4-3　違反・事故の内容別分析 ……………………………………………… 51
　　　　　4-3-1　調査対象者全体 …………………………………………………… 51
　　　　　4-3-2　年齢層別 …………………………………………………………… 54
　　　5．まとめ ………………………………………………………………………… 55
　　　6．おわりに ……………………………………………………………………… 57

第Ⅰ部のまとめ　年齢及び運転者特性と違反・事故の関係 ………………………… 59

第Ⅱ部　衝突回避と安定した走行に関係する能力

第4章　緊急時の制動 …………………………………………………………………… 63
　　　1．本章の位置づけ ……………………………………………………………… 63
　　　2．本章の背景と目的 …………………………………………………………… 63
　　　3．本章の記述の基になっている制動距離に関する実験の方法 …………… 64
　　　　3-1　実験方法の概要 ………………………………………………………… 64
　　　　3-2　被験者 …………………………………………………………………… 65
　　　　3-3　実験場所 ………………………………………………………………… 65
　　　　3-4　実験車両 ………………………………………………………………… 65
　　　　3-5　実験の手順と計測方法 ………………………………………………… 66

4．緊急時の制動距離と制動の仕方 …… 68
4-1 制動距離 …… 68
4-1-1 制動距離の分布 …… 68
4-1-2 制動距離の比較 …… 70
4-2 ブレーキの踏み方 …… 73
4-2-1 制動波形の形状 …… 73
4-2-2 ブレーキ液圧，減速度 …… 74
4-3 制動の仕方に対する意図の違い …… 75
4-4 「できるだけ強い制動をする」と回答した一般運転者の統計量 …… 76
5．本章で示した研究についての補足説明 …… 77
6．まとめ …… 78

第5章 反応時間 …… 81

1．本章の位置づけ …… 81
2．本章の背景と目的 …… 81
3．本章の記述の基になっている反応時間に関する実験の方法 …… 83
3-1 実験方法の概要 …… 83
3-2 実験コースと走行条件 …… 83
3-3 計測方法 …… 85
3-3-1 飛び出しに対する反応時間 …… 85
3-3-2 先行車の制動に対する反応時間 …… 85
3-3-3 周囲への視線 …… 86
3-4 実験車両 …… 87
3-5 被験者 …… 87
3-6 視力の計測 …… 87
4．年齢及び視力と反応時間の関係 …… 87
4-1 年齢による反応時間の違い …… 88
4-1-1 飛び出し及び先行車の制動に対する反応時間 …… 88
4-1-2 周囲への視線配分 …… 91
4-2 視力と反応時間の関係 …… 91
4-3 反応時間の上限 …… 92
5．本章で示した研究についての補足説明 …… 93
6．まとめ …… 95

第6章　車間距離の個人特性 ……………………………………………… 97

1．本章の位置づけ ……………………………………………… 97
2．本章の背景と目的 ……………………………………………… 97
3．本章の記述の基になっている車間距離の個人特性に関する実験の方法 …… 98
　3-1　車間距離計測のための実験 ……………………………………… 98
　　3-1-1　被験者 ……………………………………………………… 99
　　3-1-2　実験車両 …………………………………………………… 99
　　3-1-3　計測方法 …………………………………………………… 99
　　3-1-4　実験コース ………………………………………………… 99
　　3-1-5　走行方法 …………………………………………………… 99
　3-2　制動距離の計測のための実験 ……………………………… 101
　3-3　視力の計測 …………………………………………………… 101
　3-4　運転意識・態度などの分析 ………………………………… 101
4．運転者の特性と車間距離 …………………………………… 102
　4-1　運転者の特性としての車間距離 …………………………… 102
　　4-1-1　接近傾向 ………………………………………………… 102
　　4-1-2　車間距離の目測の正確性 ……………………………… 102
　　4-1-3　車間距離の不安定性 …………………………………… 104
　4-2　運転者の属性，身体能力と車間距離の特性との関係 …… 104
　4-3　制動技術と車間距離 ………………………………………… 104
　4-4　運転意識・態度，運転行動，ひやり・はっと体験と車間距離 …… 105
5．本章で示した研究についての補足説明 …………………… 106
6．まとめ …………………………………………………………… 109

第7章　先行車別，昼夜別の距離感 ………………………………… 111

1．本章の位置づけ ……………………………………………… 111
2．本章の背景と目的 ……………………………………………… 111
3．本章の記述の基になっている距離感に関する実験の方法 …… 112
　3-1　普通乗用車による追従走行実験 …………………………… 112
　　3-1-1　被験者 ……………………………………………………… 112
　　3-1-2　実験車両 …………………………………………………… 113
　　3-1-3　計測方法 …………………………………………………… 113
　　3-1-4　実験コース ………………………………………………… 113
　　3-1-5　走行方法 …………………………………………………… 113

3-2　大型トラックによる追従走行実験 …………………………………… 114
　　　3-2-1　被験者 ……………………………………………………………… 114
　　　3-2-2　実験車両 …………………………………………………………… 114
　　　3-2-3　計測方法 …………………………………………………………… 115
　　　3-2-4　実験コース ………………………………………………………… 115
　　　3-2-5　走行方法 …………………………………………………………… 115
　4．先行車別，昼夜別の目測値と実測値 ……………………………………… 117
　　4-1　目測値と実測値の比較 ………………………………………………… 117
　　4-2　昼夜の目測誤差の比較 ………………………………………………… 120
　　4-3　異なる先行車の場合の目測誤差の比較 ……………………………… 122
　　4-4　車間距離の目測値の誤差割合の走行条件間の相関 ………………… 122
　5．本章で示した研究についての補足説明とまとめ ………………………… 126

第8章　車間距離の維持に関する能力 ……………………………………………… 129
　1．本章の位置づけ ……………………………………………………………… 129
　2．本章の背景と目的 …………………………………………………………… 129
　3．本章の記述の基になっている車間距離の維持に関する実験の方法 …… 130
　　3-1　被験者 …………………………………………………………………… 130
　　3-2　実験車両 ………………………………………………………………… 130
　　3-3　計測方法 ………………………………………………………………… 131
　　3-4　実験コース ……………………………………………………………… 131
　　3-5　走行方法 ………………………………………………………………… 131
　4．車間距離の目測誤差と走行中の変動 ……………………………………… 131
　　4-1　追従走行中の車間距離の目測誤差 …………………………………… 131
　　4-2　追従走行中の車間距離の変動 ………………………………………… 133
　　4-3　追従走行中の車間距離の設定 ………………………………………… 137
　5．本章で示した研究についての補足説明 …………………………………… 138
　6．まとめ ………………………………………………………………………… 140

第Ⅱ部のまとめ　停止距離と車間距離 …………………………………………… 142

第Ⅲ部　車間距離の実態

第9章　危険認知時の速度と車間距離 …………………………………… *145*
 1．本章の位置づけ ……………………………………………………… *145*
 2．本章の背景と目的 …………………………………………………… *146*
 3．前方不注意事故の概要 ……………………………………………… *147*
 4．本章の記述の基になっている分析の対象事例 …………………… *149*
 5．危険認知速度と危険認知距離 ……………………………………… *149*
 6．衝突回避の可能性 …………………………………………………… *150*
  6-1　制動による回避 ………………………………………………… *150*
  6-2　ハンドルによる回避 …………………………………………… *152*
  6-3　収集事例の分布 ………………………………………………… *152*
  6-4　車間距離の不足，認知の遅れ，速度の出し過ぎ …………… *153*
 7．まとめ ………………………………………………………………… *156*

第10章　交通流の中の速度と車間距離 ………………………………… *159*
 1．本章の位置づけ ……………………………………………………… *159*
 2．本章の背景と目的 …………………………………………………… *159*
 3．本章の記述の基になっている観測と分析の方法 ………………… *160*
  3-1　観 測 方 法 ……………………………………………………… *160*
  3-2　追突するか否かの判定方法 …………………………………… *162*
 4．車間距離の現状と危険の程度 ……………………………………… *164*
  4-1　交通量と速度の時間推移 ……………………………………… *164*
  4-2　追突車両台数の車種別割合 …………………………………… *164*
  4-3　交通量と追突車両の割合の関係 ……………………………… *169*
  4-4　交通状況に潜在する危険の程度の評価 ……………………… *171*
 5．まとめ ………………………………………………………………… *175*

第Ⅲ部のまとめ　車間距離の現状 …………………………………………… *177*

終　章　車間距離のあり方と事故防止対策の位置づけ ……………… *179*
 1．本章の位置づけ ……………………………………………………… *179*
 2．安全側の車間距離の決定 …………………………………………… *179*

2-1 停止距離 … 180
2-1-1 制動距離 … 180
2-1-2 空走距離 … 182
2-1-3 停止距離 … 184
2-2 制御誤差と目測誤差 … 185
2-2-1 制御誤差（車間距離の変動） … 185
2-2-2 目測誤差 … 186
2-2-3 車間距離の維持に関する運転者の能力を考慮した車間距離 … 186
2-3 提案した車間距離と実際の交通状況との比較 … 187
3. 事故防止対策の位置づけ … 191
3-1 能力の把握と運転傾向の認識 … 191
3-2 能力の向上 … 193
3-3 能力の補助 … 194
3-3-1 情報収集の支援 … 194
3-3-2 情報収集の代行 … 194
3-3-3 情報活用と操作の支援 … 194
3-3-4 情報活用の代行 … 194
4. 事故防止対策の定量的効果について … 194
4-1 能力の把握と運転傾向の認識 … 195
4-2 能力の向上 … 196
4-3 能力の補助 … 196
5. 事故防止対策の問題とあり方 … 200
5-1 教育 … 200
5-2 交通管理と道路管理 … 202
5-3 車載機器 … 202
6. おわりに … 204

総括 … 205

あとがき … 207

索引 … 209

図表一覧

図序 - 1　運転事故発生の要因 ……………………………………………………………………………………3
図序 - 2　不適切な特定要因がない場合の事故発生要因 ……………………………………………………3

図 1 - 1　年齢層別事故件数の推移 ………………………………………………………………………………13
図 1 - 2　年齢層別死者数の推移 …………………………………………………………………………………13
図 1 - 3　年齢層別自動車等運転中の死者数の推移 …………………………………………………………13
図 1 - 4　追突事故と出会い頭事故件数の推移 ………………………………………………………………14
図 1 - 5　免許保有者当たりの違反種類別事故件数と全違反に占める違反種類別事故の割合の
　　　　 年齢層別の状況（2001年）……………………………………………………………………………17

表 1 - 1　第 1 当事者の年齢層別事故件数（2001年）………………………………………………………12
表 1 - 2　車両相互事故の中の事故類型別事故件数（2001年）……………………………………………14
表 1 - 3　第 1 当事者になった自動車等の運転者の違反種類別事故件数（2001年）…………………16
表 1 - 4　第 1 当事者になった自動車等の運転者の違反種類別死亡事故件数（2001年）……………16

図 2 - 1　1993年と2001年末の男女別年齢層別免許保有者数 ……………………………………………20
図 2 - 2　年齢層別の免許保有者100人・1ヵ月当たりの違反者数 ………………………………………23
図 2 - 3　年齢層別の免許保有者100人・1ヵ月当たりの事故者数 ………………………………………23
図 2 - 4　免許保有者100人・1ヵ月当たりの違反種類別年齢層別違反者数 ……………………………24
図 2 - 5　違反種類別年齢層別違反者が年齢層別の全違反者（いずれかの違反をした違反者）
　　　　 に占める割合 …………………………………………………………………………………………25
図 2 - 6　免許保有者100人・1ヵ月当たりの違反種類別年齢層別事故件数 ……………………………27
図 2 - 7　違反種類別年齢層別事故が全事故（いずれかの違反による事故）に占める割合 ………28
図 2 - 8　違反種類別年齢層別事故発生割合（違反者数当たりの事故件数）……………………………30

表 2 - 1　免許保有者の中の違反者と事故者 …………………………………………………………………21
表 2 - 2　違反回数別違反者数 ……………………………………………………………………………………21
表 2 - 3　事故回数別事故者数 ……………………………………………………………………………………21
表 2 - 4　違反種類別の違反者数と事故件数 …………………………………………………………………21
表 2 - 5　年齢層別の運転免許保有期間 ………………………………………………………………………23
表 2 - 6　違反者及び事故者の割合 ………………………………………………………………………………23

図 3 - 1　万国式試視力表 …………………………………………………………………………………………40
図 3 - 2　動体視力計 AS-4 D ……………………………………………………………………………………40
図 3 - 3　動体視力計 ………………………………………………………………………………………………40

図3-4	暗視力計	40
図3-5	判別分析結果	51
図3-6	違反・事故の有無と内容に関する3グループの運転者の静止視力別，KVA別，DVA別，暗視力別，静止視力とKVAの差別及び静止視力と暗視力の差別構成割合	56

表3-1	本章の調査対象者と全国調査の対象者の走行距離	37
表3-2	本章の調査対象者と全国調査の対象者の年齢層	37
表3-3	違反内容別年齢層別人数	38
表3-4	運転意識・態度に関する質問項目と因子負荷量	44
表3-5	運転行動に関する質問項目と因子負荷量	44
表3-6	ひやり・はっと体験に関する質問項目	44
表3-7	ひやり・はっと体験の質問に対する回答の選択肢	45
表3-8	視力，反応時間，運転意識・態度，運転行動，ひやり・はっと体験と違反・事故の有無及び年齢との相関係数	46
表3-9	年齢層別走行距離と無事故・無違反者割合	47
表3-10	年齢層別の視力と反応時間の中央値	47
表3-11	判別分析の結果	50
表3-12	違反・事故の有無と内容に関する3グループの調査対象者の年齢層別人数	52
表3-13	違反・事故の有無と内容に関する3グループの調査対象者の年齢，視力，反応時間，運転意識・態度，運転行動，ひやり・はっと体験，走行距離の平均値と平均値の差のt検定結果	53
表3-14	視力と反応時間の年齢層別の相関係数	55

図4-1	制動時の挙動を示す波形	67
図4-2	エキスパートの制動距離と制動距離の理論曲線	69
図4-3	研修生の制動距離と制動距離の理論曲線	70
図4-4	一般運転者の制動距離と制動距離の理論曲線	70
図4-5	研修生と一般運転者の制動距離（理想制動の制動距離との比で表したもの）の分布	71
図4-6	年齢に対する制動距離（理想制動の制動距離との比で表したもの）の分布	72
図4-7	乾燥路面，強い制動の場合の制動距離（理想制動の制動距離との比で表したもの）の分布	72
図4-8	理想制動の減速度波形	73
図4-9	研修生の減速度波形（最大減速度 0.92〜0.98 G の例）	73
図4-10	研修生と一般運転者の最大ブレーキ液圧の分布	75
図4-11	研修生と一般運転者の最大減速度の分布	75
図4-12	研修生と一般運転者の平均減速度の分布	75
図4-13	意図別の制動距離（理想制動の制動距離との比で表したもの）の分布（一般運転者）	76

表4-1	年齢構成	65
表4-2	年齢と制動距離（理想制動の制動距離との比で表したもの）の相関係数（乾燥路面の場合）	72
表4-3	「できるだけ強い制動をする」と回答した一般運転者の平均減速度（G）の統計量	76
表4-4	「できるだけ強い制動をする」と回答した一般運転者の制動距離（理想制動の制動距離との比で表したもの）の統計量	76

図5-1	一般道路に設けた周回コース	84
図5-2	周回コースとして設定した道路の状況	84
図5-3	反応時間の計測に用いたビデオ映像	85
図5-4	被験者の視線を調べたビデオ映像	86
図5-5	飛び出し反応の反応時間の被験者別の分布	88
図5-6	制動灯反応の反応時間の被験者別の分布	89
図5-7	各被験者の1分当たりの周囲への視線移動回数	90
図5-8	各被験者の反応時間の最大値の年齢層別分布	92
表5-1	反応時間が大きく外れた値を示したケースの飛び出し地点と飛び出してきた方向	88
表5-2	飛び出し反応と制動灯反応の反応時間の年齢層別の平均値，標準偏差，変動係数，中央値	89
表5-3	飛び出し反応と制動灯反応の反応時間及び視線移動回数の年齢層間の分散分析の結果と多重比較（Scheffeの方法）の結果	90
表5-4	年齢層別の視力と反応時間の相関係数	91
表5-5	各年齢層の反応時間の95パーセンタイル値と最大値	92
図6-1	追従車として用いた普通乗用車	100
図6-2	実験に用いたコース	100
図6-3	追従走行実験の状況	100
図6-4	年齢に対する車間距離の不安定性の散布図	106
図6-5	動体視力（KVA）に対する車間距離の不安定性の散布図	106
表6-1	車間距離の実験条件間の相関係数	103
表6-2	目測値の誤差割合の実験条件間の相関係数	103
表6-3	車間距離の標準偏差の実験条件間の相関係数	103
表6-4	運転者の属性，身体能力と車間距離に関する3つの指標（接近傾向，目測の正確性，車間距離の不安定性）の相関係数	105
表6-5	車間距離の不安定性と静止視力，動体視力（KVA）との年齢層別相関係数	105
表6-6	制動距離，最大ブレーキ液圧，最大減速度，平均減速度と車間距離に関する3つの指標の相関係数	107
表6-7	運転意識・態度，運転行動，ひやり・はっと体験と車間距離に関する3つの指標の相関係数	107
表6-8	指標間の相関係数	109
表6-9	年齢との相関係数	109
図7-1	実験に用いたコース（模擬市街路）（図6-2の再掲）	113
図7-2	追従車として用いた大型トラックと先行車として用いた普通乗用車	114
図7-3	実験に用いたコース（高速周回路）	115
図7-4	昼間，普通乗用車に大型トラックが追従している状況	116
図7-5	昼間，大型トラックに大型トラックが追従している状況	116
図7-6	夜間，大型トラックに大型トラックが追従している状況	116
図7-7	車間距離の目測誤差（実測値－目測値）の速度別分布（通常の車間距離）	117
図7-8	車間距離の目測誤差（実測値－目測値）の速度別分布（接近の車間距離）	118
図7-9	車間距離の目測誤差（実測値－目測値）の速度別分布（指定の車間距離）	118
図7-10	車間距離の目測誤差（実測値－目測値）の速度別昼夜別分布（通常の車間距離）	121

図 7-11	車間距離の目測誤差（実測値−目測値）の速度別昼夜別分布（接近の車間距離）	121
図 7-12	車間距離の目測誤差（実測値−目測値）の速度別昼夜別分布（指定の車間距離）	121
図 7-13	車間距離の目測誤差（実測値−目測値）の速度別先行車別分布（通常の車間距離）	123
図 7-14	車間距離の目測誤差（実測値−目測値）の速度別先行車別分布（接近の車間距離）	123
図 7-15	車間距離の目測誤差（実測値−目測値）の速度別先行車別分布（指定の車間距離）	123
表 7-1	速度別の指定車間距離	117
表 7-2	実測値と目測値の平均値の差の検定（通常の車間距離）	119
表 7-3	実測値と目測値の平均値の差の検定（接近の車間距離）	119
表 7-4	実測値と目測値の平均値の差の検定（指定の車間距離）	120
表 7-5	昼間の目測誤差（実測値−目測値）と夜間の目測誤差の平均値の差の検定	122
表 7-6	先行車が大型トラックの場合の目測誤差（実測値−目測値）と先行車が普通乗用車の場合の目測誤差の平均値の差の検定	124
表 7-7	昼間に普通乗用車同士で追従走行した場合の車間距離の目測値の誤差割合（（実測値−目測値）／実測値）の走行方法間の相関係数	124
表 7-8	大型トラックを追従車とした場合の車間距離の目測値の誤差割合（（実測値−目測値）／実測値）の走行条件間の相関係数	125
図 8-1	車間距離の実測値と目測値の比（実測値／目測値）の年齢層別走行方法別の分布	132
図 8-2	車間距離の実測値と目測値の比（実測値／目測値）の年齢層別の分布	134
図 8-3	車間距離の開始値からの推移（通常の車間距離，40 km/h）	134
図 8-4	車間距離の開始値からの推移（40 km/h）	135
図 8-5	開始値との比で表した 0.1 秒毎の車間距離の平均値の年齢層別走行条件別の分布（計測時間 10 秒）	137
図 8-6	開始値との比で表した 0.1 秒毎の車間距離の計測値の分布（計測時間 10 秒）	137
表 8-1	走行方法別の車間距離の実測値と目測値，及び実測値と目測値の比（実測値／目測値）の平均値	132
表 8-2	走行方法別の車間距離の実測値と目測値の比の年齢層間の分散分析の結果	132
表 8-3	通常の車間距離で 20 km/h の場合の，年齢層間の平均値の差の検定結果（Tamhane の方法）	133
図 9-1	前方不注意事故とその他の事故の危険認知速度の分布	147
図 9-2	危険認知速度の分布	150
図 9-3	危険認知距離の分布	150
図 9-4	危険認知距離の時間換算値の分布	150
図 9-5	危険認知速度に対する危険認知距離	153
図 9-6	危険認知速度に対する危険認知距離の時間換算値	153
図 9-7	危険認知距離に対する危険認知速度からの停止距離（空走時間 0.8 秒の場合）	154
図 9-8	危険認知速度からの停止距離の時間換算値に対する危険認知距離の時間換算値	154
図 9-9	認知の遅れ時間の分布	154
図 9-10	危険認知速度に対する危険認知距離の不足（空走時間 0.8 秒の場合）	155
図 9-11	危険認知速度に対する認知の遅れ時間（空走時間 0.8 秒の場合）	155
図 9-12	実際の危険認知速度に対する衝突せずに停止可能だった速度（空走時間 0.8 秒の場合）	155

表9-1	事故の違反別件数	146
表9-2	死亡事故の違反別件数	146
表9-3	収集事例のグループ別件数	148
表9-4	グループ2と3に分類された収集事例の内容別件数	148
図10-1	観測地点の位置	161
図10-2	観測地点の平面線形	161
図10-3	地点1（右側）の状況	161
図10-4	地点2（右側），地点3（左側）の状況	161
図10-5	交通量の1日の推移（各時刻の20分間交通量）	165
図10-6	平均速度の1日の推移（各時刻の20分間交通）	165
図10-7	普通乗用車と大型トラックの速度域別の車間距離構成割合（観測地点別車線別）	166
図10-8	急制動したときに追突される車両の割合（観測地点別車線別車種別）	167
図10-9	先行車が急制動したときに追突する車両の割合（観測地点別車線別車種別）	167
図10-10	走行車線の全車種合計の20分間交通量に対する先行車が急制動したときに追突する車両の車種別割合の分布（地点1〜3）	168
図10-11	追越車線の全車種合計の20分間交通量に対する先行車が急制動したときに追突する車両の車種別割合の分布（地点1〜3）	168
図10-12	各車線の全車種合計の20分間交通量に対する車種別の追従走行割合の分布（地点1）	169
図10-13	各車線の全車種合計の20分間交通量に対する全車種の平均速度の分布（地点1）	170
図10-14	各車線の全車種合計の20分間交通量に対する，追従走行していない場合も含めた車種別車間距離及び追従走行の場合の車種別車間距離の分布（地点1）	170
図10-15	先行車が急制動したときに追突事故になる割合の当事者になる車両台数別の内訳	171
図10-16	交通量当たり当事者車両累積台数の1日の推移	173
図10-17	追従走行割合の1日の推移（地点1）	174
図10-18	各車線の20分間交通量に対する各車群に属している車両の割合の分布（地点1）	174
図10-19	各車線の20分間交通量に対する交通量当たり当事者車両累積台数の分布（地点1〜3）	175
表10-1	観測地点の概要	161
表10-2	車種別の交通量（観測時間20分×24回の間に観測地点を通過した車両台数）	165
図終-1	安全側の車間距離を決めるための情報の流れ	180
図終-2	理想制動の制動距離と一般運転者の制動距離（$\mu=0.8$の路面における実験による）	181
図終-3	一般運転者の制動距離（乾燥路面　$\mu=0.5$として計算）	183
図終-4	一般運転者の制動距離（湿潤路面　$\mu=0.3$として計算）	183
図終-5	年齢層別の空走距離	184
図終-6	年齢層別の停止距離（乾燥路面）	185
図終-7	交通量に対する平均速度の分布（首都高速1号線）	188
図終-8	交通量に対する平均速度の分布（東名高速道路）（図10-13の再掲）	189
図終-9	交通量の1日の推移（青戸4丁目　平成15年2月26日　国道6号　第2車線　上り）	189
図終-10	第2車線の交通量と小型車の速度別台数割合（青戸4丁目　平成15年2月26日　国道6号　第2車線　上り）	190

| 表終-1 | 第2車線の交通量と車間距離が停止距離より長くなるための上限の速度 ……………190
| 表終-2(a) | 対象項目と情報処理に関する水準に基づく事故防止対策の位置づけ ………………192
| 表終-2(b) | 事故防止対策の対象項目と情報処理に関する水準に基づく事故防止対策の
位置づけ ………………………………………………………………………………193

序章　安全運転へのアプローチ

1. 本書の基本的な考え方と概要

　自動車運転中の事故の原因は，ほとんどが運転者の問題であったとされている．これは，運転を補う多くの技術が活用されるようになった現在においても，事故発生の最終的な責任は不適切な行動をした運転者が負わなければならないことを意味しているとも言える．しかし，事故が日常的に発生していることが示すように，運転者は常に適切な行動を続けることはできない．多くの技術は，不適切な行動を様々な形で補ってくれるものであるが，事故を起こさないためには，運転者も，不適切な行動を自ら補うような運転をすることが必要である．

　運転者は多様な特性をもつ'人'であり，行動には多くのばらつきがある．運転者は国民皆免許と言われるほどの広がりがあり，多様な特性を持つ運転者の存在を前提に，道路交通の問題は検討されなければならない．特に今後は，運転者の高齢化の進展に伴い，能力のばらつきの問題が交通事故の防止上，ますます重みを増すと考えられる．すなわち，事故防止を効果的に進めるためには，運転者の能力のばらつきを踏まえて，安全運転の仕方を考えることが必要であり，能力のばらつきから生じる不適切な行動を補うために，運転者が何をすべきかを具体的に示さなければならない．

　平成15年中の交通統計を基に事故の形態をみると，追突事故は人身事故の31％で最も件数が多く，2番目に多い出会い頭事故は26％，3番目の右折時の衝突は9％である．このように，追突事故と出会い頭事故を防止することの効果は大きい．運転者には，これらの事故を防ぐような運転をさせなければならないが，どのように運転すべきかを示さずに注意や安全運転を呼びかけるだけでは，運転者を安全側に導くことはできない．注意をする，脇見をしないなどは，具体的な行動が運転者に示されてはおらず，しかも，注意散漫や脇見は，必ずしも運転者の意識的な行為ではないため，ある程度このような状況があり得ることを前提に，それを補う運転を考えるべきである．個別的な規則の遵守を別にすれば，運転者が具体的な行動として可能なことは，現実的には極めて限定されており，「速度を落とす」，「車間距離をあける」，「停止線を守って一時停止する」の3点で代表することができる．「停止

線を守って一時停止する」ことは，出会い頭事故を防ぐ決め手であり，具体的な行動が示されているため，運転者がどのようにすべきかに不明確な点はない．「速度を落とす」ことと「車間距離をあける」ことは，追突事故防止の決め手であるが，この場合には，速度と車間距離をどのようなものにすべきかを明らかにして，初めて，具体的な行動が示されたことになる．この点を示すことが本書の主要な課題である．

　車間距離の重要性はこれまでも広く認知されており，一定の指針が示されてきたが，多くの場合，路面の特性や車両の制動能力の検討が中心であり，運転者については，代表的な値，あるいは，理想的な運転操作を前提としたものであった．しかし，前述したように，運転者は多様な特性を持つ‘人’であり，車間距離は，運転者の能力のばらつきや，意図しない注意の散漫などによる認知・判断の遅れを補うものとして捉えるべきである．従って，車間距離のあり方についての検討は，運転者の能力についての十分な研究に基づいて進める必要がある．そのことは，運転者の能力についての研究が事故防止に果たす役割の大きさを意味してもいる．

　車間距離と事故との関係は，次のように考えることができる．すなわち，一般に，認知・判断の遅れに起因する交通事故は，危険が発生したときに衝突する可能性のある対象までの距離が停止距離（ここでの停止距離は，危険発生から運転者が危険に気付き，停止するまでに走行する距離である）より短い場合に発生する．危険が発生したとき，それに気付く以前に衝突すれば，事故原因としては見落としであり，気付いたとしても衝突前に停止することができなければ認知の遅れとされる．走行中に，進行方向に存在する物体からの距離（進行方向空間距離，前を走行している車両との距離の場合は車間距離）が停止距離より長ければ，こうした事態が起こることはなく，この場合には衝突は発生しない．このことから，事故（衝突）が発生するのは，進行方向空間距離が停止距離より短くなることによるものと言える．こうした状況は常に起こるものではないが，停止距離が通常より長くなる，あるいは進行方向空間距離が通常より短くなることが事故の際には発生していると考えられる．そのような状況が起きる条件として図序-1に示すモデルが得られている[1,2]．

　本書では，不適切な特定要因がない場合，すなわち，運転上の特筆すべき問題がない運転者が，通常の環境下で運転している時に発生する事故に限定して車間距離の問題を扱う．この場合，停止距離の変動要因からは，路面の問題や薬物などの特殊要因が除外され，車間距離の変動要因からは，予定時間からの遅れなどの要因が除外される．この場合のモデルが図序-2である．このモデルで示した各項目は，これまでも調べられてきているが，運転者の標準的な値として求められることが多く，事故に関係する大きなばらつきは除外されてきた．本書では，前述したように，運転者は能力のばらつきの大きい‘人’であることを前提に，運転者の特性を調べ，図序-2の左の系列である停止距離について示す．また，右の系列である車間距離に関しては，車間距離をどのように設定しようとするかの意図と車間距離の維持に関する運転者の能力を示す．

```
                            運転事故（衝突）
                                  ↑
                        停止距離＞進行方向空間距離
         停止距離の突発的な延長↑  ↑不十分な進行方向空間距離
         制動距離の突発的な延長↑    ↑先行車の停止距離の突発的縮小
    タイヤと路面の摩擦力の突発的な低下↑      ↑外力による停止
         制動トルクの突発的な低下↑          ↑衝突・転覆
         無意識の車速の上昇↑      自動車交通空間での距離知覚能力のなさ
         車両重量の上昇↑          到着時間を早めようとする急ぎ←┄┄┄┐
         空走距離の突発的な延長↑         ↑環境要因                    ┊
    認知・反応時間の突発的な延長↑             ↑予定の時間からの遅れ   ┊
         生理的な要因↑                    渋滞による遅延の恐れ         ┊
              覚醒水準の変動↑            経済的要因                    ┊
              体力低下↑                     （輸送効率を高めようとする急ぎ）
              薬物服用↑                衝動的急ぎ←┄┄┄┄┄┄┄┄┄┄┄┐
              視覚機能低下↑                ↑性格要因                    ┊
         環境的な要因↑                    強い活動性・衝動性            ┊
              視対象の目立ち難さ↑                                       ┊
         心理的な要因↑              知識要因・知能要因┄┄┄┄┄┄┄┄┄┄┘
              多重課題処理様状況↑         ↑急ぎと効率についての無知識
              不安定な性格↑                危険予測力の低さ
    家庭，職場の人間関係のまずさ↑              （防衛運転についての無知識）
              気力のなさ↑                事故などの経験の忘却
```

図序−1　運転事故発生の要因

```
                    運転事故（衝突）
                          ↑
         停止距離      ＞      車間距離
    ↑停止距離の突発的な延長    ↑不十分な車間距離
      ↑制動距離の突発的な延長    ↑誤差
        ↑制動距離のばらつき        ↑制御誤差
      空走距離の突発的な延長        目測誤差
        ↑認知時間・反応時間の突発的な延長  意図
          ↑認知時間・反応時間のばらつき    ↑意識・態度
```

図序−2　不適切な特定要因がない場合の事故発生要因

　以上のように，本書では，車間距離に関係する運転者の能力を明らかにすることが第一の検討課題である．しかし，交通事故の防止に関連する項目は，他にも多く存在する．これらの項目は，相互に関連させて事故との関係を検討することが効果的である．そこで，本書では，事故や車間距離と関連する他の項目にも対象を広げ，交通流や事故の実態についての分析結果や運転全般についての運転者の意識・態度の問題も扱っている．

　本書が，相互に関連させて検討した主な項目は以下の通りである．それぞれの項目が主に

記述されている章を示すが，それぞれの項目は，他の項目と関連する形で他の章においても扱われている．各章の内容については，本書の構成のところで述べる．

① 違反・事故の実態
　　違反・事故の種類，発生件数，事故原因などの統計的事実．主に第1章で扱う．
② 免許保有者の実態
　　免許保有者全体の中での違反歴・事故歴の有無など．主に第2章で扱う．
③ 年齢
　　'人'である運転者の最も基本的な属性の一つ．主に第3章で扱う．
④ 身体能力
　　運転と関連が深いと考えられる身体能力である視力と反応時間．主に第3章で扱う．
⑤ 意識・態度
　　運転の方法に大きな影響を与えていると考えられる心理的特性．主に第3章で扱う．
⑥ 制動能力
　　停止距離を構成する制動距離に関わる能力．主に第4章で扱う．
⑦ 反応時間
　　停止距離を構成する空走距離に関わる能力．主に第5章で扱う．
⑧ 車間距離の長短，安定性
　　車間距離を詰める傾向，走行中の車間距離の変動の傾向．主に第6章，第8章で扱う．
⑨ 車間距離の目測
　　車間距離を正確に把握する能力．主に第6章，第8章で扱う．
⑩ 昼夜の距離感，先行車別の距離感
　　明るさや，先行車の大きさによる距離感の違い．主に第7章で扱う．
⑪ 危険認知距離，危険認知速度
　　危険に気付いたときの速度と車間距離．主に第9章で扱う．
⑫ 交通流
　　交通流の中での車間距離．主に第10章で扱う．

以上の項目について調べるため，本書に係る研究では，事故分析をはじめ，交通工学的立場での観測調査，自動車工学あるいは人間工学的立場での制動実験及び反応実験，医学的立場での視力計測，心理学的立場での意識・態度の調査などを実施している．
　実施した主な実験・調査は以下の通りである．
　・交通事故統計データの分析
　・運転者管理データの分析
　・視力・反応時間の計測
　・緊急制動の実験

- ・公道における反応時間の計測実験
- ・追従走行の実験
- ・アンケート調査
- ・事故事例調査
- ・高速道路の観測

2．本書の構成

　本書は序章から終章までの12章で構成されており，序章と終章以外の10章は3部に分かれている．第Ⅰ部は第1章から第3章までの3章とまとめから構成されている．第Ⅱ部は第4章から第8章までの5章とまとめから構成されている．第Ⅲ部は第9章と第10章の2章とまとめから構成されている．

　各章の内容は以下の通りである．

〇序章　安全運転へのアプローチ

　本書の導入部分であり，本書の基本的考え方と概要及び構成を述べる．

〇第Ⅰ部　運転者の特性と違反・事故

　加齢により身体能力は一般に低下することを踏まえ，加齢とともに増加する違反・事故の種類などを明らかにする．また，年齢と切り離して，身体能力と違反・事故の関係についても述べる．

〇第1章　認知・判断の遅れに関連する交通事故

　交通事故の実態は，本研究の背景となるものである．この章では，交通事故統計データを用い，衝突の形態，違反の種類，運転者の年齢などで事故を分類・整理し，事故の全体像をまとめる[3]．

〇第2章　運転者全体で見た場合の違反と事故

　運転者管理データを用いた統計分析によって違反・事故に関する運転者の全体像を明らかにする．違反は，事故の際の違反だけでなく，事故に至らなかった違反も対象にしている．また，運転者については，事故当事者だけでなく，運転免許保有者全体を対象としている．この章では，運転免許保有者全体を対象として，事故を起こした人の割合，違反した人の割合を示す．また，事故に至らなかった違反の件数と事故につながった違反の件数の比較なども行う．さらに，事故につながりやすい違反，高齢者の起こしやすい事故などを明らかにし，身体能力と違反・事故の関連についても考察する[4,5,6]．

〇第3章　運転者の身体能力及び心理特性と違反・事故の関係

　認知・判断の遅れによる事故に関係していると考えられる身体能力である視力・反応時間と違反・事故の関係を示す．並行して，意識・態度など心理特性と違反・事故の関係も調べ，

身体能力と心理特性が違反・事故に与える影響を比較する．視力については，静止視力の他に，動体視力のKVA（Kinetic Visual Acuity 前後方向に移動する物体を認識する視力）とDVA（Dynamic Visual Acuity 左右方向に移動する物体を認識する視力）及び暗視力を計測している．反応時間は，単純反応と選択反応を調べている．また，運転に関する意識・態度及び違反・事故の有無とその内容をアンケートによって調べている．違反などの危険行為は，速度違反や駐車違反のように意図的なものも多く，違反・事故と意識・態度との関係に現れる．一方，見落としや認知・判断の遅れに関係する違反・事故は視力との関係が認められる[7]．

○第II部　衝突回避と安定した走行に関係する能力

車間距離として必要な値を検討するためには，緊急時の衝突回避に関わる能力と安定した車間距離を維持して走行するための能力についての知見が必要である．第II部では，緊急時の停止に関わる能力を表す制動距離・反応時間と通常時の安定した走行に関わる能力である距離感のばらつきなどを，年齢との関係も考慮しながら述べる．

○第4章　緊急時の制動

第4章と第5章では，緊急時の停止距離に関わる能力を示す．第4章では，緊急時を想定した急制動の実験結果を基に，制動動作の個人差や制動距離のばらつきについて述べる[8]．実験の内容は，制動時のブレーキ踏圧，加速度，速度等の推移と，停止までの距離の計測である．

○第5章　反応時間

自動車運転中の危険の発生から，危険を認知し回避行動としてブレーキを踏み始めるまでの時間を反応時間として計測した結果を示す．実験は，公道で行ったもので，前を走っている車両の制動灯に対する反応と，人の飛び出しに対する反応について調べている[9]．

○第6章　車間距離の個人特性

車間距離が短くなる傾向，車間距離を正確に目測できる傾向，車間距離が変動する傾向の車間距離に関する3つの傾向が運転者に固有な特性であることを明らかにする．さらに，運転意識・態度などの心理特性及び視力などの身体能力と車間距離に関する傾向との関係について述べる[10]．

○第7章　先行車別，昼夜別の距離感

第7章と第8章では，車間距離を維持して安定した走行を行うために必要な能力についての検討結果を示す．第7章では，大型トラックを用いた昼夜の走行実験に基づき，車間距離の形成に強く関係していると考えられる距離感が昼と夜，前を走行している車両の大きさによってどのように異なるかを示す．

○第8章　車間距離の維持に関する能力

車間距離を保つためには，距離を把握する能力である距離感と，車両を操作して距離を制御する能力が必要であると考えられる．この章では，前者に対応する目測誤差と後者に対応

する運転中の車間距離の変動について，定量的な分析結果を示す[11].

○第Ⅲ部　車間距離の実態

　事故事例に基づき認知の遅れ時間などについて述べるとともに，高速道路の観測から得られたデータを基に，実際の交通場面における車間距離と速度の関係を示す．

○第9章　危険認知時の速度と車間距離

　前方不注意事故には原因行為を規制することが困難なものが多い．このような事故の事例を収集し，危険を認知した時の速度と衝突した相手との距離を調べる．さらにそれに基づき車間距離の不足や認知の遅れ時間などについて述べる[12,13].

○第10章　交通流の中の速度と車間距離

　高速道路の観測によって得られた速度と車間距離などに基づき，緊急時に衝突回避が可能な車間距離がどの程度確保されていたかを示す．また，車間距離と速度の関係及び車群の構成状況から，交通状況の危険の程度を評価する方法を提案し，その方法を観測結果に適用して，観測した交通流の危険の程度を評価する[14,15].

○終章　車間距離のあり方と事故防止対策の位置づけ

　前章までで求めた制動距離，反応時間，目測誤差，車間距離の変動に基づいて，ほとんどの運転者が衝突を回避することができる安全側の車間距離を提示する．また，事故防止のための様々な対策の効果を車間距離に換算して定量的に評価し，安全側の車間距離と現実の交通場面の溝を事故防止のための様々な技術が埋めていく可能性を示す．

3．序章のまとめ

　本章では，本書の基本的な考え方と概要を示すとともに，本書の構成について述べた．

　本書の主要な課題は，事故を防止するために運転者がどうすべきかを具体的に示すことである．車間距離の確保は，運転者ができる具体的な行動であり効果も大きいため，本書では，車間距離に関わる運転者の能力を第1の検討課題とし，運転者が，ばらつきの大きい‘人’であることを前提に分析を行っている．

　また，事故防止に関わる多くの分野は相互に関連させて事故との関係を検討することが効果的なため，関連する他の項目にも対象を広げている．

　本書は12章で構成されており，序章と終章を除く10章は3部に分かれている．第Ⅰ部は，運転者の特性と違反・事故，第Ⅱ部は，衝突回避と安定した走行に関する能力，第Ⅲ部は車間距離の実態であり，以上を踏まえて終章で車間距離のあり方を述べている．

文　献

1) 松永勝也：自動車の運転事故の発生要因についての一考察，交通科学研究資料第38集，第33回日本交通科学協議会総会研究発表講演会，pp. 99-102, 1997
2) 松永勝也，志道寺和則，松木裕二：交通事故防止の科学講義資料，九州大学大学院システム情報科学研究院知能システム学部門認知科学講座，pp. 13-20, 2001
3) 交通統計，平成15年版，警察庁交通局，215 pgs., 2004
4) Makishita, H., Ichikawa, K.: The Age Trends for Traffic Violations and Accidents, Proceedings of the 30th International Symposium on Automotive Technology & Automation, Road and Vehicle Safety, 97SAF009, pp. 265-272, 1997
5) 牧下寛：交通事故と運転者の事故・違反の経歴との関係，科警研報告交通編，37 (2)，pp. 65-74, 1996
6) 牧下寛：交通安全教育の対象としての運転者の実態分析，交通科学研究資料第37集，pp. 55-57, 1996
7) 牧下寛，松永勝也：運転者の身体特性及び心理特性と違反・事故の関係，日本交通科学協議会誌，3 (1)，pp. 30-44, 2003
8) 牧下寛，松永勝也：普通乗用車運転者の緊急時の制動動作と制動距離，人間工学，37 (5)，pp. 219-227, 2001
9) 牧下寛，松永勝也：自動車運転中の突然の危険に対する制動反応の時間，人間工学，38 (6)，pp. 324-332, 2002
10) 牧下寛，松永勝也：運転者の属性と車間距離の関係，IATSS Review, 26 (1)，pp. 57-66, 2000
11) 牧下寛，松永勝也：追従走行の際の距離感と車間距離の変動，人間工学，40 (2)，pp. 74-81, 2004
12) 牧下寛，別部鎮雄，武藤美紀：前方不注意事故における速度と事故回避の可能性の関連，科警研報告交通編，38 (1)，pp. 10-19, 1997
13) Makishita, H., Mutoh, M.: Accidents Caused by Distracted Driving in Japan, Safety Science Monitor, Special Edition, Vol. 3, pp. 1-12, 1999
14) Makishita, H.: The velocity and following distance of vehicles on the expressway, Proceedings of the 32nd International Symposium on Automotive Ergonomics and Safety, 99SAF003, pp. 203-213, 1999
15) 牧下寛，松永勝也：追突事故発生の可能性とその際の事故の大きさに基づく交通状況に潜在する危険の評価，交通工学，37 (5)，pp. 57-67, 2002

第Ⅰ部

運転者の特性と違反・事故

従来，運転者の運転態度などに問題があるとされてきた違反や事故において，認知・判断の遅れなど情報処理能力の問題が関係していたものは少なくないと考えられる．更に，能力のばらつきが大きい高齢運転者の増加によって，その種の違反・事故は増加傾向にあると考えられる．第Ⅰ部（第1章から第3章）では，以上の問題についての分析結果を示す．

　第1章では，交通事故統計データに基づき，違反・事故の現状を定量的に示す．第2章では，運転者管理データを用いた分析により運転者全体の違反・事故に関する特徴を示す．第3章では，加齢による変化が大きい静止視力，動体視力及び運転者の意識や態度と違反・事故の関係について調べ，加齢と違反・事故の関係を身体能力と心理特性の両面から記述する．

第 1 章　認知・判断の遅れに関連する交通事故

1. 本章の位置づけ

　交通事故統計では，事故がいつ，どのような形で発生したのかに関する事項（事故発生日時，衝突の形態など），道路や環境に関する事項（道路形状，天候など），事故当事者に関する事項（違反，年齢，傷害など），事故車両に関する事項（車種など）が示されている．交通事故統計を分析することにより，事故の全体像を知ることができ，事故防止対策の方向を定める手がかりが得られる．本章では，衝突の形態，違反の種類，事故当事者の年齢などで分類した事故が全事故[注1]に占める割合を明らかにし，認知・判断の遅れと関連させながら事故の全体像について考察する．

2. 交通事故統計データの概要

　交通事故統計データは暦年ごとの事故の記録であり，本章では，平成13（2001）年のデータを主な分析対象とした．事故として記録されているのは，すべての人身事故であり，平成13年の発生件数は，947,169件であった．各事故に対し，以下の項目が記載されている．
① 事故そのものの特徴
　　事故類型，衝突部位など
② 事故の時間的情報
　　発生日時，昼夜など
③ 事故の地理的・道路環境的情報
　　発生地点，道路形状，交通規制，天候など
④ 事故当事者に関する情報
　　年齢，性別，違反，傷害など

注1）　警察庁の交通事故統計では昭和41年以降，物損事故は計上されていない．本書で扱っている事故は交通事故の中の人身事故であり，事故は人身事故を意味する．

⑤ 事故車両に関する情報
　車種，業務用自家用の別など

3. 事故当事者の年齢

　第1当事者[注2]（第1当事者全体及び自動車等[注3]の運転者が第1当事者の場合）の年齢層別事故件数を表1-1に示す．交通事故の第1当事者はほとんどが自動車等の運転者である．年齢層別事故件数の推移を図1-1に示す．また，年齢層別死者数の推移を，死者数全体に関しては図1-2に，自動車等の運転者が死者の場合に関しては図1-3に示す．16〜24歳の若者は免許保有者当たりの事故件数は多いが，事故件数，死者数ともに減少傾向にある．一方，65歳以上の高齢者は事故件数，死者数ともに増加しており，特に自動車運転中の死者数が増加している．このように，高齢者に関連した事故の対策の重要性が増している．

表1-1　第1当事者の年齢層別事故件数（2001年）

年　齢	第1当事者 全当事者 件数	第1当事者 自動車等の運転者 件数	自動車等の運転者 免許保有者10,000人当たり件数	免許保有者数
6歳以下	1,780	1	—	
7〜12歳	4,704	6	—	
13〜15歳	3,593	407	—	
16〜19歳	55,840	51,583	298.6	1,727,526
20〜24歳	136,426	134,624	198.5	6,782,513
25〜29歳	130,434	129,076	144.8	8,917,146
30〜34歳	97,955	96,872	109.6	8,842,577
35〜39歳	74,346	73,478	99.1	7,413,284
40〜44歳	67,046	66,306	94.7	7,002,557
45〜49歳	70,148	69,281	95.3	7,272,950
50〜54歳	89,558	88,075	99.0	8,898,021
55〜59歳	67,172	65,837	108.6	6,059,893
60〜64歳	51,596	50,061	100.5	4,979,905
65〜69歳	38,324	36,709	99.2	3,699,319
70〜74歳	25,135	23,722	98.3	2,413,973
75〜79歳	13,074	11,899	106.7	1,115,368
80歳以上	6,311	5,176	121.6	425,679
合　計	933,442	903,113	119.5	75,550,711

注2）　第1当事者とは交通事故における過失が最も重い者を指す．過失が同程度の場合には傷害の程度が軽い者を指す．
注3）　二輪車及び原動機付き自転車を含む．

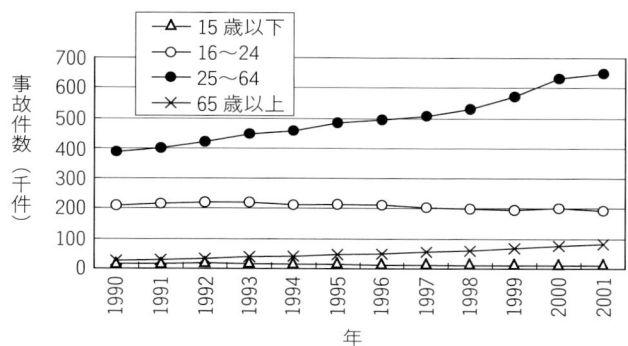

図1-1　年齢層別事故件数の推移

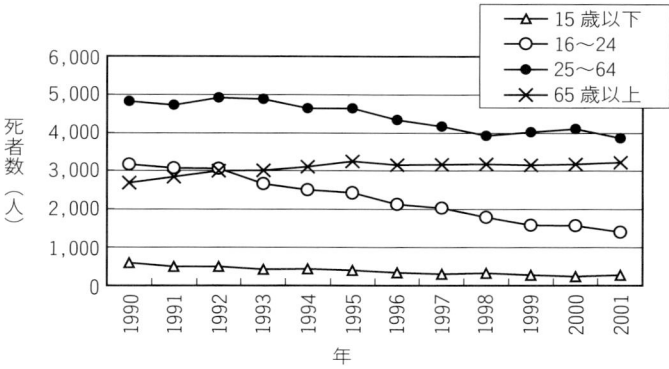

図1-2　年齢層別死者数の推移

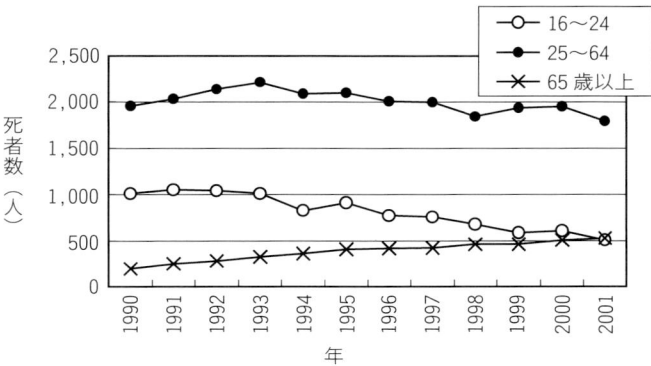

図1-3　年齢層別自動車等運転中の死者数の推移

4. 事 故 類 型

　当事者の行動と衝突の形態をあらわすものとして，警察庁では事故類型という言葉で事故を分類している．大分類として，①人対車両事故，②車両相互事故，③車両単独事故，④列車の関係した事故の4分類があり，④以外はさらに細かく分類されている．車両相互事故は全事故の85.3％を占めており，その中の追突事故は車両相互事故の35.7％（表1-2），全事故の30.4％を占めている．追突事故は，1996年にそれまで最も件数が多かった出会い頭事故と順位が逆転して以来，事故類型別で最も件数が多く，増加を続けている（図1-4）．高速自動車国道に限定すると，追突事故の割合は全事故の57.5％を占め，さらに重要度は増す．追突事故は，前方への注意が不十分だったこと（前方不注意）が事故につながったと考えられる事故類型であり，十分な車間距離があれば避けられた事故の代表的なものである．

表1-2　車両相互事故の中の事故類型別
事故件数（2001年）

	件数	割合(%)
追越時正面衝突	833	0.1
その他正面衝突	32,457	4.0
追　　　　突	288,193	35.7
出会い頭衝突	243,807	30.2
右折時衝突	91,578	11.3
左折時衝突	45,641	5.6
追越時衝突	13,309	1.6
すれ違い時衝突	9,726	1.2
そ　の　他	82,745	10.2
合　　　　計	808,289	100.0

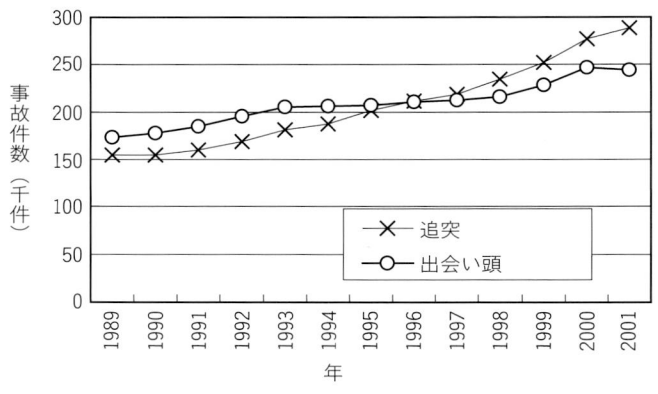

図1-4　追突事故と出会い頭事故件数の推移

5．事故の際の違反

交通事故統計では，発生した事故に対して，当事者の違反が示されている．違反は，結果的にその違反が事故につながったと考えられるものの中で，最大の原因であったと認められたものである．表1-3は自動車等（原動機付き自転車を含む）の運転者が第1当事者になった場合の，第1当事者の違反種類別事故件数と構成割合を示している．表1-4は死亡事故について表1-3と同じものを示している．違反は意図的な場合とそうでない場合があり，いくつかの違反は，両方の可能性がある．違反しようとする意図はなくても，見落としなどのために違反してしまう場合があり得る違反の主なものを以下に示す（表1-3，表1-4の左端に○を付記した）．

1．信号無視
2．一時停止違反
3．前方不注意（漫然運転，脇見運転）
4．安全不確認

信号無視，一時停止違反は，赤信号や一時停止の標識に気付かなかった場合があり得る．前方不注意は漫然運転と脇見運転に分けられる．漫然運転は「ぼんやりしていた」，「考え事をしていた」など，前方不注意をした原因が内面的なものの場合である．脇見運転は視線を他のものに向けていた場合である．前方不注意は，注意すべきものに気付かなかったために起こった事故ということもできる．安全不確認は，確認すべきことに気付かなかったために起こった事故ということができる．全事故では，以上の4つの違反による事故の構成割合は，60.1％であり，件数順にみると安全不確認が最も多く，前方不注意の中の脇見運転が続いている．死亡事故では，以上の4つの違反による事故の構成割合は，41.6％であり，件数順にみると速度違反が最も多く，前方不注意の中の脇見運転と漫然運転が続いている．ただし，死亡事故の場合も，年齢層別に見ると，40代から上は，速度違反は2位以下になる．

免許保有者当たりの違反種類別事故件数と全事故に占める違反種類別事故の割合の年齢層別の状況を図1-5に示す．若者と高齢者は，信号無視と一時停止違反及び漫然運転による事故が全事故に占める割合が高く，免許保有者当たりの件数も多い．高齢者の場合に全事故に占める割合が高くなる違反は身体能力の低下が関係している可能性がある．すなわち，信号無視や一時停止違反は視力などの低下のために認知・判断の遅れ，あるいは誤りが起こっていると考えることができる．漫然運転も特定のものに視線を向けるような行為がなかったにもかかわらず認知・判断の遅れ，あるいは誤りが起こった場合であり，視力などの低下も一因である可能性がある．一方，信号無視や一時停止違反の割合が若者で高いのは，意図的に違反していることも考えられる．漫然運転の割合が若者で高いのは，運転に集中を欠いて

表1-3 第1当事者になった自動車等の運転者の違反種類別事故件数（2001年）

	第1当事者の運転者の違反	件　数	構成割合(%)
○	安全不確認	247,795	27.4
○	脇見運転	156,547	17.3
	動静不注視	92,360	10.2
	運転操作	60,990	6.8
○	漫然運転	58,568	6.5
	交差点安全進行	48,091	5.3
○	一時停止違反	46,677	5.2
○	信号無視	32,982	3.7
	優先通行妨害	21,057	2.3
	徐行違反	20,736	2.3
	安全速度	17,641	2.0
	歩行者妨害等	17,061	1.9
	その他の安全運転義務違反	11,605	1.3
	横断・転回等	8,298	0.9
	通行区分違反	8,040	0.9
	速度違反	7,976	0.9
	車間距離不保持	7,782	0.9
	左折違反	7,708	0.9
	右折違反	6,942	0.8
	追越し違反	3,925	0.4
	過労運転	943	0.1
	飲酒運転	920	0.1
	整備不良	186	0.0
	踏切不停止	116	0.0
	薬物運転	42	0.0
	その他の違反	16,872	1.9
	不明	1,253	0.1
	合計	903,113	100.0

○は見落としなどが原因であった可能性のある違反

表1-4 第1当事者になった自動車等の運転者の違反種類別死亡事故件数（2001年）

	第1当事者の運転者の違反	件　数	構成割合(%)
	速度違反	1,167	15.1
○	脇見運転	978	12.7
○	漫然運転	955	12.4
	運転操作	659	8.5
○	安全不確認	553	7.2
	歩行者妨害等	411	5.3
	通行区分違反	391	5.1
○	信号無視	366	4.7
○	一時停止違反	356	4.6
	安全速度	298	3.9
	飲酒運転	279	3.6
	交差点安全進行	254	3.3
	優先通行妨害	241	3.1
	動静不注視	222	2.9
	追越し違反	89	1.2
	過労運転	68	0.9
	その他の安全運転義務違反	68	0.9
	徐行違反	66	0.9
	横断・転回等	62	0.8
	右折違反	43	0.6
	踏切不停止	32	0.4
	左折違反	27	0.4
	整備不良	3	0.0
	車間距離不保持	2	0.0
	薬物運転	1	0.0
	その他の違反	82	1.1
	不明	41	0.5
	合計	7,714	100.0

○は見落としなどが原因であった可能性のある違反

いることも考えられる．脇見運転の割合は若者で高く，加齢とともに低下する．脇見運転については，若者が運転中に運転以外のことをする傾向によってもたらされている可能性があると考えられる．安全不確認の割合は中年層で高くなるが，免許保有者当たりの件数は中年層で高いとは言えない．安全不確認は，事故の原因となる何らかの行為があり，それが違反行為だったというものではない．事故に対して特定できる違反がないことから，安全不確認が，事故の原因と考えられたという性格がある．中年層は，事故の際の違反行為に特定できるようなものが少ないと考えられる．

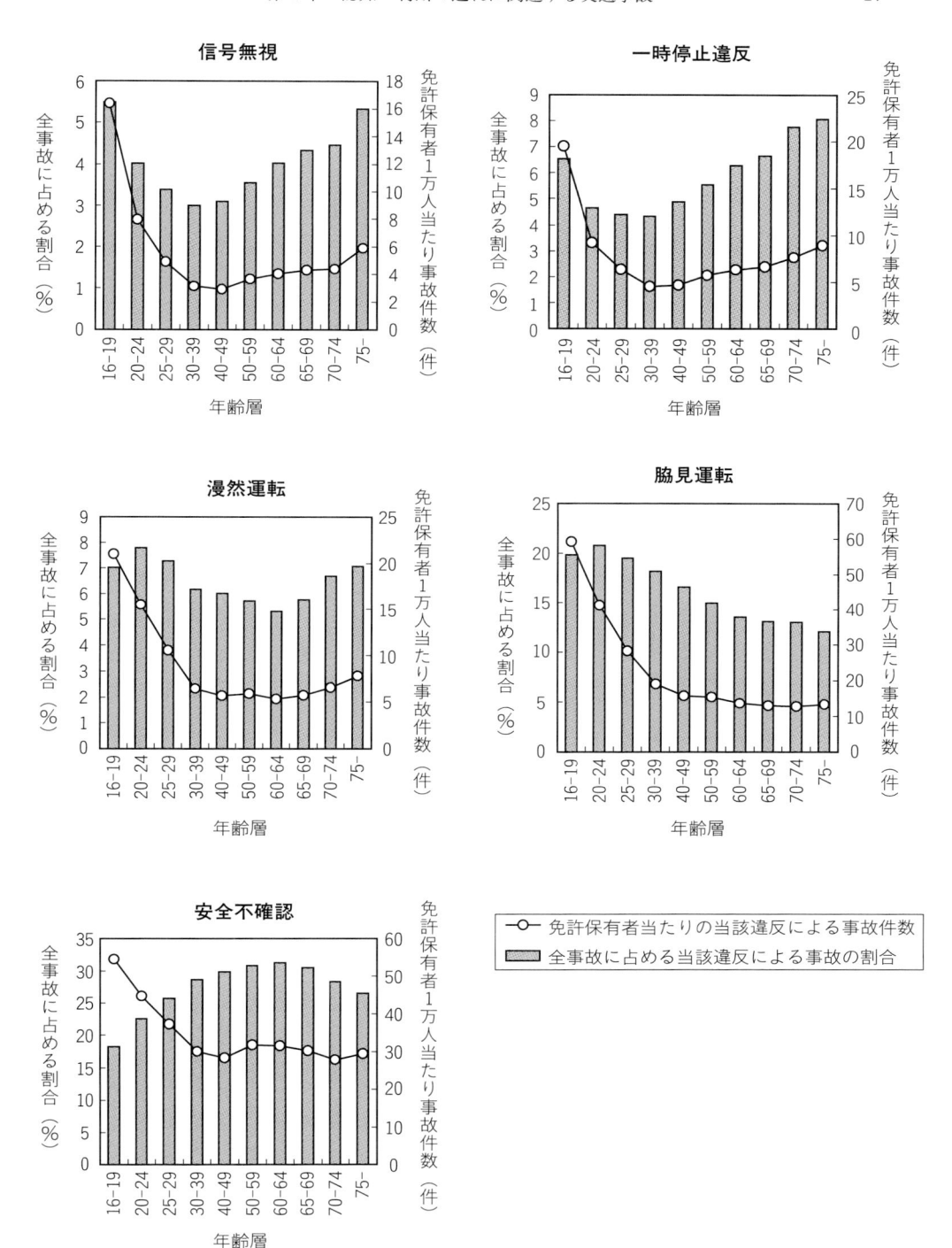

第1章 認知・判断の遅れに関連する交通事故

図1-5 免許保有者当たりの違反種類別事故件数と全事故に占める違反種類別事故の割合の年齢層別の状況（2001年）

6. まとめ

　交通事故の第1当事者はほとんどが自動車等の運転者である．死者数の変化を見ると65歳以上の高齢者が増加しており，特に高齢者が自動車等を運転していた場合の死者数が増加している．事故類型別事故件数では，追突事故が最も多く，全事故（本章注1参照）の30.4％を占める．違反種類別事故件数では，安全不確認が最も多く，漫然運転と脇見運転を合わせた前方不注意が続く．信号無視，一時停止違反，前方不注意，安全不確認は意図的ではなかった可能性がある違反であり，これらが原因になった事故は全事故の60.1％を占める．以上に述べた事故類型，違反種類はいずれも認知・判断などの能力との関連が考えられるものである．特に，事故類型別の追突事故や違反種類別の前方不注意は十分な車間距離をとって時間的・空間的な余裕を確保することが，有力な事故防止対策であると考えられる．各違反による事故が全事故に占める割合を年齢層別に見ると，前述した認知・判断などの能力との関係が考えられる違反は，加齢と関係があることも示されている．違反の原因は身体機能，運転に対する集中，意図的な場合など様々なものが考えられるが，高齢者の自動車等運転者の死者数が増加していることは，認知・判断などの能力の低下に関係した事故の増加を懸念させる．

　この章の記述は，交通事故統計の分析結果に基づくものであり，事故に至らなかった違反は対象としていない．交通事故統計では，例えば，ある違反による事故が増加している場合，違反そのものが増加しているためなのか，違反は増加していないが，その違反による事故が増加しているのかなどは知ることができない．

　例えば，違反は増加していないが，その違反による事故が増加していることが分かったとすると，運転者の能力が低下したため，同じ違反が事故につながりやすくなった可能性を考えることができる．

　次の章では，事故に至らなかった違反についても対象とし，各年齢層で犯しやすい違反や，事故につながりやすい違反について調べ，運転者の能力と違反・事故の関係について考察を進める．

第2章　運転者全体でみた場合の違反と事故

1. 本章の位置づけ

　前章で分析した交通事故統計データは事故ごとに記録されたデータであり，事故の内容が詳細に記録されているものであるが，事故を起こしていない大多数の運転者を含めた運転者の全体像を知るには限界がある．一方，運転者管理データはすべての免許保有者について，個人ごとに記録されているため，事故につながらなかった違反をした人，無事故無違反の人，違反や事故を繰り返す人などを含めた検討が可能である．この検討に基づいて，本章では，事故につながらなかった場合も含めた違反全体の特徴及び違反と事故に関する運転者の全体像を明らかにする．また，運転者の年齢による違反・事故の違いを調べ，身体能力と違反・事故の関係についても考察する[1]．

2. データの概要

　本章では1993年12月末の運転者管理データと1993年の交通事故統計データを主な分析対象とした．
　運転者管理データは全運転免許保有者の一人ひとりについての情報である．免許保有者の中にはほとんど運転をしない人も含まれるが，本章では運転者として扱っている．運転者管理データを用いることの重要な点は次の2点である．
① 　日本の全免許保有者を対象として分析することができる．
　事故を起こした人，違反をした人を全免許保有者の中で位置づけることができる．
② 　事故に至らなかった場合も含む全違反を対象として分析することができる．
　違反と事故の関係については，違反を繰り返しても事故には至っていない場合がある一方で，一度の違反が事故につながってしまう場合もあることを考える必要がある．すなわち，違反をする傾向と共に，違反が事故につながる傾向が重要である．
運転者管理データには，次に示す項目が記録されている．
① 　一般的属性

生年月日・性別・住所など
② 免許経歴
　　免許取得年月日・免許種類・交通事故回数など
③ 個々の違反・事故についての記録
　　発生年月日，違反種類など

　対象とした1993年12月末の運転者管理データでは，失効や取り消しになっている免許を除いた有効免許の65,695,677人が記録されていた．また，個々の事故記録，違反記録は3年以内のものであった．違反には，事故の際の違反と取り締まりの対象となった違反があるが，本章では後者の記録を違反歴と呼ぶことにする．本章の調査で対象とした1993年と2001年末の免許保有者数を男女別年齢層別に図2-1に示す．50代以降の年齢層の免許保有者に顕著な増加が見られる．次に1993年12月末の免許保有者の中の，違反記録のある人（以下，違反者と呼ぶ），事故記録のある人（以下，事故者と呼ぶ）などの人数と割合を表2-1に示す．また，違反回数別の違反者数を表2-2に，事故回数別の事故者数を表2-3に示す．事故回数が多くなると人数は急に少なくなることが分かる．

　対象とした1993年の交通事故統計データでは，681,457件の事故記録があった．違反種類別の違反者数と事故件数を表2-4に示す．この表で，違反者数のその他は主としてシートベルト着用義務違反であり，事故件数のその他とは異なる．事故件数の違反では，通行禁止違反と駐停車違反はその他に含まれている．違反は取り締まりの対象となった違反であり，取り締まりの対象となりやすい違反であるか否かにより件数が異なってくる．例えば，安全運転義務違反のような違反は，事故になった場合は違反していたことが示されるが，事故にならなかった場合は判明しにくい違反である．

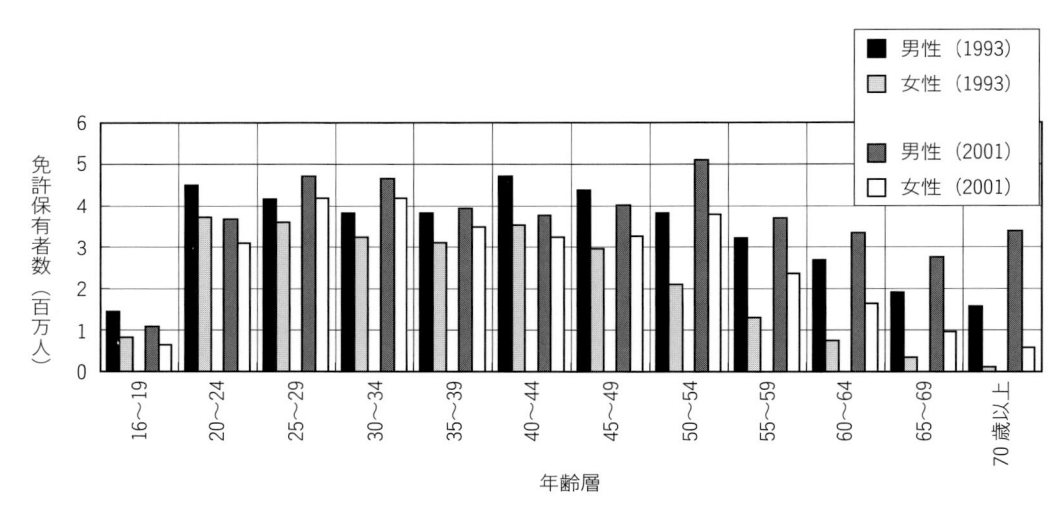

図2-1　1993年と2001年末の男女別年齢層別免許保有者数

第2章 運転者全体でみた場合の違反と事故

表 2-1 免許保有者の中の違反者と事故者

	人数	割合(%)
免許保有者数	65,695,677	100.0
無事故者であり無違反者	46,281,264	70.4
違反者あるいは事故者	19,414,413	29.6
違反者	18,747,278	28.5
延違反件数	32,152,395	48.9
事故者	1,335,711	2.0
延事故件数	1,362,946	2.1
違反者でありかつ事故者	668,576	1.0

表 2-2 違反回数別違反者数

違反回数	人数
1	11,626,179
2	4,133,540
3	1,708,354
4	738,269
5	316,305
6	132,339
7	54,268
8	22,021
9	9,104
10～19	6,879
20以上	20

表 2-3 事故回数別事故者数

事故回数	人数
1	1,308,964
2	26,274
3	458
4	15

表 2-4 違反種類別の違反者数と事故件数

	違反者数[注1] (人)	(%)	事故件数 (件)	(%)
飲酒運転	815,115	3.2	2,255	0.4
信号無視	1,218,853	4.8	29,045	4.9
通行禁止違反	1,266,288	5.0	—	—
通行区分違反	712,269	2.8	10,435	1.8
一時停止違反	1,244,264	4.9	49,569	8.4
駐停車違反	6,156,026	24.1	—	—
速度違反	6,185,952	24.3	13,449	2.3
安全運転義務違反	56,596	0.2	410,419	69.5
その他	7,851,407	30.8	166,285	28.2
計	25,506,770	100.0	681,457	100.0

注1) 同じ人が異なる種類の違反で計上されているため，計は違反者数ではない．ただし，同じ人を同じ種類の違反で計上したのは1回である．

3. 違反と事故の比較

　前述した運転者管理データと交通事故統計データから，違反種類別年齢層別に違反者数（取り締まりを受けた人数）と事故件数を求めて比較し，違反をする傾向，違反が事故につながる傾向などの加齢による変化を調べる．違反と事故を比較するために，表2-4に示した違反のうち，事故件数に値が示されていない通行禁止違反と駐停車違反を除いた次の6種の違反を取り上げる．

1. 飲酒運転
2. 信号無視
3. 通行区分違反（右側通行，歩道・路側帯通行など）
4. 一時停止違反
5. 速度違反
6. 安全運転義務違反（漫然運転，脇見運転，安全不確認など）

　安全運転義務違反は，前述したように違反としては取り締まりの対象となりにくい違反であり，違反の記録では漫然運転，安全不確認などをまとめて扱っている．

3-1　違反と事故の加齢による変化

　全免許保有者に占める違反者及び事故者割合が加齢によりどのように変化するかについて述べる．年齢層別に過去3年間の違反記録，事故記録がある免許保有者の数を調べ，平成5年12月末現在の免許保有者数で除した値を用いる．ただし，年齢層によって運転免許の保有期間が異なる（表2-5）ため，さらに，年齢層別に保有期間で除し，保有期間1ヵ月当たりの値を求める．全年齢層でみた場合の違反者と事故者の割合を表2-6に，年齢層別の免許保有者100人・1ヵ月当たりの違反者数を図2-2に，事故者数を図2-3に示す．違反者の割合は年齢が高くなると下がる．事故者は20代前半をピークにして30代までは低下するが，その後は安定する．女性の免許保有者に占める違反者，事故者の割合は，すべての年齢層において男性より低い．

3-2　6種の違反の加齢による変化

　免許保有者100人・1ヵ月当たりの違反種類別年齢層別違反者数を図2-4に示す．また，違反種類別年齢層別違反者数を年齢層別の全違反者数（いずれかの違反をした違反者の数）で除した値を図2-5に示す．違反件数は取り締まりの対象になった違反であり，実際に運転者が犯している違反件数とは異なる．違反には取り締まりの対象になりやすい違反とそうでない違反があるため，違反種類間の件数比較はできない．しかし，違反種類別にみたとき，特定の年齢層が取り締まりを受けやすいということはないため，年齢層間で違反者数を

第2章 運転者全体でみた場合の違反と事故

表2-5 年齢層別の運転免許保有期間

年齢層	保有月
16-19	21.6
20-24	34.7
25-29	37.1
30-39	37.5
40-49	38.0
50-59	38.2
60-69	38.5
70歳以上	38.7
平均	36.4

表2-6 違反者及び事故者の割合

違反者割合(％)	男性	34.3
	女性	19.4
	男女	28.5
事故者割合(％)	男性	2.5
	女性	1.3
	男女	2.0

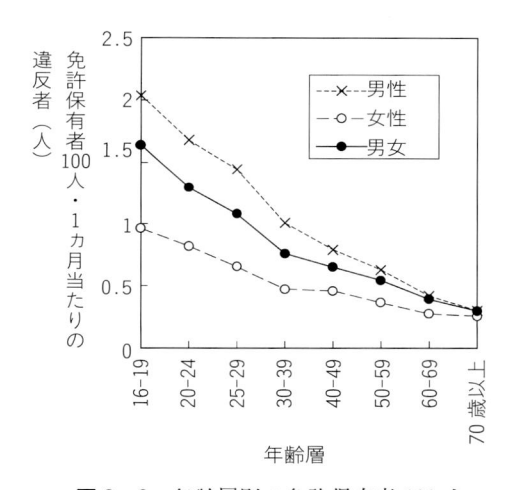

図2-2 年齢層別の免許保有者100人・1ヵ月当たりの違反者数

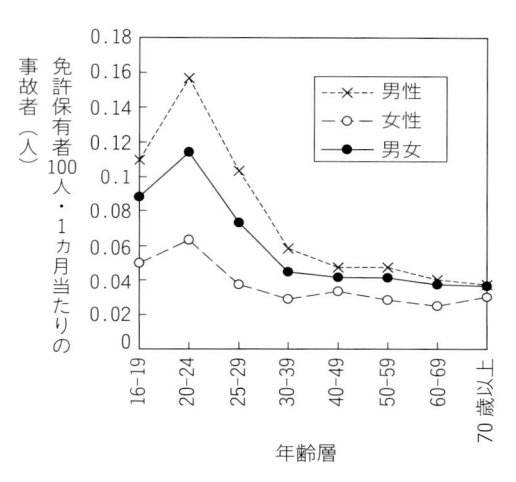

図2-3 年齢層別の免許保有者100人・1ヵ月当たりの事故者数

比較することができる．従ってここで示した違反者数は，加齢による変化をとらえるという目的で意味がある．加齢による変化は違反ごとに異なった傾向を示している．違反種類別違反者数についての傾向は以下の通りである．

1．飲酒運転

免許保有者当たりの飲酒運転の違反者数は，20代の後半まで増加し，40代後半までは高い値を保ち，その後は急低下する．年齢層別の全違反者に占める飲酒運転の違反者の割合は，40代まで増加しその後は低下する．

2．信号無視

免許保有者当たりの信号無視の違反者数は，30代までは急に低下するが，その後は安定した状態で推移する．年齢層別の全違反者に占める信号無視の違反者の割合は，30代まで低下しその後は増加する．

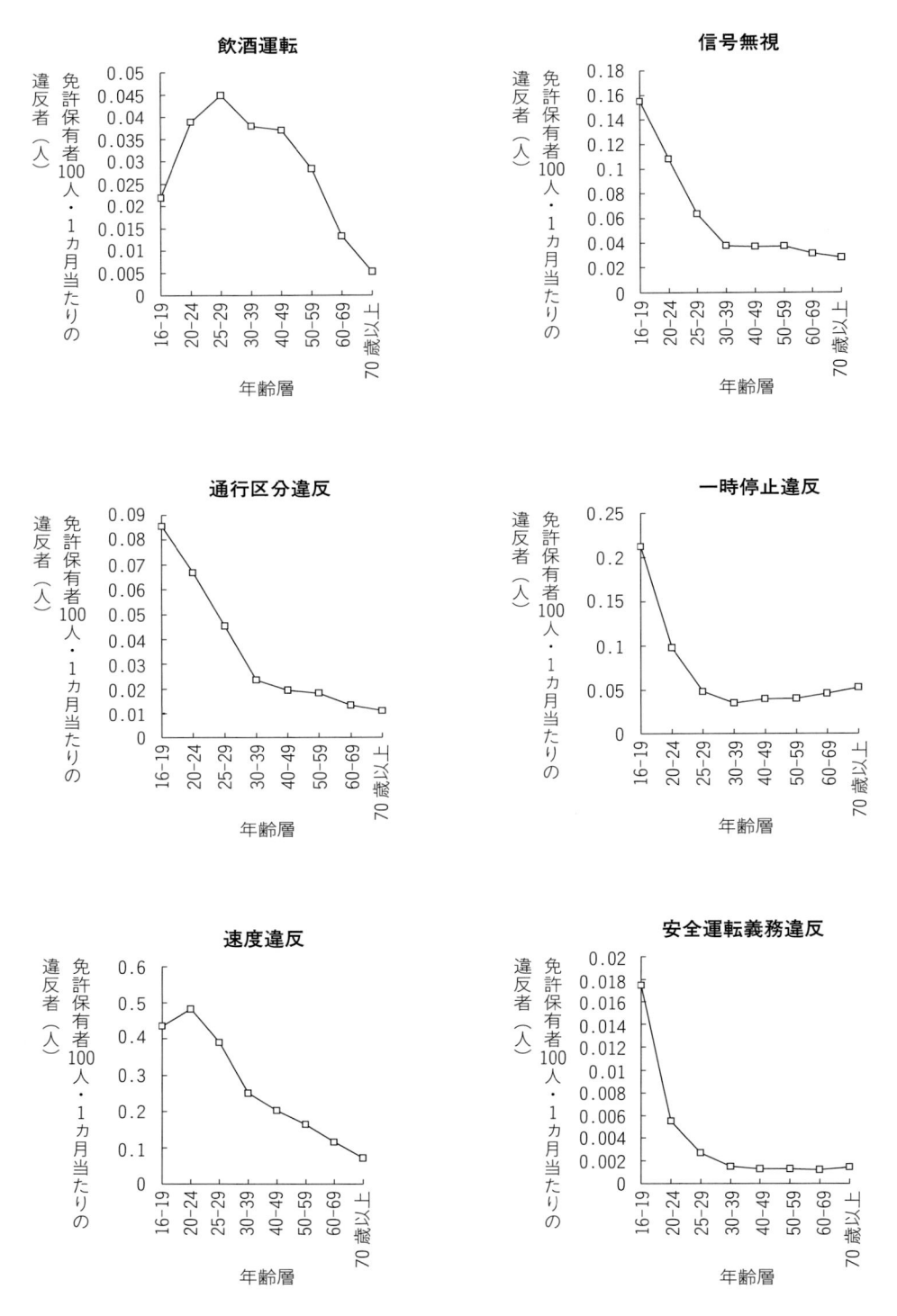

図2-4 免許保有者100人・1ヵ月当たりの違反種類別年齢層別違反者数

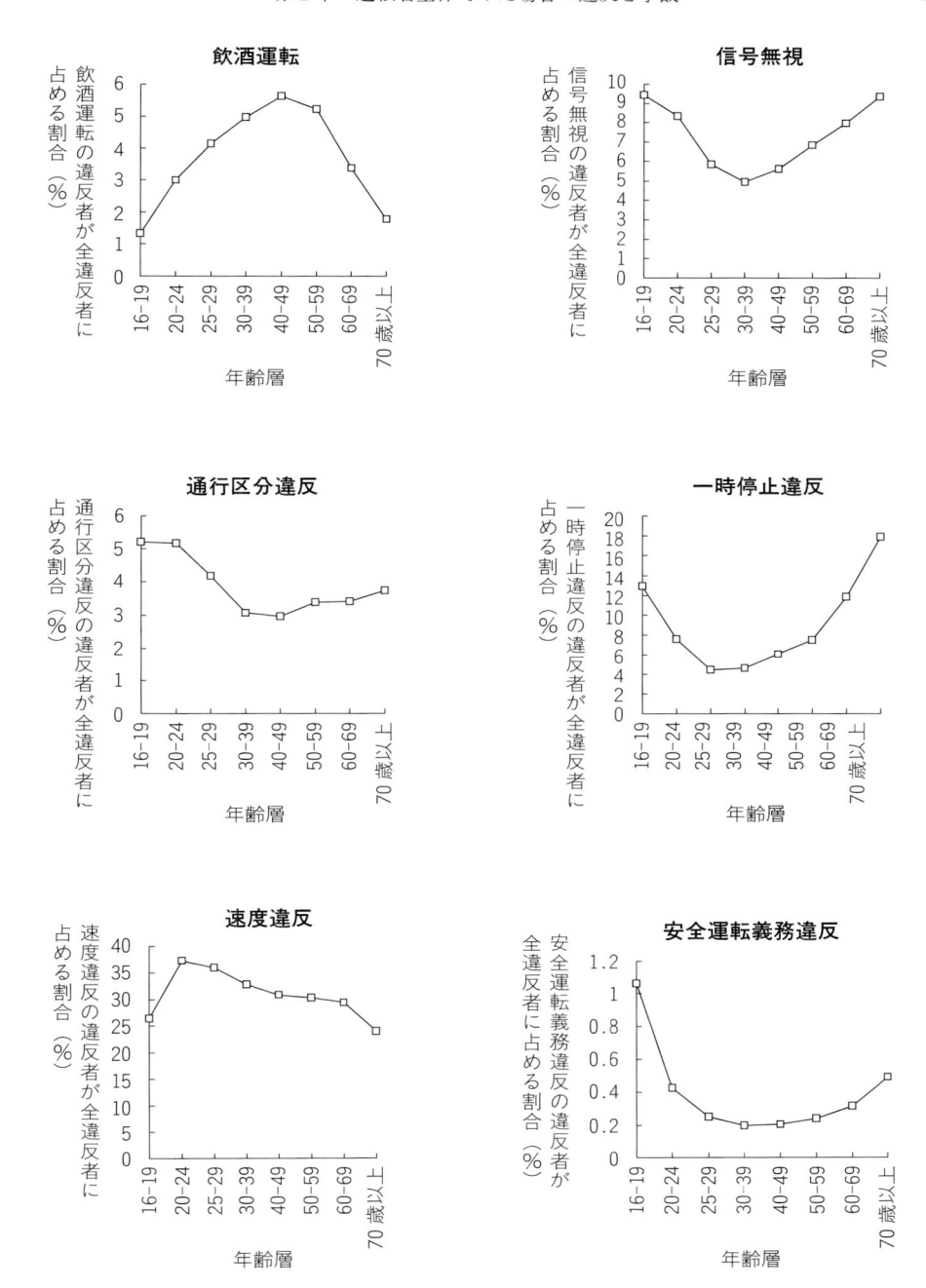

第 2 章　運転者全体でみた場合の違反と事故

図 2-5　違反種類別年齢層別違反者が年齢層別の全違反者
（いずれかの違反をした違反者）に占める割合

3．通行区分違反

　免許保有者当たりの通行区分違反の違反者数は，30代までは急に低下するが，その後は緩やかに低下する．年齢層別の全違反者に占める通行区分違反の違反者の割合は，30代まで低下し，その後は緩やかに増加する．

4．一時停止違反

　免許保有者当たりの一時停止違反の違反者数は，10代から20代前半にかけて，急に低下する．その後は30代を底にして緩やかに加齢とともに増加する．年齢層別の全違反者に占める一時停止違反の違反者の割合は，20代後半まで低下し，その後は増加する．

5．速度違反

　免許保有者当たりの速度違反の違反者数は，20代前半から低下を続ける．年齢層別の全違反者に占める速度違反の違反者の割合は，20代前半から緩やかに低下する．

6．安全運転義務違反

　免許保有者当たりの安全運転義務違反の違反者数は，20代までは急に低下するが，その後は低下が緩やかになり30代以降は安定する．年齢層別の全違反者に占める安全運転義務違反の違反者の割合は，30代まで低下し，その後は緩やかに増加する．

　信号無視，通行区分違反，一時停止違反，安全運転義務違反の違反者は免許保有者に占める割合の加齢による変化が類似しており，若年層で急に低下し，中年層以降では，比較的安定している．全違反者が免許保有者に占める割合は加齢とともに低下するため，前述した各違反の違反者が全違反者に占める割合は，中年層以降では増加傾向になる．

　前章では，信号無視，一時停止違反，漫然運転，脇見運転，安全不確認による事故の加齢による変化について示したが，対応する違反（漫然運転，脇見運転，安全不確認は安全運転義務違反に対応）の違反者数の変化は概ね類似していた．

3-3　6種の違反による事故の加齢による変化

　免許保有者100人・1ヵ月当たりの違反種類別年齢層別事故件数を図2-6に示す．また，違反種類別年齢層別事故件数を年齢層別の全事故件数（いずれかの違反による事故の数）で除した値を図2-7に示す．前章の図1-5で示したものと同様の検討であるが，各違反の違反者数と各違反による事故の件数との関係を調べるため，違反者数の分析と対応する違反の分類を用いて，事故件数について改めて検討している．信号無視と一時停止違反については，前章の図1-5とほぼ同様の結果であるが，ここでは年齢層別の免許保有期間を考慮したため，免許保有者当たりの事故件数が若年層で多いことが，更に明確に示されている．各違反による事故の件数についての傾向は以下の通りである．

1．飲酒運転

　免許保有者当たりの飲酒運転による事故件数は，加齢とともに概ね減少するが，中年層

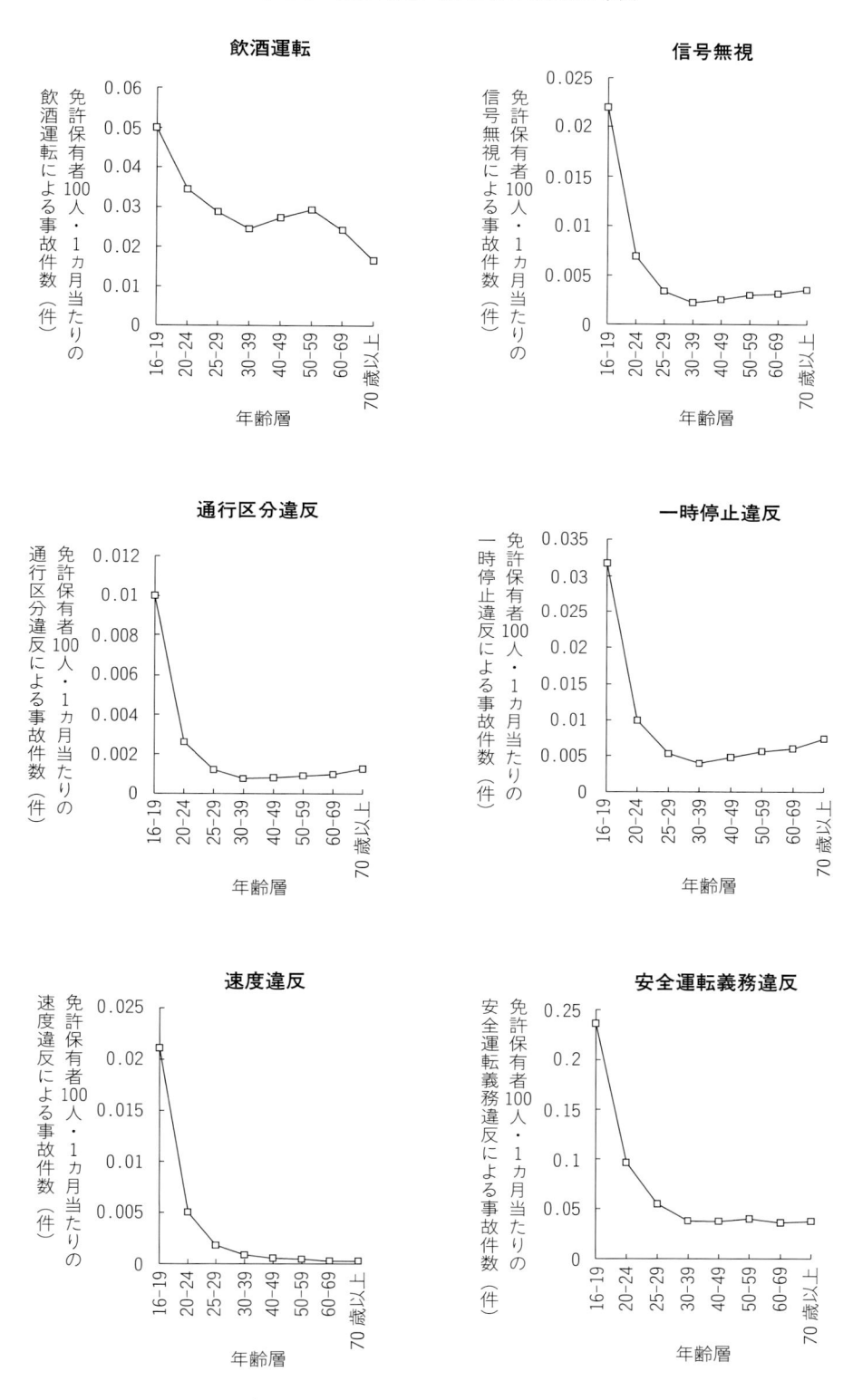

図2-6　免許保有者100人・1ヵ月当たりの違反種類別年齢層別事故件数

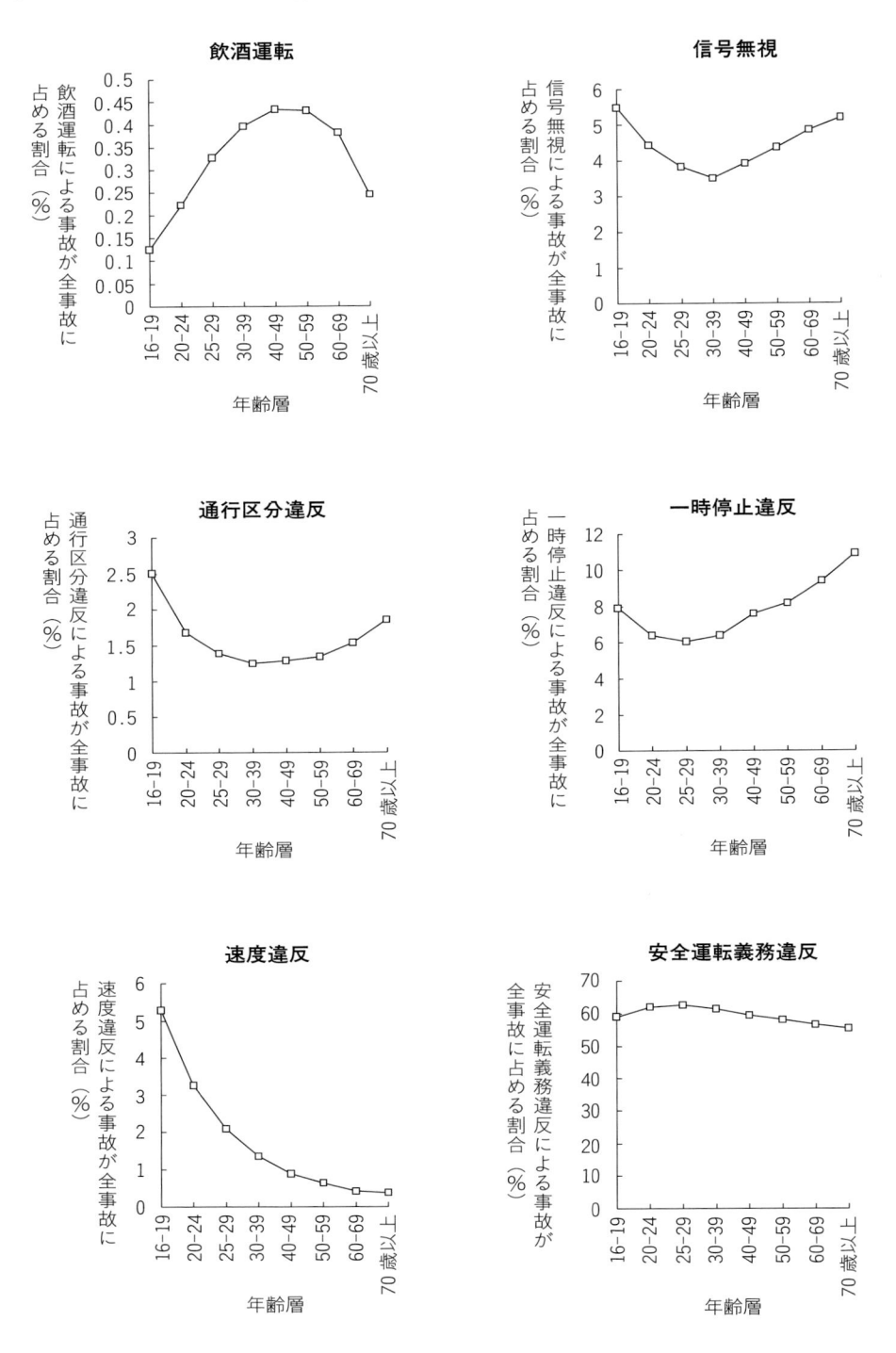

図2-7 違反種類別年齢層別事故が年齢層別の全事故
（いずれかの違反による事故）に占める割合

では幾分増加する．年齢層別の全事故に占める飲酒運転による事故の割合は50代まで増加し，その後低下する．

2．信号無視

免許保有者当たりの信号無視による事故件数は，10代から20代前半にかけて，急に減少し，30代までは減少を続けるが，その後は30代を底にして緩やかに増加する．年齢層別の全事故に占める信号無視による事故の割合は，30代までは低下し，その後増加する．

3．通行区分違反

免許保有者当たりの通行区分違反による事故件数は，10代から20代前半にかけて，急に減少し，30代までは減少を続けるが，その後は30代を底にして緩やかに増加する．年齢層別の全事故に占める通行区分違反による事故の割合は，30代までは低下し，その後増加する．

4．一時停止違反

免許保有者当たりの一時停止違反による事故件数は，10代から20代前半にかけて，急に減少し，30代までは減少を続けるが，その後は30代を底にして緩やかに増加する．年齢層別の全事故に占める一時停止違反による事故の割合は，20代後半までは低下し，その後増加する．

5．速度違反

免許保有者当たりの速度違反による事故件数は，10代から20代前半にかけて急に減少するが，次第に減少が鈍化して推移する．年齢層別の全事故に占める速度違反による事故の割合は加齢とともに低下を続ける．

6．安全運転義務違反

免許保有者当たりの安全運転義務違反による事故件数は，20代までは急に減少するが，その後は減少が緩やかになり30代以降は安定する．年齢層別の全事故に占める安全運転義務違反による事故の割合は，ほぼ一定である．

3-4　事故に結びつきやすい違反

ここでは，各違反による事故件数の変化が，当該違反の違反者数の変化に対応するものか，違反者数の変化とは異なるものかなどについて調べる．まず，年齢層別に各違反による事故件数を当該違反の違反者数で除して，年齢層別に各違反の違反者数に対する事故件数（事故発生割合と呼ぶ）を求める．これは，特定の違反に対する事故発生割合が加齢によりどのように変化するかを調べるためである．次に，年齢層別に求めた各違反による事故の発生割合を全年齢層での当該違反による事故発生割合で除して基準化する．この基準化した事故発生割合の加齢による変化を図2-8に示す．

前述したように，違反件数は取り締まりの対象になった違反であり，実際に免許保有者が犯している違反件数とは異なる．そのため取り締まりの対象になりやすい違反とそうでない

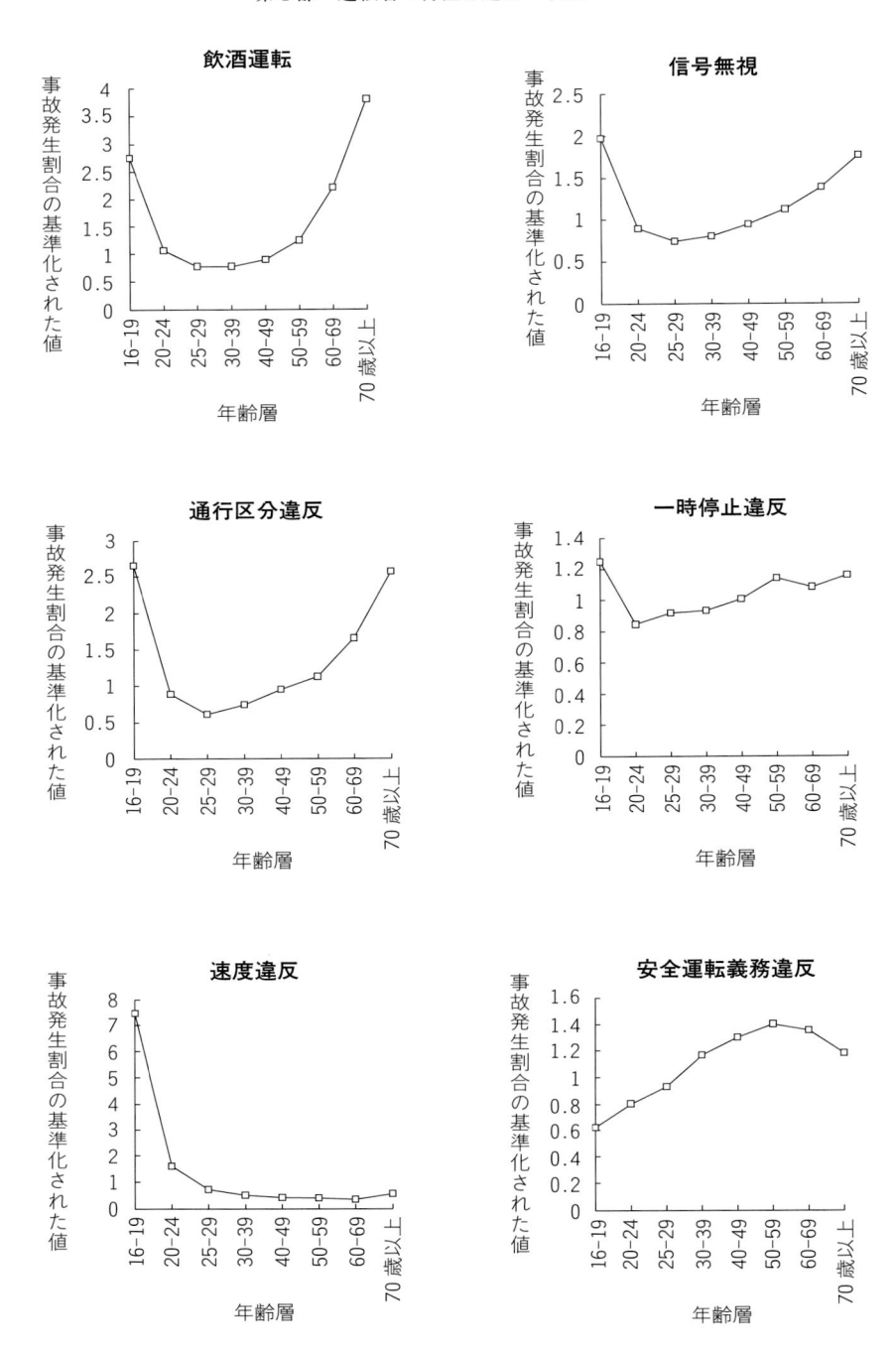

図 2-8 違反種類別年齢層別事故発生割合（違反者数当たりの事故件数）
（年齢層別事故発生割合を全年齢層での事故発生割合で除して基準化している）

違反との間では比較ができない．しかし，違反ごとに，加齢による変化がどのように異なるかを知ることはできる．図2-8から以下のことが分かる．

飲酒運転，信号無視，通行区分違反による事故発生割合は，はじめは加齢とともに低下し，その後増加するU字特性を示している．すなわち，これらの違反は事故発生割合が若者と高齢者で高い．一時停止違反による事故発生割合は加齢に対して概ね一定であるが，20代から緩やかに増加を続ける．速度違反による事故発生割合は，20代までは大きく低下するがその後は安定して推移している．安全運転義務違反による事故発生割合は，加齢に伴い増加し，高齢者になると低下傾向を示す．

以上のように，各違反による事故発生割合の加齢による変化が示された．信号無視，一時停止違反，安全運転義務違反の違反件数の加齢による変化（図2-4）は，当該違反による事故件数の加齢による変化（図2-6）と類似するものであったが，いずれの違反による事故発生割合も，加齢によって変化することが示された．すなわち，各違反による事故件数の変化は，当該違反の違反者数の変化とは異なっている．

4．それぞれの違反についての傾向

各違反は，違反件数（取り締まり件数），事故件数，事故発生割合のそれぞれで，加齢による変化に特徴があることが分かった．特に，各違反による事故発生割合は加齢によって変化すること，すなわち，各違反による事故件数の変化は，当該違反の違反者数の変化とは異なっていることに注目する必要がある．事故は違反と異なり意図的に起こすことはないため，事故発生割合が年齢層によって異なるのは運転者の能力と関係があると考えられる．各違反の示した傾向について，以下のように考えることができる．

1．飲酒運転

飲酒運転と飲酒運転による事故は高齢者になると減少するが，事故発生割合は50代から急増する．これは，高齢者は飲酒運転が少ないものの，飲酒運転をした場合は危険を避ける能力が大きく低下していることを示していると考えられる．

2．信号無視と3．通行区分違反

信号無視と通行区分違反は30代まで急減し，その後は安定する．事故発生割合は20代までは減少している．このことから，事故に結びつくような危険な場面では，この違反をしなくなると考えることができる．30代以降では，事故発生割合が増加する．これは，違反した場合の事故を回避する能力が低下している可能性を示しており，認知・判断などの情報処理能力と事故との関連が考えられる．また，この違反は，全違反者に占める割合が高齢者になると増加しており，違反そのものも見落としなどによって発生している可能性がある．すなわち，違反の発生にも，認知・判断などの情報処理能力との関連が考えられる．この場合，意図的に違反をした場合より，注意が欠落しているなどのため事故に結

びつく可能性が高いと考えられる．

4．一時停止違反

　一時停止違反は若年層で急減少し，その後安定するが，事故発生割合はほぼ安定している．これは，一時停止違反は状況によらず一定の危険を伴っていることを意味していると考えられる．すなわち，一時停止違反の場合，事故になるか否かは運転者の能力の問題ではなく，確率の問題であると言える．一時停止違反事故を減少させるには，違反を減少させるしかないが，中年層以降で違反件数が増加している．この違反も信号無視などと同様に，見落としなどのため発生する可能性があり，認知・判断などの情報処理能力との関連が考えられる．

5．速度違反

　速度違反による事故発生割合は30代までは低下する．これは，事故にならないように速度を調節できるようになり，危険な速度違反はしなくなるためであると考えられる．30代以降は，違反は減少するが，事故発生割合は安定する．これは，危険な速度違反は少なくなるものの，速度違反による事故を回避する能力が低下したためであると考えられる．速度が速いことは，時間換算した車間距離が短くなることでもあり，対処の早さが必要になる．すなわち，速度違反の際の事故回避能力の問題も，認知・判断などの能力と関係している．

6．安全運転義務違反

　安全運転義務違反は，漫然運転，脇見運転，安全不確認などの違反を含んでいる．これらは事故の原因になることの多い違反であり，どの年齢層も事故の際の違反の約50〜70％になっているが，安全運転義務違反は取り締まりによって摘発することは難しいため，取り締まりの結果としての違反に占める割合は低い．事故件数と違反者数の加齢による変化は，類似しており，事故発生割合の加齢による変化は小さい．

加齢による変化の特性については，以下のように考えることができる．

1．加齢とともに違反が減少する場合

　加齢とともに違反を避けたいと思うようになり，かつ，自分の意志で違反を避けることができる場合であると考えられる．飲酒運転以外の違反は若年層から中年層にかけてこの傾向を示す．

2．加齢とともに違反が増加する場合

　加齢とともに見落としなどのため違反していることに気付かなくなる場合と社会的立場の変化が考えられる．前者には一時停止違反が高齢者になるに従って増加するケース，後者には飲酒運転が中年層になると増加するケースがある．

3．加齢とともに事故発生割合が減少する場合

　加齢とともに危険な状況でも事故を避けることができるようになることと，違反をする

場合でも危険な状況での違反はしなくなる場合が考えられる．前者は運転能力の向上によるものであり，後者はどのような状況で違反をしたら危険であるかがわかるようになり，しかも，自分の意志で違反を避けることができる場合であるが，通常は両者とも影響していると考えられる．信号無視，通行区分違反，速度違反は若年層から中年層にかけてこの傾向を示す．

4．加齢とともに違反に対する事故発生割合が増加する場合

加齢とともに，違反をして危険な状況になった場合の事故回避能力が低下していることが考えられる．飲酒運転，信号無視，通行区分違反は，中年層から加齢とともにこの傾向を示す．気付かずに違反をしている場合は，危険な場合の事故回避がさらに困難であると考えられる．

5．ま と め

各違反による事故件数の変化と，当該違反の違反者数の変化を比較し，各違反による事故と運転者の能力の関係について考察した．信号無視，通行区分違反による事故に関しては，高齢化により，これらの違反の際の事故回避能力が低下していることが認められ，認知・判断などの情報処理能力と事故との関連が示唆された．また，信号無視，通行区分違反，一時停止違反は，これらの違反そのものも，認知・判断などの能力の低下と関係している可能性が示された．

文　献

1) Makishita, H., Ichikawa, K.: The Age Trends for Traffic Violations and Accidents, Proceedings of the 30th International Symposium on Automotive Technology & Automation, Road and Vehicle Safety, 97SAF009, pp. 265-272, 1997

第3章　運転者の身体能力及び心理特性と違反・事故の関係

1．本章の位置づけ

　本章は，運転者の身体能力の検査及び心理特性のアンケート調査などに基づく筆者らの研究結果を示すものである．

　前章までの分析で，運転者の年齢と違反・事故の関係を明らかにした．加齢に伴い，運転者一人当たりの交通違反件数全体は減少していくが，違反の種類により，違反件数やその違反による事故件数の加齢による変化は様々であった．例えば，速度違反や飲酒などの違反は加齢が進むと大きく減少するが，信号無視，一時停止違反などの違反は中年以降になるとほとんど減少が見られなくなる[1]．また，信号無視，一時停止違反による事故は，中年以降になると増加する傾向も示されている[1,2]．加齢に伴う速度違反などの減少は，運転者の心理特性の変化に関係しており，信号無視などの違反が減少しない傾向は，視力，反応時間など身体能力の低下に関係していると考えることができる．本章では，身体能力として前述の視力，反応時間をとりあげ，心理特性とともに違反・事故との関係を明らかにする．

2．本章の背景と目的

　交通違反には，速度違反，飲酒運転など意図的な要素が強いと考えられるものが多く，それが原因となった事故が少なくない．そのため，これまでは違反・事故に関係した運転者の特性として意識・態度などの心理特性が問題にされることが多く，運転者に注意を与えることで改善を図ろうとしてきた．しかし，身体能力が影響していると考えられる安全運転上の問題は少なくないと言われている．高齢化は身体能力の低下をもたらすため[3,4]，運転者の高齢化とともに身体能力に関連した運転能力の問題は重みを増している．交通事故統計によれば，加齢に伴い，運転者一人当たりの交通違反件数全体は減少していくが，違反の種類別に見ると，違反件数やその違反による事故件数の加齢による変化は様々である．前述したように，速度違反や飲酒などの違反は加齢が進むと大きく減少するが，信号無視，一時停止違反などの違反は加齢が進むとほとんど減少が見られなくなる．信号無視や一時停止違反は，

意図的な場合も少なくないと考えられるが，加齢に伴う交通違反の減少の中で，これらの違反が減少しなくなる傾向は，視機能の低下が関係している可能性がある．意図的な違反より，視機能など身体能力の低下に起因した違反の方が事故につながる可能性も高いと考えられ，その意味でも，身体能力と違反・事故の関係は重要である．運転者の特性と違反に関する心理面の研究[5,6,7]では，身体能力は考慮に入れられないことが通常であった．一方，身体能力と違反・事故の関係に関する研究[8,9]では，加齢と身体能力の変化を一体のものとして扱うことで，身体能力の影響を示唆することができたが，心理特性も加齢に伴って大きく変化していくため，身体能力そのものと違反・事故の関係は必ずしも明確ではなかった．このように，両分野はそれぞれ異なる立場から行われており，全体的特性が見えにくかったため，両分野を一括して調べることを本章の狙いとした．本章では，心理特性を示すものとして，意識・態度，運転行動の特性，ひやり・はっと体験をとりあげている．また，身体能力としては，静止視力，動体視力などの視力と反応時間をとりあげている．視力は運転時の情報収集に最も深く関わるものであり，反応時間も，運転に関わる身体能力の代表的なものである[10]．これらの身体能力や心理特性が，どのように違反・事故の有無と関係しているかを順次明らかにしていく．

3. 本章の記述の基になっている調査と分析の方法

　身体能力及び心理特性と違反・事故の関係に関する記述に先立ち，本章で示す研究結果を得るために実施した調査・分析の方法について述べる．

3-1　調査の概要

　調査は1999（平成11）年12月1日（水曜日）から同年12月9日（木曜日）までの土曜日および日曜日を除く平日の7日間で実施したものである．調査対象者は，運転免許更新などの講習受講のために埼玉県鴻巣市の運転免許センターを訪れた男性運転者421人である．年齢構成は，29歳以下が116人，30代が79人，40代が89人，50代が77人，60歳以上が60人である．講習の内訳は，優良運転者講習の受講者220人，その他の講習の受講者201人のほぼ同数とし，違反・事故の経験のある人とない人の比率が同程度になるように配慮した．ここで，優良運転者とは，過去5年間に無違反の人，あるいは前回の更新において，優良運転者講習対象者であった人で，違反行為の回数が1回であり，その違反行為が軽微な違反行為に該当する人である．また，ここで述べたその他の講習は，事故あるいは違反のある運転者を対象とした講習を意味している．調査対象者にはアンケート調査と視力，反応時間の計測を行った．アンケートの調査票は直接渡し，本人にその場で記入させた．アンケートでは，年齢，職業，過去1年間の走行距離と過去1ヵ月の走行頻度，過去3年間の違反・事故の有無と違反内容，運転意識・態度，運転行動，ひやり・はっと体験を調べた．視力及び

反応時間の計測結果とアンケートの結果を用い運転者の特性と違反・事故の関係について分析した．

3-2 調査対象者の属性と違反・事故の有無

調査対象者に違反・事故の経歴があるかどうかは，アンケート調査によって調べているが，違反をしたとしても，取り締まりを受けていなければ，自分が違反をしたと考えるか否かは，それぞれの運転者の意識に大きく左右される．そこで，アンケートでは，取り締まりを受けた場合のみ違反ありと回答させ，客観性を持たせている．また，物損事故も，軽微な場合は，事故と考えるか考えないかは，運転者の意識に大きく左右されるため，人身事故を起こした場合のみ事故ありと回答させた．違反内容は違反件数の統計を考慮して選択肢を設定し，①駐停車違反，②速度違反，③シートベルト着用義務違反，④一時停止違反，⑤その他，から重複回答を可として選択させた．その他を選択した場合には，さらに内容を記入させた．調査対象者の属性及び違反・事故の有無は，1991年に自動車安全運転センターが一般男性運転者4,215人を対象に行った調査[11]（全国調査と呼ぶ）と比較した．走行距離（表3-1），走行頻度は，本研究の調査対象者は全国調査より低い傾向がみられたが，違反・事故の有無別にみた年齢層（表3-2），職業は本研究の調査と全国調査で大きな差はみられず，サンプルの偏りは小さいと考えられた．

表3-1 本章の調査対象者と全国調査の対象者の走行距離

			走行距離（km）						
		違反・事故の有無	5,000未満	5,000～10,000	10,000～15,000	15,000～20,000	20,000～30,000	30,000以上	不明	合計
件数	本研究	無し	54	41	57	15	22	13	0	202
		有り	29	33	54	25	39	38	1	219
	全国調査	無し	444	653	802	280	341	317	23	2,860
		有り	95	197	355	143	255	232	4	1,281

表3-2 本章の調査対象者と全国調査の対象者の年齢層

			年齢層						
		違反・事故の有無	24歳以下	25～29歳	30代	40代	50代	60歳以上	合計
件数	本研究	無し	21	14	38	45	43	41	202
		有り	44	37	41	44	34	19	219
	全国調査	無し	260	307	643	763	508	379	2,860
		有り	310	232	295	242	129	73	1,281

表 3-3 違反内容別年齢層別人数

	駐停車違反	速度違反	シートベルト着用義務違反	一時停止違反	その他	違反あるいは事故のあった人
29 歳以下	21	32	14	11	26	81
30 代	6	8	12	4	17	41
40 代	8	13	12	5	12	44
50 代	1	10	9	7	11	34
60 歳以上	2	6	7	3	3	19

調査対象者の無事故・無違反者は 202 人，違反あるいは事故のあった人は 219 人であった．違反内容に関するアンケートの結果を表 3-3 に示す．その他の場合に記入されていた主な内容は以下の通りであった．

・追突事故（8 件）

・他車との接触事故（8 件）

・右折禁止違反（8 件）

・通行区分違反（7 件）

・飲酒運転（7 件）

・免許不携帯（5 件）

・信号無視（5 件）

・追越し禁止違反（4 件）

・一方通行違反（4 件）

違反内容についての回答結果は，その他が多かったが，個々の内容別では選択肢として設定したものが遙かに多く，選択肢の設定は適当であったと考えられた．違反・事故の有無についての回答結果は，無事故・無違反者が 202 人であり，優良運転者講習の受講者が 220 人であったこととよく対応し，信頼性は高いと考えられた．

3-3 視力の計測

視力には，静止視力，動体視力など特性の異なる様々な視力があり[4]，計測方法はさらに多くのものが考えられる．動体視力は基本的な視力の一つであるが，我が国では，運転に関する動体視力の計測は，迅速処理の必要性などから一般に前後方向に移動する物体を認識する視力（KVA：Kinetic Visual Acuity）が対象になっている．しかし，諸外国で研究が行われ，事故との関連が示されているのは，左右方向に移動する物体を認識する視力（DVA：Dynamic Visual Acuity）であり[12]，KVA と違反・事故との関係は明らかではない．本章の調査では，基本的な視力として静止視力，KVA，DVA，低照度下の視力（以下，暗視力と呼

ぶ）をとりあげて調べた．

　視力，反応時間の計測では，運転している時に眼鏡やコンタクトレンズを使用している場合は，その眼鏡やコンタクトレンズを使用した状態で計測した．視力は，医学的には矯正視力で計測することが基本であり，矯正できた部分は問題なしとされる．その意味で視力は，完全矯正した絶対視力で計るものであるが，本章の調査においては，運転との関わりを調べることを目的としているため，運転時の状態で計測した．また，各種視力は，両眼視力の計測値である．

　静止視力については，ISO や JIS に規定があるが，動体視力（KVA と DVA），暗視力については明確な規定はない．KVA，DVA，暗視力は静止視力との差が問題になる可能性もあるため，その値も分析対象とした．以下に各視力の計測方法を示す．

(1) 静止視力

　静止視力は万国式試視力表を用いて両眼視力を計測した（図3-1）．用いた視力表は「DR LANDOLT'S INTERNATIONAL RING TEST-TYPE CHART」の水平距離3m用である．計測条件は以下の通りである．

　① 指標：ランドルト環，切れ目方向は上下左右の4方向，水平距離3m用の大きさ．
　② 指標面の明るさ：700ルクス．
　　　静止視力の計測は日本では200ルクスが規定されているが，通常は700～1,000ルクスで計測されている．明るさに幅があるのは，蛍光管の明るさが低下するためである．蛍光管2本を点灯した状態で行うことが通常であり，新しい蛍光管の場合は1,100ルクスであるが，次第に800ルクス程度に低下する．
　③ 指標位置：視力表の高さは，身長170cmの人の目の高さが，1.0の視力に対するランドルト環の位置になる高さ，水平距離は調査対象者から3m．
　④ 視力表示：0.1～2.0．

(2) 動体視力（KVA）

　KVA は，興和株式会社が販売している AS-4D を用いて両眼視力を計測した（図3-2）．この装置は，高齢者に対する指導などのために日本では広く用いられている計測装置である．AS-4D で KVA を計測する方式は，レンズ系によって前方50mに作られたランドルト環の像が，手前に接近してくるもので，ランドルト環の切れ目の方向が認知できた時の距離で視力を計測する．調査対象者は，接眼部に両目を当て，近づいてくるランドルト環の切れ目方向が判別できたら，視力計の前部についているレバーを切れ目方向に倒す．本方式の視力は，動いている対象に対する通常の動体視力と同時に，遠近の調節の速さ，視対象が広がってくることに対する調節の速さも調べていることになる．また，判別できたと判断したときにレバーを動かす反応の速さも計測値に影響する．計測条件は以下の通りである．

　① 指標：ランドルト環，切れ目方向は上下左右の4方向．
　② 指標背景輝度：160 cd/m^2．

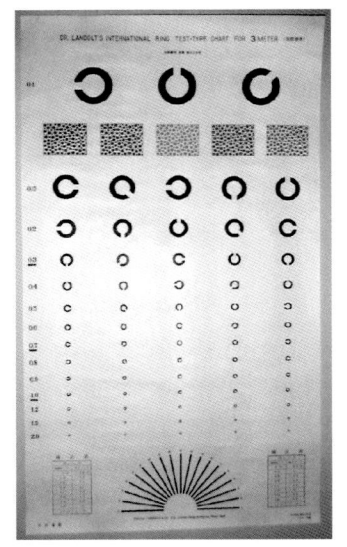

図3-1 万国式試視力表

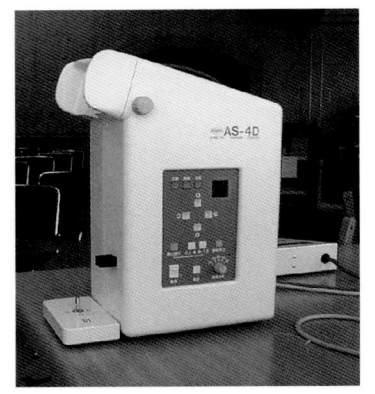

図3-2 動体視力計 AS-4D

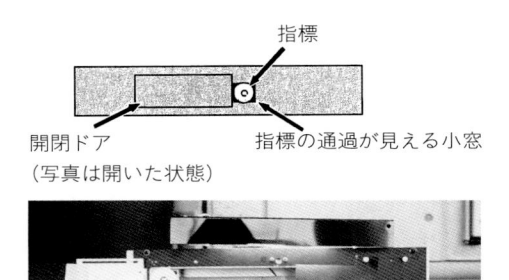

図3-3 動体視力計

図3-4 暗視力計

③ 指標位置：接眼部からのぞき込む方式．
④ 視力表示：0.1〜1.6．
⑤ 指標移動範囲と速度：光学系により作られた像が50mから3mまで，30km/hで接近する．

(3) 動体視力（DVA）

DVAは，左右にランドルト環が動く方式の視力計を作成して両眼視力を計測した（図3-3）．これは，幅5cmの小窓をランドルト環が，左右に1往復移動するもので，切れ目の方向を読みとることができたランドルト環の大きさで視力を計測する．幅5cmの小窓を通過する時間は，約0.2秒である．計測条件は以下の通りである．

① 指標：ランドルト環，切れ目方向は右上，右下，左上，左下の4方向，水平距離3m用の大きさ．

　　ランドルト環が左右に動く方式のため，上下左右の切れ目の方向では，方向による差があると考えられたため，ランドルト環の切れ目は，前述の方向とした．
② 指標面の明るさ：700ルクス．
③ 指標位置：指標の高さは，身長170cmの人の目の位置になる高さ，水平距離は調査対象者から3m．
④ 視力表示：0.1～1.2．
⑤ 指標移動範囲と速度：移動速度25cm/秒で往復，表示距離は左右5cm．

(4) 暗視力

暗い場所での視力は，通常，夜間視力と呼ばれているが，日本では交通安全の指導などの場において，視力の回復時間を夜間視力と呼ぶことも多い．本章の調査では薄暮時の運転を想定し，指標面の照度を下げた状態で両眼視力を計測した．使用した暗視力計は，通常の静止視力計にランドルト環面の明るさを計測する照度計とランプの明るさを調節する機能を組み込んだものである（図3-4）．計測を行う室内は，外部からの明かりを遮断し，調査対象者が入室して1分後に測定した．完全な暗順応では網膜感度の上昇は約10^5倍になり，1分後では約10^2倍の上昇である．本章の指標面の明るさは後述のように300ルクスであり，この程度の暗順応の時間で十分であると考えられる．

① 指標：ランドルト環，切れ目の方向は，上下，左右，右上，右下，左上，左下の8方向，水平距離3m用の指標の大きさ．
② 指標面の明るさ：300ルクス．

　　前述したように，静止視力の計測は日本では200ルクスが規定されているため，300ルクスは普通の視力とも言える．しかし，通常の計測は，700～1,000ルクスで行われており，それとの比較ではかなり低い照度である．
③ 指標位置：指標の高さは，身長170cmの人の目の位置になる高さ，水平距離は調査対象者から3m．
④ 視力表示：0.1～1.2．

3-4　反応時間の計測

反応時間の計測は単純反応と選択反応について，パーソナルコンピュータ（PC）の液晶表示画面に提示された表示を用いて行った．調査対象者には，PCの画面に円が表示されたら，直ちにキーを押すように指示した．円はランダムな時間間隔で表示し，円が表示されてからキーが押されるまでの時間を計測した．

(1) 単純反応時間

調査対象者は画面上に赤い円が表示されたら，利き腕の人差し指で赤いキーを押すことと

し，赤い円の提示から反応までの時間を計測した．円が表示される間隔は2～4秒のランダムな間隔とした．3回の練習後，20回の単純反応時間を計測した．

(2) 選択反応時間

調査対象者は画面上に青い円が表示されたら青いキー，黄色い円が表示されたら黄色いキー，赤い円が表示されたら赤いキーを押すこととし，円の提示から正しい反応までの時間を計測した．また，誤反応があればその回数も記録した．円が表示される間隔は2～4秒のランダムな間隔とした．提示する色の順序はランダムに設定しているが，同じ色の円が3回以上連続して表示されない設定とした．練習は各色2回の合計6回行い，その後，各色10回，合計30回の選択反応時間を計測した．キーは，すべて利き腕の人差し指で押すこととし，検査中は利き腕の人差し指を中央の黄色いキーの直上で待機させることとした．

計測結果から，調査対象者によっては，数回の試行を経て反応傾向が安定するケースが認められたため，反応特性指標を算出する際には，反応傾向が安定した第6回以降の計測結果を用いることとした．また，第6回以降の計測で1～3回，異常に長い反応時間を示す調査対象者が認められたため，このデータ（異常値，外れ値）についても，通常の反応傾向とは異なると判断し，反応特性指標を算出する際には用いないこととした．異常値として除外したのは，中央値からの偏差絶対値が，[偏差絶対値＞上ヒンジ＋3×ヒンジ散布度]を満たす場合で，このデータを除いたデータを分析対象とした．この定義は，箱ひげ図[注1]の表示方法に従うものであり，偏差絶対値の分布が正規分布に従うとすれば，これらの値が得られ

注1） 箱ひげ図は，データの分布状態を図化して示すもので，下に示すような図で表現する．長方形の箱の中には全データの半分が含まれ，箱の中の中央の線は中央値を示している．下の例では，中央値は，15となっている．箱の左端を下ヒンジといい，右端を上ヒンジという．また，上ヒンジから下ヒンジの間隔をヒンジ散布度とよぶ．さらに，上下2つずつの内境界点と外境界点があり，次のように定義されている．

　　下内境界点　＝　下ヒンジ　－　1.5×ヒンジ散布度
　　上内境界点　＝　上ヒンジ　＋　1.5×ヒンジ散布度
　　下外境界点　＝　下ヒンジ　－　3×ヒンジ散布度
　　上外境界点　＝　上ヒンジ　＋　3×ヒンジ散布度

この内境界点の内側のデータのうち，最大の値と最小の値を「隣接値」と呼ぶ．箱ひげ図のひげは，この隣接値を結んだものであり，内境界点内でのデータ分布の幅を示している．内境界点の外側にあるデータの値を「外れ値」と呼ぶ．外れ値には，内境界点と外境界点の間の外側値（○で示してある）と外境界点より外側の極外値（＊で示してある）がある．

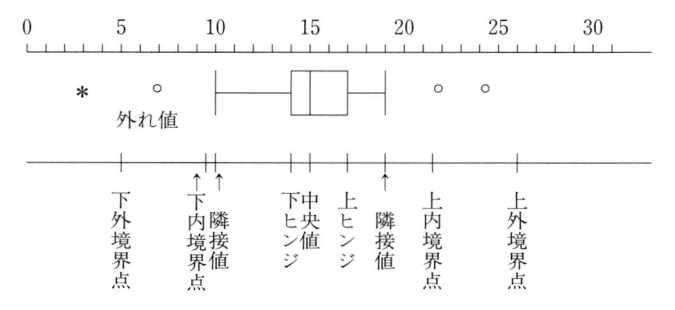

る確率は 0.1％以下であり，通常では発生することが極めてまれな値である．
　以上の手続きを経て得られた分析対象データから，各調査対象者の反応時間の特性を表す指標とする項目を以下のように定義した．
　①　反応時間の代表値：開始直後から 6 試行以降の反応時間の中央値
　　　平均値を代表値として用いなかったのは，反応時間の分布が歪んでおり，値の大きい方に裾を引いていたためである．
　②　順応性：開始直後 5 試行の反応時間の中央値― 6 試行以降の反応時間の中央値
　　　開始直後 5 試行の反応時間の中央値と反応時間の代表値（6 試行以降の反応時間の中央値）の差．
　③　反応時間の不安定性：ヒンジ散布度
　　　箱ひげ図の表示方法に従い，中央値を挟んで半数のデータが含まれる範囲であるヒンジ散布度で反応時間のばらつきを表し，不安定性の尺度とする．
　④　情報処理の不正確性の程度：選択反応の場合の誤反応数
　　　反応の際の誤反応数で情報処理に関する不正確性の程度を表す．
　⑤　判断に要する時間：選択反応の中央値―単純反応の中央値
　　　選択反応には認知，判断と運動特性が含まれるため，選択反応時間から単純反応時間を引くことで判断に要する時間を表す．

3-5　運転意識・態度などの分析

　運転意識・態度に関する 21 の質問項目（表 3-4），運転行動に関する 15 の質問項目（表 3-5）及びひやり・はっと体験に関する 10 の質問項目（表 3-6）を設けた．
　運転意識・態度に関する質問と運転行動に関する質問には，「はい」，「いいえ」で回答させた．ひやり・はっと体験に関しては，表 3-7 に示す 4 種類の選択肢を示して回答させ，表の右列に示した数字を平均回数とみなして，ひやり・はっと体験の合計回数を求めた．
　アンケートの項目は，1991 年に自動車安全運転センターが一般男性運転者 4,215 人を対象に行った前述の調査と同一であり[11]，その際に抽出された運転意識・態度の因子，運転行動の因子と因子負荷量をもとに，本章の調査対象者の因子得点を求めた．
　運転意識・態度の因子に対する因子負荷量は，表 3-4 に示す通りである．第 7 因子（FACTOR7）に負荷が高い項目は 1 項目のみであり，解釈が困難なため分析対象からは除外されている．残りの 6 因子に対して，因子負荷量の高い質問項目に注目して因子軸を解釈し，以下の結果が得られている．ただし，今回，因子軸をあらためて解釈した結果，Ⅱ，Ⅲ，Ⅴは，1991 年と異なる呼び方とした．括弧内は 1991 年の呼称である．
　Ⅰ．依存的傾向
　Ⅱ．急ぎ傾向（攻撃的傾向（1991））
　Ⅲ．優先意識傾向（先急ぎ傾向（1991））

表3-4 運転意識・態度に関する質問項目と因子負荷量[11]

	FACTOR1	FACTOR2	FACTOR3	FACTOR4	FACTOR5	FACTOR6	FACTOR7
前の車についていけば安心して右左折できる	**0.59526**	0.07366	0.10514	-0.04235	0.04338	0.00220	0.01552
他車が譲ってくれるので進路変更には不安を感じない	**0.57773**	0.08207	0.06754	-0.09029	-0.00806	-0.01464	0.08710
運転で多少人に迷惑をかけるのはお互いさまだと思う	**0.37650**	0.15187	0.14823	0.04005	0.26559	0.01940	0.02410
追い越されるのは気分のいいものではない	0.05627	**0.56753**	0.20542	-0.02133	-0.00673	0.03646	0.03882
歩行者や自転車をじゃまに思うことがある	0.06241	**0.49416**	0.09136	0.06300	0.14053	0.06247	-0.02644
前車がもたもたしている時は，すぐにクラクションを鳴らす	0.07669	**0.43743**	0.10311	-0.00321	0.15721	-0.02562	0.09345
他人に自分の運転を批判されると腹がたつ	0.21761	**0.35189**	0.34747	-0.04357	0.07143	0.00748	-0.03759
優先だと思ったら道を譲ることはほとんどしない	0.21983	0.24876	**0.49280**	-0.02423	0.14266	-0.00203	0.02583
割り込まれるのであまり車間をあけないようにしている	0.26270	0.26473	**0.44916**	0.00961	0.13915	-0.02573	0.05328
10km位のスピードオーバーであれば車の流れに乗って走る	-0.02856	0.09162	**0.30291**	-0.03591	0.14391	0.02920	0.02605
運転はこわいものだ	-0.07214	-0.01746	0.01074	**0.68913**	-0.07833	-0.06663	-0.04802
運転は緊張で疲れる	0.01767	0.08949	-0.07140	**0.58168**	-0.04377	-0.17290	-0.07496
駐車禁止の場所でも，気にせずに駐車する	0.21804	0.01798	0.29278	-0.00728	**0.42401**	0.02197	0.05188
一時停止でも，見通しがよければ停止しないで通過する	0.25942	0.03257	0.23440	0.00975	**0.39718**	-0.00781	-0.00063
横断歩道で手をあげていても止まらずにすぎることが多い	0.15593	0.16603	-0.01958	0.05440	**0.21343**	0.00399	0.10738
駐車中の車のわきは人が飛び出してこないか注意している	-0.08251	-0.03735	-0.00783	0.21492	**-0.22646**	0.01547	0.04137
ベテランドライバーは初心運転者にもっと親切にすべきだ	0.12216	-0.09305	-0.06690	0.09937	**-0.31459**	-0.06904	-0.00585
追い越し禁止の場所では追い越しはしない	-0.01144	-0.12327	-0.12048	0.08368	**-0.41953**	-0.07592	0.01440
運転することじたいが楽しい	0.05893	0.11454	0.05700	-0.10963	0.02628	**0.65230**	0.11303
車は，単なる移動の手段である	0.04429	0.02688	0.02109	0.07456	0.01294	**-0.51197**	0.03739
人通りの多い狭い道でも，気にせずに走る	0.11066	0.07991	0.06276	-0.10321	0.01238	0.05603	**0.77067**

網かけは，各項目に対して最も負荷が高い因子の因子負荷量

表3-5 運転行動に関する質問項目と因子負荷量[11]

	FACTOR1	FACTOR2	FACTOR3
合流するときに，タイミングがあわずにまごまごすることがある	**0.7684**	0.2304	0.1477
他車に道を譲るべきか，自分の車が行くべきか迷うことがある	**0.7147**	0.2119	0.1447
すれ違いができるかどうかの判断に迷うことがある	**0.6999**	0.2015	0.1377
右折の時に，行こうか行くまいか迷うことがある	**0.6937**	0.1859	0.2193
出てこないと思った車が出てきてあわてることがある	**0.5475**	0.0562	0.4164
一定速度での走行がうまくいかないことがある	0.3491	**0.6430**	0.0461
長い下り坂でフットブレーキだけを使うことがある	0.1527	**0.6324**	0.1078
左折時にハンドルを切りすぎ，乗り上げたり，こすってしまうことがある	0.2428	**0.6273**	0.1366
ハンドルの戻しが遅れて，蛇行してしまうことがある	0.3459	**0.6090**	0.1406
同乗者から，自分の運転は恐いと言われることがある	0.0730	**0.5876**	0.1426
合図をせずに車線を変えることがある	-0.1048	**0.5231**	0.3688
信号を見落とすことがある	0.0983	0.2138	**0.7249**
青信号に気づかずに，後ろからクラクションを鳴らされることがある	0.2074	0.1426	**0.7013**
気がつかないうちに後ろに車がついていることがある	0.3882	0.0320	**0.5699**
右折禁止を右折したり，一方通行を逆にはいってしまうことがある	0.2099	0.3040	**0.5234**

網かけは，各項目に対して最も負荷が高い因子の因子負荷量

表3-6 ひやり・はっと体験に関する質問項目[11]

> カーブなどで対向車線にはみだして衝突しそうになったこと
> 急ブレーキをかけてスリップしそうになったこと
> 信号待ちや駐車中の車に追突しそうになったこと
> 急停車した車に追突しそうになったこと
> 走っている前の車に接近しすぎて，追突しそうになったこと
> 自分が追い越し中に，対向車がきて事故になりそうになったこと
> 車線変更したら後ろから車が来ていて事故になりそうになったこと
> 交差点で出会い頭に他の車と事故になりそうになったこと
> 飛び出してきた歩行者や自転車にぶつかりそうになったこと
> 急ハンドルを切って，車が蛇行したり，不安定になったこと

表3-7 ひやり・はっと体験の質問に
対する回答の選択肢

選 択 肢	平均回数として設定した値
経験はない	0
1回くらい経験がある	1
2〜3回くらい経験がある	2.5
4回以上経験がある	5

Ⅳ．運転時の緊張傾向
Ⅴ．法軽視傾向（遵法傾向の低さ（1991））
Ⅵ．運転への愛着傾向

また，運転行動の因子に対する因子負荷量は表3-5に示す通りである．3因子に対して，因子負荷量の高い質問項目に注目して因子軸を解釈し，以下の結果が得られている．

Ⅰ．判断の迷い傾向
Ⅱ．運転の操作ミス傾向
Ⅲ．情報の見落とし傾向

以上に基づき，本章のアンケートの調査対象者について，運転意識・態度の6因子に対する因子得点と，運転行動の3因子に対する因子得点及びひやり・はっと体験の合計回数を求め，車間距離などとの相関係数を求めた．

4．視力，反応時間，運転意識・態度などと違反・事故の有無の関係

以下の内容は，前述した調査に基づくものである．

4-1 相関係数

視力，反応時間，運転意識・態度の因子，運転行動の因子，ひやり・はっと体験及び年齢と違反・事故の有無及び年齢との相関係数を表3-8に示す．違反・事故の有無との相関係数は全年齢層でみた場合と年齢層別でみた場合の値を示している．年齢との相関係数は表の右端の1列である．

○年齢

年齢と違反・事故の有無は有意な負の相関を示した（表3-8の左下）．すなわち，加齢に伴い無事故・無違反者の割合が高くなる（表3-9）．この相関には走行距離が関係している可能性があるので，年齢層別走行距離を調べたものを表3-9に示した．走行距離と違反・事故の有無の相関係数は0.172（$p<0.01$）であったが，走行距離と年齢の相関係数は-0.04

表 3-8 視力，反応時間，運転意識・態度，運転行動，ひやり・はっと体験と違反・事故の有無及び年齢との相関係数

	指標項目	違反・事故の有無(なしを1，ありを2とした)との相関係数						年齢との相関係数
		全年齢層	29歳以下	30代	40代	50代	60代	全年齢層
視力	静止視力（万国式）	0.066	0.052	-0.153	-0.072	0.065	0.050	**-0.329**
	動体視力（DVA）	0.056	-0.012	**-0.232**	-0.108	0.076	0.166	**-0.365**
	静止視力とDVAの差（静止視力－DVA）	0.036	0.077	0.002	0.011	0.006	-0.115	-0.074
	動体視力（KVA）	0.064	-0.030	-0.093	0.074	0.099	-0.085	**-0.283**
	静止視力とKVAの差（静止視力－KVA）	0.030	0.081	-0.087	-0.168	0.002	0.130	**-0.173**
	暗視力	0.067	0.027	**-0.210**	0.016	-0.037	0.104	**-0.349**
	静止視力と暗視力の差（静止視力－暗視力）	0.038	0.052	-0.053	-0.107	0.104	-0.038	**-0.182**
反応時間	単純反応（中央値）	-0.083	-0.062	-0.057	0.048	-0.018	-0.103	**0.240**
	単純反応の5試行までと以後の時間差（5試行まで－以後）	-0.079	-0.032	-0.100	0.025	0.077	-0.056	**0.285**
	単純反応のヒンジ散布度	-0.062	-0.096	-0.015	0.016	0.121	-0.088	**0.277**
	選択反応（中央値）	**-0.152**	-0.024	-0.003	-0.015	0.119	-0.088	**0.648**
	選択反応の5試行までと以後の時間差（5試行まで－以後）	0.026	0.092	0.012	0.049	0.006	0.009	0.021
	選択反応のヒンジ散布度	-0.097	0.074	0.134	**-0.211**	-0.032	-0.161	**0.265**
	選択反応の誤反応数	0.018	0.023	-0.065	0.099	-0.100	**0.201**	0.052
	選択反応と単純反応時間の差（選択反応－単純反応）	**-0.126**	0.000	0.026	-0.045	0.135	-0.034	**0.591**
運転意識・態度	依存的傾向	0.012	0.018	0.124	-0.061	0.020	-0.117	-0.019
	急ぎ傾向	0.060	0.008	0.053	0.161	**-0.276**	0.118	**-0.192**
	優先意識傾向	**0.146**	0.088	0.118	0.125	0.024	**0.217**	**-0.168**
	運転時の緊張傾向	-0.055	**-0.253**	0.070	0.121	-0.005	-0.052	0.076
	法軽視傾向	**0.143**	0.104	0.079	0	0.039	**0.268**	**-0.261**
	運転への愛着傾向	**0.171**	0.084	**0.258**	0.158	-0.083	0.065	**-0.307**
運転行動	判断の迷い傾向	**-0.137**	-0.154	**-0.229**	-0.124	0.002	-0.047	**0.127**
	運転の操作ミス傾向	**0.114**	0.118	**0.287**	0.029	-0.032	0.120	-0.051
	情報の見落とし傾向	**0.119**	**0.237**	0.041	**0.265**	**0.298**	**0.270**	0.066
ひやり・はっと体験の合計回数		**0.271**	0.179	**0.301**	**0.237**	**0.241**	**0.245**	**-0.207**
年齢		**-0.233**						

網掛けは，危険率5％以下で有意の相関

表3-9 年齢層別走行距離と無事故・無違反者割合

	平均走行距離 (最近1年間 km)	無事故・無違反者割合 (%)
29歳以下	13,505	30.2
30代	15,977	48.1
40代	16,133	50.6
50代	16,521	55.8
60歳以上	9,220	68.3
全体	14,478	48.0

表3-10 年齢層別の視力と反応時間の中央値

	静止視力	DVA	KVA	暗視力	単純反応 (msec)		選択反応 (msec)	
					中央値	ヒンジ散布度	中央値	ヒンジ散布度
29歳以下	1.45	0.91	0.55	1.04	254.79	31.60	520.43	118.80
30代	1.37	0.89	0.52	1.00	257.21	36.50	564.83	130.72
40代	1.34	0.83	0.47	0.96	267.28	41.44	599.47	146.51
50代	1.22	0.71	0.41	0.90	277.34	48.47	665.64	159.32
60歳以上	1.03	0.58	0.32	0.79	288.19	53.02	715.55	152.87
全体	1.31	0.81	0.47	0.95	266.48	40.56	597.73	138.78

ヒンジ散布度は，本章注1を参照．
反応時間の中央値は，個々人の中央値の平均値．

と小さく，有意でもなかった．表3-9で60歳以上を除くと，加齢に伴い走行距離は増加していたので，60歳以上を除いて相関係数を調べると，年齢と違反・事故の有無は－0.159（p＜0.01），走行距離と違反・事故の有無は0.158（p＜0.01），走行距離と年齢は0.062であった．すなわち，この場合も走行距離と年齢に相関は認められず，加齢による違反・事故の減少は，走行距離と違反・事故の有無に相関があることとは無関係であった．

○視力（計測方法は，3-3に記述）

全年齢層でみると，視力の各項目と違反・事故の有無は相関は低いが，いずれも相関係数は正であった．一方，視力の各項目の多くは年齢と有意な負の相関を示しており，年齢層別の視力の平均値は表3-10に示すように加齢とともに低下していた．すなわち，加齢に伴い，違反・事故件数が減少し，視力の各項目の値も低下するため，見かけ上，視力の低下に伴い違反・事故が減少し，視力の各項目と違反・事故の有無の相関係数が正になっていると考えられた．

年齢層別にみると，視力の各項目と違反・事故の有無の関係は一定していない．30代で，動体視力（DVA）と暗視力が違反・事故の有無と有意な負の相関を示したが，他の年齢層では，正の相関になっている場合も見られ，傾向は一定していない．このように，動体視力

(DVA) と暗視力が低いことは違反・事故につながる可能性もあるが，明確ではなかった．静止視力と動体視力（KVA，DVA）の差及び静止視力と暗視力の差については，特徴的な傾向は見いだされなかった．この項目は，静止視力の傾向を概ね反映しているに過ぎないと考えられた．

　以上のように，視力の各項目と違反・事故の有無の間に直接的な関係は認められなかった．

○反応時間（計測方法は，3-4に記述）
　全年齢層でみると，反応時間の多くの項目と違反・事故の有無の相関係数は負であった．一方，反応時間の多くの項目は年齢と有意な正の相関を示しており，年齢層別の反応時間の平均値は表3-10に示すように加齢とともに増加していた．すなわち，加齢に伴い，違反・事故件数が減少し，反応時間の各項目の値が高くなるため，見かけ上，反応時間が長くなることに伴い，違反・事故が減少し，反応時間の多くの項目と違反・事故の有無の相関係数が負になっていると考えられた．

　年齢層別にみると，40代で，選択反応のヒンジ散布度が違反・事故の有無と有意な負の相関を示している．これは，反応のばらつきが大きい方が違反・事故の少ないことを意味しており，ばらつきの大きい人が慎重な運転をしていることなども考えられる．しかし他の年齢層では，正の相関になっている場合も見られ，傾向は一定していない．60歳以上で，選択反応の誤反応数と違反・事故の有無が有意な正の相関を示したが，他の年齢層では，負の相関になっている場合も見られ，この場合も傾向は一定していない．

　以上のように反応時間の各項目と違反・事故の有無の間に直接的な関係は認められなかった．

○運転意識・態度（調査方法は，3-5に記述）
　運転意識・態度は，全年齢層でみると，違反・事故の有無と負の相関を示す項目は，年齢と正の相関を示すなど，年齢に対する相関係数と違反・事故の有無に対する相関係数の正負が逆になっていた．年齢層別に見ると，優先意識傾向は各年齢層について，違反・事故の有無と正の相関を示し，一部有意な相関も示された．法軽視傾向，運転への愛着傾向も，一つの年齢層を除く各年齢層で，違反・事故の有無と正の相関を示した．これらの相関には走行距離が関係している可能性があるため，走行距離との関係を調べた．その結果，走行距離と優先意識傾向との相関係数は0.05，走行距離と法軽視傾向とは0.04であり，いずれも有意な相関は認められなかった．一方，走行距離と運転への愛着傾向の相関係数は0.12（$p<0.05$）であり，有意な相関が認められた．これより，優先意識傾向，法軽視傾向は，大きくなると違反・事故を増加させると考えられたが，運転への愛着傾向と違反・事故の有無の相関については，走行距離に関係している可能性もあると考えられた．

運転行動は，全年齢層でみると，判断の迷い傾向が違反・事故の有無と負の相関を示した．判断の迷い傾向は年齢と正の相関を示しているが，年齢層別でも，一つの年齢層以外では違反・事故の有無と負の相関を示した．これより，判断の迷い傾向が高いことは，違反・事故を少なくする方向に作用している可能性があると考えられた．運転の操作ミス傾向，情報の見落とし傾向は，年齢との相関は低く，違反・事故の有無とは正の相関を示した．また，情報の見落とし傾向については，静止視力，動体視力（KVA，DVA），暗視力との関係を調べたが，いずれも相関係数は0.01以下で，相関はほとんど示されなかった．年齢層別でも，運転の操作ミス傾向，情報の見落とし傾向は，違反・事故の有無と正の相関を示し，この二つが大きいことは違反・事故を増加させると考えられた．

○ひやり・はっと体験（調査方法は，3-5に記述）

ひやり・はっと体験は，年齢と有意な負の相関を示した．違反・事故の有無との関係では，全年齢層でも年齢層別でも正の相関を示し，ほとんどの年齢層で有意であった．ひやり・はっと体験の多いことは，違反・事故があることに結びついていると考えられた．

4-2 判別分析

視力，反応時間，運転意識・態度の因子，運転行動の因子，ひやり・はっと体験，走行距離，年齢の各指標と違反・事故の有無との相関係数を示したが，各指標が相互に相関を持つなどの点から，指標そのものの影響を，相関係数のみから判断することは適当でない．そこで，ここでは，各指標を説明変数とし，違反・事故の有無を目的変数とする正準判別分析を行った．走行距離は運転者の特性とは異なる面もあるが，違反・事故の有無に影響する要因を総合的に評価するため，変数に含めた．なお，本章の調査対象者では，走行距離と年齢はほとんど相関がなかった（相関係数－0.04）．正準判別分析では，説明変数は相互に強い相関があってはならないため，試行錯誤により表3-11に示す指標項目を説明変数として選択した．ただし，本調査における説明変数は，相互に相関を示すものがほとんどであり，理想的な変数の選択はできなかった．正準判別分析の結果を表3-11，図3-5に示す．図表で判別係数がプラスの場合は，当該指標の値が大きくなると違反・事故ありの確率が高くなる傾向を示し，マイナスの場合は当該指標の値が大きくなると違反・事故ありの確率が低くなる傾向を示している．

表では分野別に判別係数を示してあるが，図では判別係数の絶対値の大きい順に並べ替えてある．判別係数の絶対値が大きいことは，当該指標が違反・事故の有無と強く関係する要因であることを示している．図から，判別係数が大きい上位10指標をみると，次の通りである．

① ひやり・はっと体験の合計回数（ひやり・はっと体験の合計回数が多いほど違反・事故がある）

② 走行距離（走行距離が長いほど違反・事故がある）
③ 年齢（年齢が若いほど違反・事故がある）
④ 情報の見落とし傾向（情報の見落とし傾向が強いほど違反・事故がある）
⑤ 運転への愛着傾向（運転への愛着傾向が強いほど違反・事故がある）
⑥ 選択反応時間の中央値（選択反応時間が短いほど違反・事故がある）
⑦ 判断の迷い傾向（判断の迷い傾向が弱いほど違反・事故がある）
⑧ 優先意識傾向（優先意識傾向が強いほど違反・事故がある）
⑨ 選択反応時間と単純反応時間の差（両検査の時間差が小さいほど違反・事故がある）
⑩ 法軽視傾向（法軽視傾向が強いほど違反・事故がある）

上記のようにひやり・はっと体験の合計回数が多いことは違反・事故の経歴があることと強く関連しており，走行距離の長いことや年齢の若いことがこれに続いている．さらに違反・事故の有無に関係する要因は，情報の見落とし傾向，運転への愛着傾向と続き，選択反応時間の中央値は6位である．以下，運転行動や運転意識・態度の項目などが続き，視力関

表3-11 判別分析の結果

指　標　項　目		判別係数
視　力	静止視力（万国式）	0.1593
	動体視力（KVA）	0.1067
	静止視力とKVAの差（静止視力－KVA）	0.1093
反応時間	単純反応の中央値	-0.2061
	単純反応の5試行までと以後の時間差 （開始から5試行の中央値－6試行以降の中央値）	-0.1721
	選択反応の中央値	-0.3666
	選択反応の5試行までと以後の時間差 （開始から5試行の中央値－6試行以降の中央値）	-0.0920
	選択反応の誤反応数	0.1040
	選択反応と単純反応の差（選択反応の中央値－単純反応の中央値）	-0.3144
運転意識・態度	依存的傾向	0.0208
	急ぎ傾向	0.1419
	優先意識傾向	0.3215
	運転時の緊張傾向	-0.1315
	法軽視傾向	0.2834
	運転への愛着傾向	0.4097
運転行動	判断の迷い傾向	-0.3230
	運転の操作ミス傾向	0.2271
	情報の見落とし傾向	0.4323
ひやり・はっと体験の合計回数		0.6274
走行距離（最近1年間）		0.5578
年齢		-0.5469

注）判別係数がプラスの場合は，当該指標の値が大きくなると違反・事故ありの確率が高くなる傾向を示している．

第3章 運転者の身体能力及び心理特性と違反・事故の関係

```
                    判別係数
             -1.0 -0.5  0.0  0.5  1.0
ひやり・はっと体験の合計回数
走行距離
年齢
情報の見落とし傾向
運転への愛着傾向
選択反応の中央値
判断の迷い傾向
優先意識傾向
選択反応と単純反応の差
法軽視傾向
運転操作ミス傾向
単純反応の中央値
単純反応の5試行までと以後の時間差
静止視力（万国式）
急ぎ傾向
運転時の緊張傾向
静止視力とKVAの差
動体視力（KVA）
選択反応の誤反応数
選択反応の5試行までと以後の時間差
依存的傾向
```

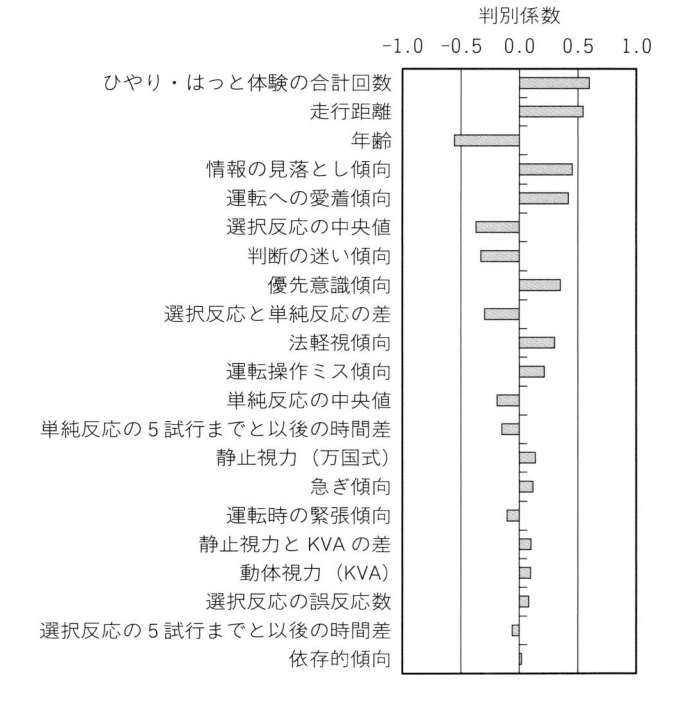

図3-5 判別分析結果

連の項目は，14番目に表れる．14番目に表れた視力関連の項目は静止視力（万国式）で，この視力が良い方が違反・事故がある．

　判別係数が大きい項目は，表3-8で示した相関係数でも違反・事故の有無との相関が強く，特徴的な結果は示されなかった．しかし判別力を調べることで，指標とした項目全体と違反・事故の有無の関係の大きさを知ることができた．この判別分析のモデルを使用して調査対象者の違反・事故の有無を評価すると，69.1％が正しく判別された（正判別率69.1％）．

4-3　違反・事故の内容別分析

4-3-1　調査対象者全体

　前述したように，視力及び反応時間と違反・事故の有無との関係では，運転能力が高いと考えられる方が，違反・事故は多く，これは年齢の若い方が違反・事故が多いためであると考えられる．このように，視力及び反応時間と違反・事故の有無とは直接の関係は示されなかった．

　視力が，違反・事故の有無と明確な相関を示さなかったのは，優先意識傾向，法軽視傾向などの運転意識・態度や，運転の操作ミス傾向などの運転行動の傾向が，違反・事故の有無と強い相関を持つことに関係していると考えられる．すなわち，こうした傾向と関係する違

反・事故が多いために，視力との関係が現れにくいと考えられる．また違反・事故には「シートベルト着用義務違反」，「駐停車違反」，「速度違反」など視力とは無関係と考えられるものが多くあり，違反・事故全体と視力との関係を調べた場合，関係が見いだしにくいと考えられる．そこで，ここでは，視力と違反・事故の関係を調べる目的から，視力と関係している可能性のある違反・事故とそうでない違反・事故とを分けて扱うことにした．分類は，違反・事故の原因についてのアンケートの回答に基づいて行った．

以上により，調査対象者を，違反・事故のない人も含む以下の3グループに分類した．

① 違反・事故がない運転者（無違反者と呼ぶ．）

　過去3年間に違反・事故がない運転者．

② 視力と関連が弱いとみられる違反・事故がある運転者（視力無関係違反者と呼ぶ．）

　過去3年間に，シートベルト着用義務違反，免許不携帯，駐停車違反，最高速度違反など視力と関連が弱いと思われる違反・事故がある運転者．

③ 視力と関連する可能性のある違反・事故がある運転者（視力関係違反者と呼ぶ．）

　過去3年間に，見落としが原因となり得る違反・事故がある運転者．具体的な違反・事故内容は，一時停止違反，右左折禁止違反，信号無視，一方通行の逆走とした．その他，自由記述で，「標識などを見落とした」「一時停止に気が付かなかった」など視力と関係する可能性を示唆する記述があった場合を視力と関連する可能性がある違反・事故として分類し，それ以外の場合を視力と関連が弱いとみられる違反・事故に分類した．ただし，アンケートでは，重複回答を認めたため，視力と関連する記述があった場合は，それを優先した．

違反・事故の有無と内容に関する3グループの調査対象者の年齢層別人数を表3-12に示す．3グループの調査対象の年齢，視力，反応時間，運転意識・態度，運転行動，ひやり・はっと体験，走行距離の各項目の平均値と平均値の差の検定（分散が異なるときのt検定）結果を表3-13に示す．

初めに，年齢，反応時間，運転意識・態度など視力以外の項目について調べた結果，視力無関係違反者②と視力関係違反者③に平均値の差が有意な項目はなかった．

次に視力の各項目について調べた結果，視力無関係違反者②と視力関係違反者③で平均値の差が有意な項目は「静止視力，DVA，KVA，静止視力とKVAの差，暗視力，静止視

表3-12 違反・事故の有無と内容に関する3グループの調査対象者の年齢層別人数

グループ	29歳以下	30代	40代	50代	60歳以上	計
①無違反者	35	38	45	43	41	202
②視力無関係違反者	67	34	37	26	14	178
③視力関係違反者	14	7	7	8	5	41
計	116	79	89	77	60	421

表3-13 違反・事故の有無と内容に関する3グループの調査対象者の年齢，視力，反応時間，運転意識・態度，運転行動，ひやり・はっと体験，走行距離の平均値と平均値の差のt検定結果

項目		平均値 グループ			t検定結果（t値） 比較する組合せ		
		無違反者 ①	視力無関係違反者 ②	視力関係違反者 ③	①と②	①と③	②と③
年齢		45.3	38.2	39.4	**4.872**	**2.198**	0.457
視力	静止視力（万国式）	1.28	1.37	1.15	**2.371**	**2.451**	**4.023**
	動体視力（DVA）	0.79	0.85	0.68	**2.266**	**2.308**	**3.669**
	静止視力とDVAの差（静止視力－DVA）	0.49	0.52	0.47	0.909	0.570	1.160
	動体視力（KVA）	0.45	0.50	0.40	**2.000**	1.123	**2.283**
	静止視力とKVAの差（静止視力－KVA）	0.83	0.87	0.75	1.327	1.774	**2.614**
	暗視力	0.94	0.99	0.88	**2.358**	1.645	**2.903**
	静止視力と暗視力の差（静止視力－暗視力）	0.34	0.39	0.27	1.448	1.949	**2.981**
反応時間	単純反応（中央値）	270.7	259.4	277.2	**2.452**	0.622	1.802
	単純反応の5試行までと以後の時間差（5試行まで－以後）	31.4	19.8	23.9	1.656	0.710	0.414
	単純反応のヒンジ散布度	42.4	36.4	49.6	**2.253**	1.028	1.942
	選択反応（中央値）	614.8	581.4	585.7	**3.099**	1.528	0.227
	選択反応の5試行までと以後の時間差（5試行まで－以後）	31.4	19.8	23.9	1.656	0.710	0.414
	選択反応のヒンジ散布度	144.6	134.9	127.4	1.600	**2.416**	1.099
	選択反応の誤反応数	1.5	1.5	1.7	0.130	0.823	0.703
	選択反応と単純反応時間の差（選択反応－単純反応）	344.1	322.1	308.5	**2.211**	**2.248**	0.885
運転意識・態度	依存的傾向	0.043	0.065	0.038	0.303	0.039	0.208
	急ぎ傾向	-0.256	-0.158	-0.298	1.527	0.386	1.299
	優先意識傾向	-0.064	0.118	0.067	**2.897**	1.273	0.498
	運転時の緊張傾向	-0.006	-0.112	-0.003	1.298	0.020	0.686
	法軽視傾向	-0.112	0.045	0.152	**2.504**	1.889	0.767
	運転への愛着傾向	0.057	0.295	0.345	**3.078**	**2.383**	0.410
運転行動	判断の迷い傾向	0.239	-0.001	-0.328	**2.069**	**3.410**	1.932
	運転の操作ミス傾向	-0.399	-0.158	-0.224	**2.283**	1.035	0.381
	情報の見落とし傾向	-0.258	0.093	0.406	**3.361**	**3.485**	1.631
ひやり・はっと体験の合計回数		5.26	8.63	9.60	**5.356**	**2.891**	0.623
走行距離（最近1年間）		11,169	17,986	15,578	**4.004**	1.702	0.851

網掛けは危険率5％以下で有意

力と暗視力の差」であった．この6項目は表3-8に示したように，年齢と相関があるため，6項目で②と③に有意差が認められるのは年齢と6項目との関連に帰着する可能性がある．しかし，年齢は表3-13に示すように，無違反者①と視力無関係違反者②及び視力関係違反者③の平均値の差は有意であるが，視力無関係違反者②と視力関係違反者③の平均値の差は有意ではない．すなわち，視力無関係違反者②と視力関係違反者③は年齢は近いが，視力は異なっていると言うことができる．したがって，上に示した6項目は，年齢とは関わりなく視力無関係運転者②と視力関係運転者③の違いに関係していると考えられる．また，視力関係違反者③は無違反者①との間で有意差の認められない視力関係の項目が多く，視力関係違反者③は無違反者①と年齢は離れているが，視力では，視力無関係違反者②より近いことも示されている．視力以外については，前述したように視力無関係違反者②と視力関係違反者③で平均値の差が有意な項目はなかった．一方，無違反者①と視力無関係違反者②及び視力関係違反者③とは，年齢，反応時間，運転意識・態度，運転行動，ひやり・はっと体験，走行距離など視力以外の多くの項目で，有意差を示しており，無違反者①が視力関係違反者③と比較的視力が近いにもかかわらず，違反・事故がないのは，年齢など視力以外の多くの項目に差があるためであると考えられる．

4-3-2 年齢層別

　視力と違反・事故の関係をさらに詳しく調べるため，年齢と切り離して分析した．ただし，違反・事故の内容別分析を年齢層別に行う場合，10歳毎の区分で行うとサンプル数が十分でないため，ここでは，調査対象者を29歳以下（若年層と呼ぶ），30～59歳（中年層と呼ぶ），60歳以上（高齢層と呼ぶ）に分けた．しかし，年齢層の同じ調査対象者でも，運転に関係する他の能力と視力に相関がある可能性がある．この場合，年齢層別で視力と違反・事故の関連を調べても，視力そのものと違反・事故の関係を調べたことにはならない．そこで，身体能力相互の関係を調べるため，ここでは，年齢層別に視力と反応時間の相関を調べた．視力と反応時間の年齢層別の相関係数は，表3-14に示す通りであった．表3-14に示されたように，高齢層は他の年齢層と比較して，視力に関する項目と反応時間に関する項目の相関が高く，有意な組み合わせが多い．すなわち，高齢層はある能力の低下している人は他の能力も低下している場合が多く，身体能力相互の関係が強いと考えられる．このため，視力と違反・事故の関係は若年層と中年層について調べることにした．若年層，中年層について，静止視力別，KVA別，DVA別，暗視力別，静止視力とKVAの差別，及び静止視力と暗視力の差別に違反・事故の有無と内容に関する3グループの運転者（無違反者①，視力無関係違反者②及び視力関係違反者③）の構成割合を図3-6に示す．

　若年層，中年層ともに静止視力が高くなるほど視力関係違反者③の割合が低かった．KVA別の3グループの割合については，全体を通した一定の傾向は示されていないが，若年層でKVAが0.2以下の調査対象者に視力関係違反者③が多いのが認められた．DVA別

表3-14 視力と反応時間の年齢層別の相関係数

	29歳以下		30〜59歳		60歳以上	
	単純反応	選択反応	単純反応	選択反応	単純反応	選択反応
静止視力	**-0.145**	-0.107	-0.148	-0.023	**-0.283**	**-0.363**
KVA	-0.043	-0.105	-0.017	-0.009	-0.203	**-0.262**
DVA	**-0.138**	-0.091	**-0.275**	-0.070	-0.220	-0.239
暗視力	-0.085	-0.070	-0.073	0.136	-0.178	**-0.376**

網掛けは危険率5％以下で有意

に3グループの割合をみると，若年層，中年層ともにDVAが高くなるほど視力関係違反者③の割合が低かった．暗視力別に3グループの割合をみると，若年層，中年層ともに暗視力が高くなるほど視力関係違反者③の割合が低かった．静止視力とKVAの差別に3グループの割合をみると，若年層では差が大きくなるほど，視力関係違反者③の割合が低いが，中年層では傾向は一定していなかった．静止視力と暗視力の差別に3グループの割合をみると，中年層では差が大きくなるほど視力関係違反者③の割合が低かった．若年層では，差が大きい方の調査対象者は視力関係違反者③の割合が低かった．

以上のように，「静止視力，DVA，暗視力」は視力と関連する可能性のある違反・事故との関係が認められた．したがってこれらの視力が低いと違反・事故につながる可能性がある．静止視力と動体視力の差，静止視力と暗視力の差は，2種の異なる視力の差が大きいことが問題になる可能性があると考えて分析したが，そのような傾向は認められなかった．

5. まとめ

年齢は違反・事故の有無と有意な負の相関を示しており，加齢に伴い違反・事故は減少していた．本章の研究で調べた視力，反応時間，心理特性などの項目の多くが年齢と有意な相関を示したように，加齢とともに運転者の特性は，多岐にわたって変化する．そのため，それぞれの特性と違反・事故の関係を調べる際には，年齢層別に調べるなどの配慮が必要である．

心理特性は，運転意識・態度の項目である優先意識傾向，法軽視傾向が強くなると違反・事故を増加させると考えられた．運転行動の項目である運転の操作ミス傾向，情報の見落とし傾向もまた，強くなると違反・事故を増加させると考えられた．一方，運転行動の項目である迷い傾向が強いことは，違反・事故を少なくする方向に作用している可能性があると考えられた．また，ひやり・はっと体験の多いことは，違反・事故の多いことに結びついていると考えられた．運転行動の項目と，ひやり・はっと体験は，運転中の体験に関するものであるが，運転者の特性を反映しており，違反・事故に関係する特性の一つとしてとらえられ

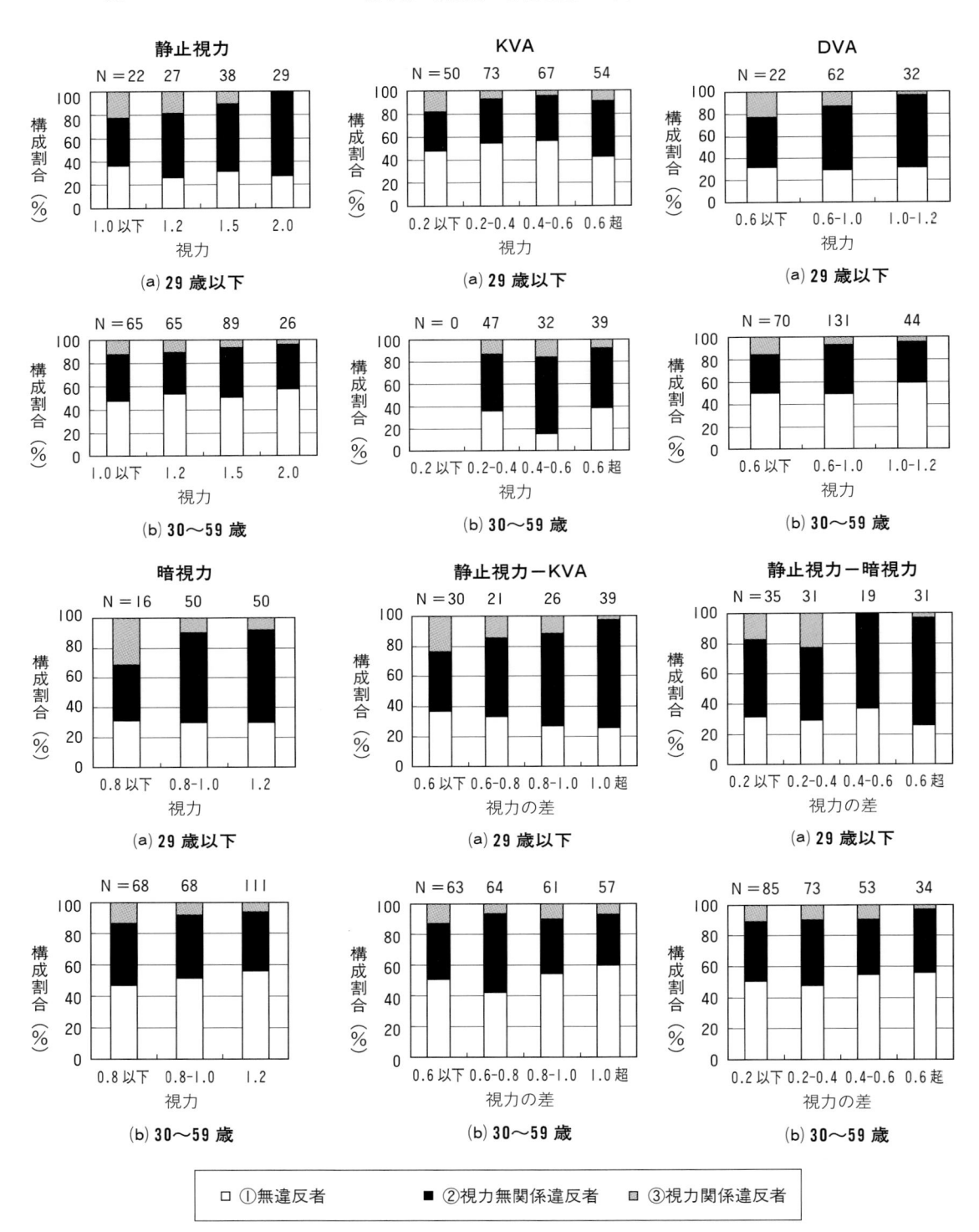

図3-6 違反・事故の有無と内容に関する3グループの運転者の静止視力別, KVA別, DVA別, 暗視力別, 静止視力とKVAの差別及び静止視力と暗視力の差別構成割合

凡例: □ ①無違反者　■ ②視力無関係違反者　▨ ③視力関係違反者

る．

　反応時間は，違反・事故との関係は示されなかった．ここで計測した反応時間は危険に気付くのに要する時間を含んでいないため，認知の遅れの問題に対応していない．認知の遅れが違反・事故に結びつく場合は少なくないと考えられるため，危険に気付くのに要する時間を含めて反応時間を検討する必要があると考えられる．

　視力については，視力と関係している可能性のある違反・事故とそうでない違反・事故を分けて，視力との関係を調べた．その結果，静止視力，KVA，DVA，暗視力はいずれも，見落としなど視力と関係している可能性のある違反・事故と関係のあることが認められた．ただし，これらの視力は相互に相関が強いため，それぞれの視力が他の視力と異なる特別の意味を有しているか否かについては不明である．その点について明確にするためには，それぞれの視力が重要となる場面における違反・事故について調べる必要がある．運転指導の場などで広く用いられている動体視力であるKVAは，DVAほど明確に，違反・事故との関係が認められなかった．ただし，KVAの計測は，広く用いられている装置によって行ったものであり，この装置では，遠近の調節の速さや反応時間なども計測結果に関係するため，その影響も考えられる．

　以上の結果から，4種類の視力と数種類の心理特性は，違反・事故に影響していると結論できた．加齢に伴い心理特性と視力は変化するが，加齢に伴う心理特性の変化は違反・事故を減少させ，一方，加齢に伴う視力の変化は違反・事故を増加させるものであった．すなわち，加齢に伴う心理特性の変化は，加齢に伴う違反・事故の減少に寄与しており，加齢に伴う視力の低下は，加齢に伴う違反・事故の増加に寄与している．

6．おわりに

　本章の研究で示したように，運転者の心理特性と身体能力はいずれも交通違反や事故に関係している．交通安全教育は違反・事故の防止の重要な柱であるが，それに偏重することのない対策が必要である．加齢は身体能力の低下をもたらすが，高齢者の身体能力は，他の年齢層に比べばらつきが大きく，高齢者人口の増加は，運転者の能力の多様化ももたらしている．運転者の特性や違反・事故の特性を踏まえた対策が，これからはますます必要になると考えられる．

　なお，本章で用いたデータは，筆者が調査研究課長として在籍中に自動車安全運転センターで実施した平成11年度の調査研究[13]に基づくものである．

文 献

1) Makishita, H., Ichikawa, K.: The Age Trends for Traffic Violations and Accidents, Proceedings of the 30th International Symposium on Automotive Technology & Automation, Road and Vehicle Safety, 97SAF009, pp. 265-272, 1997
2) Waller, P. E.: Renewal Licensing of Older Drivers, In Special Report 218: Transportation in an Aging Society, TRB, National Research Council, Washington, D.C., Vol. 2, 1988
3) 衣笠隆, 長崎浩, 伊藤元, 橋詰謙, 古名丈人, 丸山仁司：男性（18～83歳）を対象にした運動能力の加齢変化の研究, 体力科学, 43, pp. 343-351, 1994
4) 三井達郎, 木平真, 西田泰: 安全運転の観点からみた視機能の検討, 科学警察研究所報告交通編, 40 (1), pp. 28-39, 1999
5) Tillmann, W. A., Hobbs, G. E.: The accident-prone automobile driver: A study of the psychiatric and social background, American Journal of Psychiatry, 106, pp. 321-331, 1949
6) Mason Jr, J. M., Fitzpatrick, K., Seneca, D. L., Davinroy, T. D.: Identification of inappropriate driving behaviors, Journal of Transportation Engineering, 118 (2), pp. 281-298, 1992
7) Assum,T.: Attitudes and road accident risk, Accident Analysis and Prevention, 29 (2), pp. 153-159, 1997
8) Christ,R.: Aging and driving-decreasing mental and physical abilities and inceasing compensatory abilities?, IATSS Research, 20 (2), pp. 43-52, 1989
9) 三井達郎：高齢者の身体機能と交通死亡事故の関係, 科学警察研究所報告交通編, 36 (1), pp. 58-69, 1995
10) 大塚博保：高齢運転者の動作・行動機能, 科学警察研究所報告交通編, 32 (2), pp. 59-62, 1991
11) 初心運転者の運転意識と実態に関する調査研究, 自動車安全運転センター, 152 pgs., 1992
12) Burg, A.: Vision and driving, a report on research, Human Factors, 13 (1), pp. 79-87, 1971
13) 運転者の身体能力の変化と事故, 違反の関連, 及び運転者教育の効果の持続性に関する調査研究, 自動車安全運転センター, 339 pgs., 2000

第Ⅰ部のまとめ

① 車間距離の維持が事故防止につながると考えられる追突事故は，事故類型別の事故件数の第1位である．また，認知・判断の遅れに関係があると考えられる交通違反の，安全不確認，前方不注意（脇見運転と漫然運転を合わせたもの）は，違反種類別の事故件数の第1位と第2位である．

② 加齢とともに違反が事故に結びつく割合が増加する場合があり，飲酒運転，信号無視，通行区分違反は，中年層から加齢とともにこの傾向を示す．高齢者は，違反をして危険な状況になった場合に事故を回避する能力が低下していると考えられる．また，高齢者は気付かずに違反をしている場合が多いことも考えられ，意図的な違反をした場合より危険発生時の事故回避は困難であると考えられる．

③ 加齢に伴い心理特性と視力は変化するが，心理特性の変化は，違反・事故を減少させ，視力の変化は，増加させるものであった．静止視力，KVA，DVA，暗視力の4種類の視力はいずれも，見落としや認知・判断の遅れによる違反・事故と関係があることが認められた．反応時間は，違反・事故に与える影響は示されなかったが，危険に気付くのに要する時間を含まない反応時間は認知の遅れの問題に対応していないためであると考えられる．

第 II 部

衝突回避と安定した走行に関係する能力

第Ⅰ部では，認知・判断などの情報処理能力が違反・事故と関わっている場合が多いことを示し，高齢運転者の増加によって，その傾向が強くなっていることを明らかにした．こうした事故の多くは，十分な車間距離が確保されていれば避けられたと考えられる．そこで，第Ⅱ部（第4章から第8章）では，衝突を回避するために必要な車間距離について検討することとし，そのために考慮しなければならない運転者の能力を明らかにする．

　停止距離が車間距離より短ければ衝突は避けられるため，始めに停止距離を決定している制動能力と反応時間について述べる．第4章で，制動能力の結果として現れる制動距離について示し，第5章では反応時間について示す．

　次に，車間距離に関する運転者の特性について述べる．第6章では車間距離の長短などと運転者の特性の関わりについて示す．第7章では前を走行している車両の大小や，昼夜と距離感の関係について示す．第8章では，車間距離の目測誤差と走行中の車間距離の変動について示す．

第4章　緊急時の制動

1. 本章の位置づけ

　本章は，運転者の緊急時の制動に関する実験に基づく筆者らの研究結果を示すものである．

　前章までの分析では，主に，違反・事故と運転者の特性の関わりについて検討し，違反・事故と運転者の年齢，視力，意識・態度などとの関係を明らかにした．本章と次章では，事故（衝突）が発生するのは，車間距離（一般的には進行方向空間距離）が停止距離より短い場合であることを念頭に，事故の発生に大きく関わる停止距離についての研究結果を示す．停止距離は制動距離と空走距離[注1]の和であるが，本章では，緊急時の制動距離に関する研究について示し，次章では空走距離に関する研究について示す．制動距離は，ブレーキを踏み始めてから車両が停止するまでの走行距離である．一般運転者の制動距離のばらつきを明らかにするとともに，制動距離の長短と制動の仕方の関係についても検討する．

2. 本章の背景と目的

　衝突回避の動作には，ハンドル操作と制動があるが，いずれが有利であるかは，避けるべき対象からの距離と運転している車両の速度によって異なる．対象との距離が短く車両速度が高い場合には，制動での回避が不可能でも，ハンドルによる回避が可能な場合があるが[1,2]，自動車の走行では，急な進路変更は他の車両との衝突のリスクが高く，急ハンドルにより車体が不安定になる可能性も高い．したがって，緊急時の衝突回避は制動による回避を原則とすべきであり，危険発生から制動によって車両が停止するまでに走行する距離である停止距離を基に車間距離は確保すべきである．停止距離は空走距離と制動距離に分けて考えることができる．空走距離は，危険に対する認知及び判断の時間とアクセルペダルからブ

注1）　本書では第3章と第9章を除き，危険発生からブレーキを踏み始めるまでの時間を反応時間とし，その間の走行距離を空走距離としている．また，第9章を除き，危険発生から停止までの走行距離を停止距離としている．

レーキペダルに踏み替えて，ブレーキを踏み始めるまでの踏み替え時間に車両が走行する距離であり，運転者の能力とその時の状態に関わる部分が大きいため，運転者の特性の問題としてこれまでも多く扱われてきた[3,4]．一方，制動距離は，路面やタイヤによって大きく異なるため，自動車技術，土木技術に関連するハードの問題として扱われ，路面条件やタイヤの性能との関連について調査が行われてきた[5,6,7,8]．しかし，現実の制動距離は路面やタイヤの条件が同じでも，個々の運転者の特性により大きく異なると考えるべきである．これまで示されてきた制動距離の調査結果は，どのようなレベルの運転者のものなのか，どの程度のばらつきを持つのかなど，運転者の特性としては不明の点が多く，その点について，まとまったデータは示されてこなかった．事故防止の観点からは，制動距離について，標準的な値，あるいは理想的な値が示されるだけでは十分でなく，個々の運転者の違い，ばらつきを知ることが必要である．すなわち，実際に各運転者が緊急時に制動動作を行った場合の制動距離は，路面条件をもとに計算される理論値や理想的な制動が行われたときの値と，どの程度の違いがあるかを把握すべきである．さらに，緊急時の制動は，そのための訓練が必要であるが，そのような訓練を受けている運転者はまれであり，多くの運転者は緊急時でも，ブレーキの踏み込みが不足すると言われている．そこで，制動の研修を受けた人とそうでない人の違いを把握することも必要である．また，通常時の制動の教習においては，ブレーキの踏み方として，衝撃を与えないように，あるいはロックさせないようにしなさいとの指導がなされているため，多くの運転者がそのような踏み方で緊急時の対処をすることも考えられる．従って，そのような対処が制動距離にどのように影響するかも把握する必要がある．本章では，これまで，ハードの問題として扱われてきた制動距離を運転者の能力の問題としてとらえなおし，運転者の制動の仕方，制動距離などについて明らかにする．

3. 本章の記述の基になっている制動距離に関する実験の方法

緊急時の制動に関する記述に先立ち，本章で示す研究結果を得るために実施した実験の方法について述べる．

3-1　実験方法の概要

緊急時の制動に関するデータは，一般運転者を対象とした制動実験と自動車安全運転センター安全運転中央研修所の研修生に対する制動の研修によって収集した[9]．また，緊急時の理想的な制動動作を行った場合の状況を把握するため，制動技術のエキスパートである研修所の指導員の制動データから理想的な制動が行われた場合のデータを収集した．理想的な制動とは最も高い制動力が得られた場合の制動であり，短時間でタイヤをロック直前に至らせ，ロック直前の状態で制動が行われる．

表 4-1　年齢構成

	29 歳以下	30 代	40 代	50 代	60 以上	不　明	合　計
研修生	16	55	66	79	2	1	219
一般運転者	21	4	10	18	14	0	67

3-2　被験者

被験者は，研修生と一般運転者の2グループである．

研修生は企業が安全運転に関する指導者を育成する目的で，自動車安全運転センター安全運転中央研修所に派遣した21歳から65歳の男女219人である．ただし，実際に分析対象としたのは，雨天時や記録の欠落があったデータを除く男性183人である．

一般運転者は公募した20歳から69歳の男性67人である．年齢構成を表4-1に示す．

研修生，一般運転者とも，マイカー運転者（個人的な目的で運転している人），職業運転者，仕事の必要上運転している人の比率を，1991年に自動車安全運転センターが一般男性運転者4,215人を対象に行った調査[10]と比較した．一般運転者は，マイカー運転者の比率が若干高かったものの，大きな差はなかった．

3-3　実験場所

研修生の研修場所，一般運転者による実験の実施場所は，いずれも研修所の研修コースである．コースの路面は乾燥時の摩擦係数が約0.8であり，制動データは，路面が乾燥時の値を用いることとした．

3-4　実験車両

緊急時の制動の計測に用いた車両は2台で，いずれも2,000 ccセダンのオートマチック車である．研修では，FR（Front Engine Rear Drive：エンジン前置きの後輪駆動）車とFF（Front Engine Front Drive：エンジン前置きの前輪駆動）車を用いた．ABS（Anti-lock Brake System：タイヤのロックを防止する装置）は回路を切断し，動作しない状態（ABS不使用）で実施した．FF車のブレーキ回路は右前輪と左後輪，左前輪と右後輪が接続され，それぞれが独立したX配管であり，FR車は前の2輪同士，後ろの2輪同士が接続されて，それぞれが独立した前後配管であること，また，車体の重量バランスが異なることなどから，制動距離が異なることも考えられるため，別々のデータとして計測した．一般運転者を対象とした実験は，研修に用いている車両のFF車を用い，各被験者ともABSが働く状態の場合と，ABS不使用の場合について実験を実施した．理想的な制動が行われた場合のデータは，主としてFF車を用いて収集したが，FR車を用いたデータも補足的に収集した．

3-5 実験の手順と計測方法

一般運転者に対する制動実験実施の前に，走行中に緊急の事態が発生した場合の制動を行う実験であることを説明し，その前提で，どのような制動をするかを質問した．質問は，制動時の衝撃を避けようとする意図が働くか，働かないかの2つに制動の仕方を分類するためのものであり，2つの選択肢を示した．

　　説明内容：「これから，走行中に急制動の必要が生じた場合を想定した制動の実験を行います．例えば，人が急に飛び出したことを想定してください．」
　　選 択 肢：1．「タイヤを鳴らさないように，なめらかな制動をする．」
　　　　　　　2．「タイヤを鳴らすこともいとわず，できるだけ強い制動をする．」

実験の際の制動開始地点は，研修の場合も実験の場合も，速度が安定したと各被験者が判断した任意の場所とした．計測は，車両搭載機器によって行い，タイヤ速度，車両の減速度，ブレーキ液圧などを，1/200秒毎に時系列データとして収集した．加速度計は車体のほぼ重心に取り付けた．制動時の挙動を示すデータの例を図4-1に示す．図4-1には，車両の減速度，ブレーキ液圧，タイヤ速度の時間推移が示されている．ブレーキ液圧の変化はブレーキを踏み込む力の変化を示している．ブレーキ液圧は，タイヤの回転を止めるように作用し，その結果，タイヤと路面の間に制動力が発生して車両は減速する．制動力の変化は減速度の変化として示されている．加速度計は，車体の重心付近に取り付けられており，車体は剛体ではないため，タイヤの停止直後に，減速度の前後の揺れが示されている．

得られた時系列データから，制動の特徴を表す基本的データである制動開始時の速度，制動距離，最大ブレーキ液圧，最大ブレーキ液圧の90％に達する時間，最大減速度，平均減速度を求めた．ただし，各変数は以下①～⑥のように定義した．

① 制動開始時の速度（km/h）：ブレーキ液圧が20 kgf/cm²に達した瞬間をトリガー時とした場合のトリガー時速度（図4-1参照）．
② 制動距離（m）：ブレーキを踏み始めてから停止までの走行距離．ここでの制動距離は，トリガー時から車速が1 km/h以下になるまでの距離をタイヤ速度から求めた．
③ 最大ブレーキ液圧（kgf/cm²）：トリガー時から1秒以内のブレーキ液圧の最大値．
④ 最大ブレーキ液圧の90％に達する時間（秒）：③で示した最大ブレーキ液圧の90％の値に達するまでの時間．
⑤ 最大減速度（G）：トリガー時から1秒以内の減速度の最大値．
⑥ 平均減速度（G）：トリガー時から停止までの平均減速度．

制動開始時の速度は運転者によってばらつくため，ブレーキ液圧が20 kgf/cm²に達した瞬間をトリガー時とし，その時の速度を制動開始速度とした．ブレーキ液圧が20 kgf/cm²に達するまでの速度低下は1 km/h程度であり，問題はない．制動距離は，トリガー時から車速が1 km/h以下になるまでの走行距離とした．1 km/hで仮に5秒走行しても約1.4 mであり，誤差は無視できる．計測時間4秒以内に1 km/hを下回らない場合は，対象か

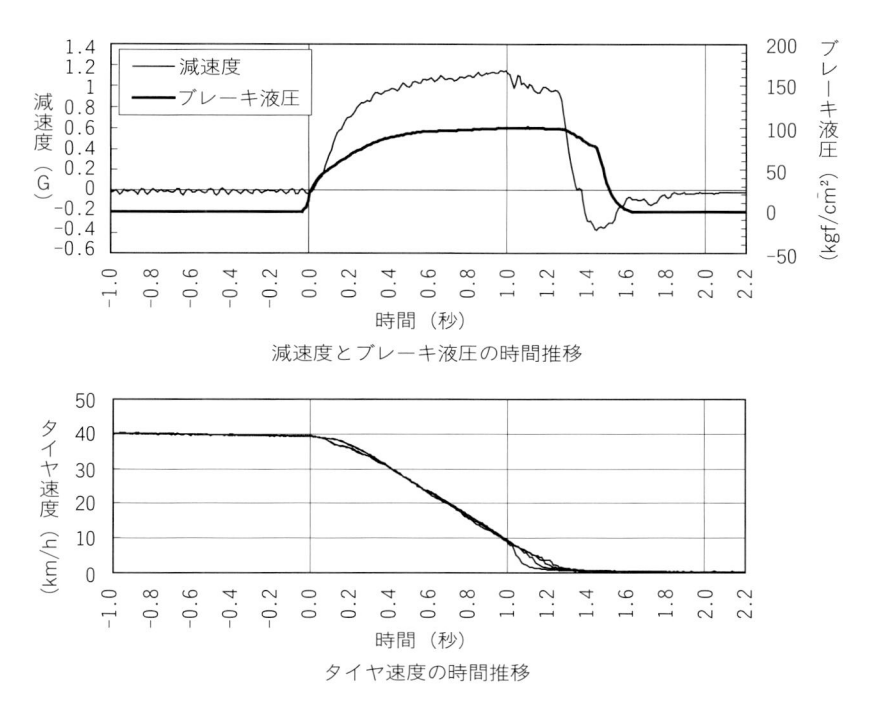

図 4-1 制動時の挙動を示す波形

ら除外した．制動距離は，タイヤ速度から求めたため，タイヤがロックしたケースは除外した．計測間隔 0.005（1/200）秒の間にタイヤ速度が 1.2 km/h 以上低下している場合にロック発生と判断した．1.2 km/h 以上の低下は連続して起こり，1.2 km/h 以下の低下では，このような連続低下の減少はみられないためである．また，ロックが発生しなくても計測間隔の間に，1.15 km/h までの低下は発生していると認められたためである．最大ブレーキ液圧は，ブレーキの踏み込みの強さを知るために求めたもので，トリガー時から 1 秒以内のブレーキ液圧の最大値を求めた．トリガー時から 1 秒以内としたのは，停止直前に強いブレーキ操作を行っているケースが存在したので，その値を除外するためである．最大ブレーキ液圧の 90％に達する時間はブレーキを踏み込む速さを知るために求めた．ここで最大ブレーキ液圧に達するまでの時間としなかったのは，最大液圧そのものは，きわめて遅く発生するケースが見られ，その場合，踏み込む速さを知るには不適当なためである．最大減速度は，ブレーキを初めに踏み込んだときの減速の大きさを知るために求めたもので，トリガー時から 1 秒以内の減速度の最大値とした．トリガー時から 1 秒以内としたのは，最大ブレーキ液圧と同様に停止直前に強いブレーキ操作を行っているケースが存在したためである．平均減速度は，制動開始から停止までの減速の大きさを知るために求めたもので，トリガー時から停止までの平均減速度である．

4. 緊急時の制動距離と制動の仕方

以下の内容は，前述した実験に基づくものである．

4-1 制動距離
4-1-1 制動距離の分布

理想的でありかつ実現可能な制動距離を求めるために，エキスパートの制動データから理想的な制動が行われた場合のデータを収集した．制動の計測に用いた車両は，FF車とFR車である．FF車での計測は22回，FR車での計測は補足的に4回実施した．FF車での計測で理想的な制動が実現できたのは17回であり，5回は理想的な値が得られなかった．また，理想的な制動17回のうち，制動距離が実際に計測できたのは16回であった．このように，エキスパートの制動でも，すべて理想的な制動が実現できたわけではなかった．エキスパートの制動では，後述するように減速度は鋭く立ち上がり，理想的な制動が実現できた場合は，タイヤがロックする直前で制動が行われる．タイヤをロック直前の状態にするためには，十分なブレーキの踏み込みが必要であるが，この限界を超えるとタイヤはロックし制動力は急低下する．エキスパートが理想的な制動を行えなかったケースは，ブレーキの踏み込みが，わずかに強すぎたため，タイヤがロック状態に至った場合である．ロック発生は運転しているエキスパート自身が認識できるとともに，外からも観察できる．また，制動距離もロック直前で制動を行った場合とは明確に異なる．したがって，理想的な制動とそうでない場合は，明確に区別することが可能であった．そこで，理想的でありかつ実現可能な制動距離を求めるという目的上，理想的な値以外の結果は除外することとした．以下では，理想的な制動が行われた場合の制動を，単に「理想制動」と呼ぶ．エキスパートによる制動の計測結果を図4-2に示す．図4-2には，制動距離Lを以下の式で求めた理論曲線[注2]を計測値とともに示した．

$$L = V^2/(2\mu g)$$

　　V：制動開始速度，μ：路面の摩擦係数（$\mu=0.8$とした），g：重力の加速度

図4-2には，FF車での計測値16点（○）とFR車での計測値4点（＋）が示してある．▲で示した5点はFF車での計測値であるが，理想的な制動ができなかったと判断された値であり，以下の計算では除外した．理想制動の値を見ると，FF車，FR車での計測値はともに理論値と概ね一致しているが，低速域で理論値より長め，高速域で理論値より短めの傾向が見られる．これは，実際の制動では，制動開始から最大の摩擦力に至るまでに，ブレーキの踏み込みのための時間遅れがあり，その割合が低速域では大きめに，高速域では小さめになるためと考えられる．

次に，研修生と一般運転者の制動開始速度と制動距離の関係を，それぞれ図4-3，図4

第 4 章　緊急時の制動

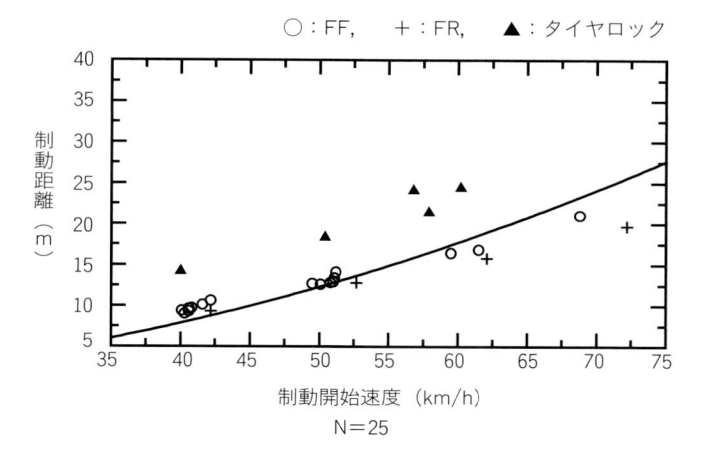

○：FF,　　＋：FR,　　▲：タイヤロック

図 4-2　エキスパートの制動距離と制動距離の理論曲線

-4 に示す．図 4-4 は，乾燥路面で「できるだけ強い制動をする」と回答した一般運転者のみを示している．図 4-3，図 4-4 には，図 4-2 と同様に，制動距離の理論曲線を計測値とともに示している．

研修生の制動距離は，全体としては理論曲線に沿っており，概ね理論曲線を下限にして，プラス 5 m の範囲に分布しているが，理論曲線より短い場合も見られ，技術の高い人も少なくなかった．理論曲線が示した制動距離は計測結果が示すように下限ではないし，実際には 0.8 より高い摩擦力が働きうることは，後述する理想制動の波形からも分かる．

一般運転者の制動距離は，研修生よりばらつきが大きく，いずれも理論曲線より長い側の領域に理論値の約 2 倍の範囲まで分布していた．大部分（93％）の計測値は，理論曲線を下限に，理論値プラス 10 m の範囲の値であった．

注 2) ここで理論曲線の計算に用いた式は，最も普通に用いられている簡便式で，減速中の路面の摩擦係数を一定とした以下の式を積分して得られた式である．
　　$\alpha = d^2 L/dt^2 = -\mu g$
　　α：減速度
　　μ：路面の摩擦係数
　　g：重力の加速度
摩擦係数は，実際には速度に応じて変化し[5]，タイヤと路面とのスリップ率によっても異なる[11]．摩擦係数を速度の 2 次関数として求める方法では，以下の式で停止距離を計算する．
　　$d^2 L/dt^2 = -fg$
　　$f = av^2 + bv + c$
　　v：速度
　　a, b, c：定数
摩擦係数の測定方法は，振り子が路面をこすって振り上がる高さによって計測する振り子型滑り摩擦測定装置による方法，測定車輪を牽引して牽引力を測定するトレーラー法，自動車を制動させて停止距離で計測する制動停止距離法などがある．制動停止距離法は特別の機材を必要としない点で便利であり，この方法で摩擦係数を求める場合は，減速中の路面の摩擦係数を一定として，$L = V^2/(2\mu g)$ によって求める．

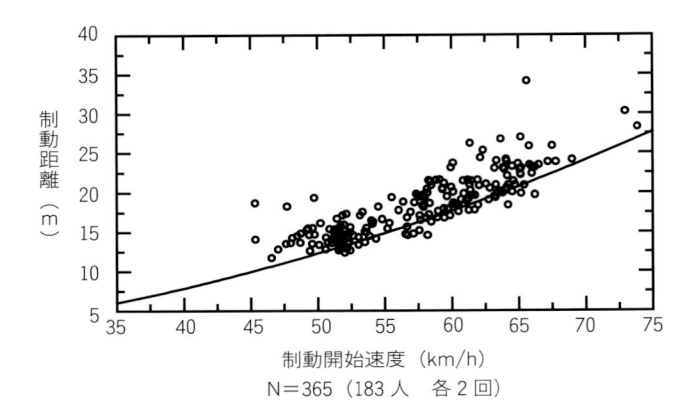

図4-3 研修生の制動距離と制動距離の理論曲線

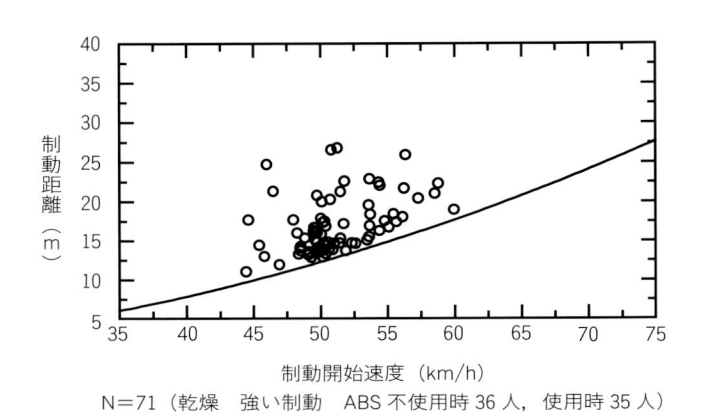

N＝365（183人 各2回）

図4-4 一般運転者の制動距離と制動距離の理論曲線

N＝71（乾燥 強い制動 ABS不使用時36人，使用時35人）

4-1-2 制動距離の比較

(1) 制動距離の基準化

　制動距離は，制動開始速度によって大きく左右されるため，制動距離の計測結果を比較するためには，制動開始速度で基準化する必要がある．そこで，研修生と一般運転者の制動距離を，同じ制動開始速度で制動した場合の理想制動の制動距離との比で表す．まず，理想制動の制動距離の計測データから回帰式を作成する．回帰式は，制動開始速度の二次式で表すこととし，以下の式を得た．決定係数は高く，t値も十分大きい値である．

$$l_{ff}=0.0036554\,V^2+3.84786 \quad (決定係数\quad R^2=0.9857)$$
$$(30.2)$$

$$l_{fr}=0.0030075\,V^2+4.15475 \quad (決定係数\quad R^2=0.9981)$$
$$(32.1)$$

　　　l_{ff}, l_{fr}：理想制動の制動距離（m）

V：制動開始速度（km/h）

注）目的変数の添え字の ff は FF 車，fr は FR 車を示す．回帰係数の下の（ ）内の数値は t 値である．

　各被験者の制動距離計測時の制動開始速度に対応する理想制動の制動距離を回帰式から求め，その値で各被験者の制動距離を除すことで「理想制動の制動距離との比」を求めた．「理想制動の制動距離との比」が，1.0 以下になるケースはなかった．

(2) 研修生と一般運転者の比較

　研修生と一般運転者の制動距離（理想制動の制動距離との比で表したもの）の分布を図 4-5 の箱ひげ図（第 3 章に注記）で示す．ここでは実験条件をそろえるため，FF 車使用，ABS 不使用，「できるだけ強い制動をする」と回答の結果のみを用いた．

　平均値は，研修生では 1.17，一般運転者では 1.33 であるが，差は有意ではなかった．中央値の差は，さらに小さかった．しかし，データの分布を見ると，一般の運転者は研修生に比べて広がりが大きかった．

(3) 年齢別の制動距離

　年齢に対する制動距離（理想制動の制動距離との比で表したもの）の分布を図 4-6 に示す．図 4-6 は凡例に示した 6 条件についての分布で，「強い制動」は「できるだけ強い制動をする」と回答した場合，「なめらかな制動」は「なめらかな制動をする」と回答した場合の結果を示している．また，乾燥路面の実験で，「できるだけ強い制動をする」と回答した場合のみの分布を図 4-7 に示す．表 4-2 に，乾燥路面の場合の年齢と制動距離（理想制動の制動距離との比で表したもの）の相関係数を，ABS の使用別，制動の仕方についての意図別に示したが，いずれも相関は低かった．

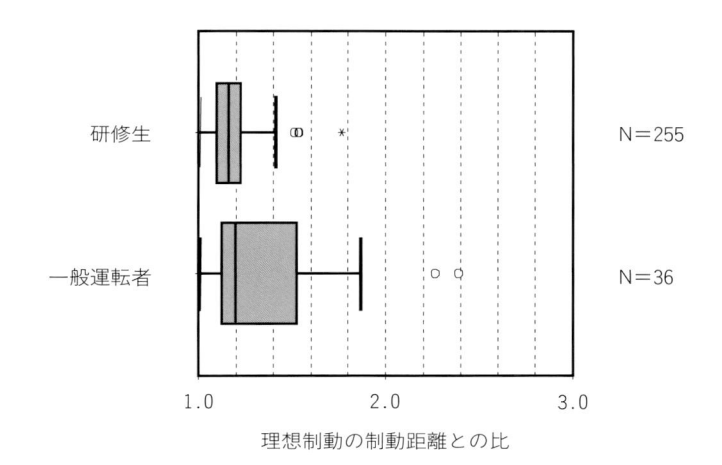

図 4-5　研修生と一般運転者の制動距離（理想制動の制動距離との比で表したもの）の分布
　　　　（研修生：183 人各 2 回の内，FF 車使用の延べ 255 人）
　　　　（一般運転者：67 人の内，乾燥路面，強い制動，ABS 不使用の 36 人）

凡例:
- ● ABS不使用，乾燥路面，強い制動，　　　N＝36
- ○ ABS不使用，乾燥路面，なめらかな制動，N＝25
- × ABS不使用，湿潤路面，　　　　　　　　N＝4
- ▲ ABS使用，　乾燥路面，強い制動，　　　N＝35
- △ ABS使用，　乾燥路面，なめらかな制動，N＝24
- ＋ ABS使用，　湿潤路面，　　　　　　　　N＝4

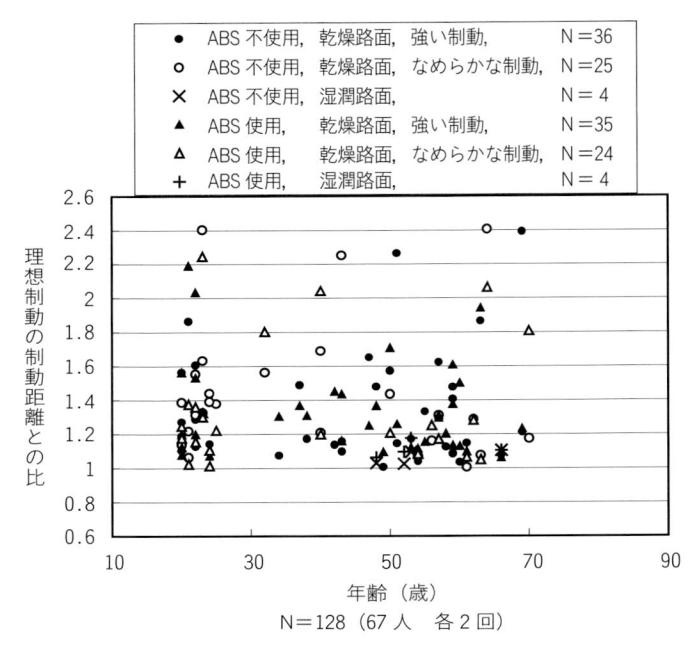

N＝128（67人　各2回）

図4-6 年齢に対する制動距離（理想制動の制動距離との比で表したもの）の分布

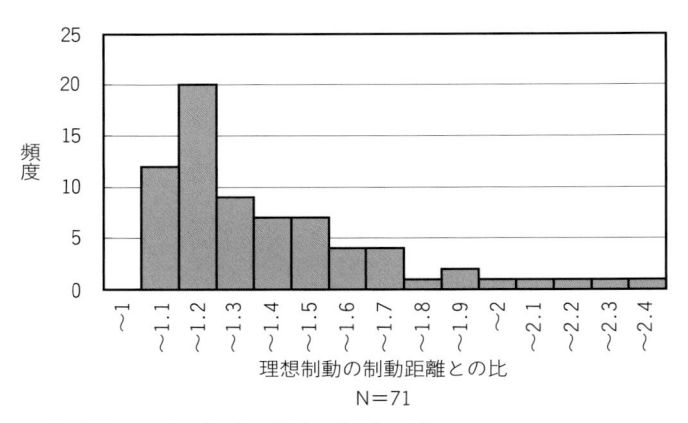

N＝71

図4-7 乾燥路面，強い制動の場合の制動距離
（理想制動の制動距離との比で表したもの）の分布
（一般運転者：67人の内，ABS不使用，乾燥路面，強い制動の36人）
（一般運転者：67人の内，ABS使用，　乾燥路面，強い制動の35人）

表4-2 年齢と制動距離（理想制動の制動距離との比で表したもの）の相関係数（乾燥路面の場合）

条　　件		相関係数
ABS不使用	強い制動	0.105
ABS不使用	なめらかな制動	-0.014
ABS使用	強い制動	-0.201
ABS使用	なめらかな制動	0.102

4-2 ブレーキの踏み方

4-2-1 制動波形の形状

制動中の減速度波形の理想制動の例を図4-8に，研修生の例を図4-9に示す．理想制動の例は，トリガー時の速度が40 km/hの例である．研修生の波形は，トリガー時の速度が45〜55 km/hで，最大減速度が0.92〜0.98 Gとなった例である．研修生個々人の波形は，定性的には大きな違いは見られなかった．一部の例外を除き，波形は指数関数的な形を描いて鋭く立ち上がり，一定値に近づいて安定し，車両停止後，急低下していた．波形の形状は，定性的に大きな差は認められなかったが，さらに，波形の時間推移を中心距離による方法と最近点の距離による方法でクラスター分析を行った．この結果からは，特徴的分類は得られず，一つの基本的形状に収束していくことが示され，波形は一定の形状であることが裏

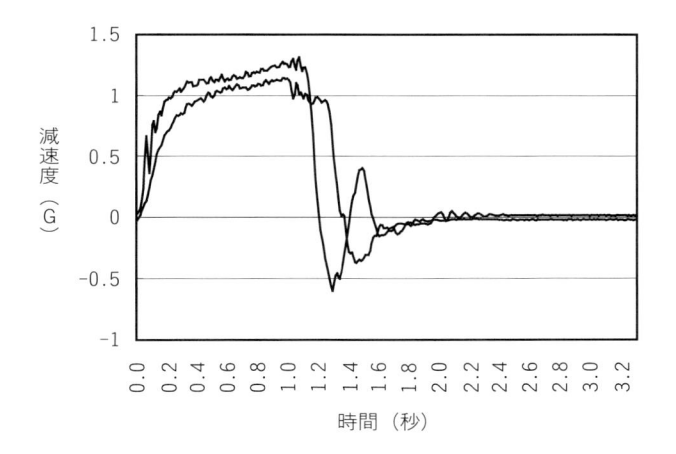

図4-8 理想制動の減速度波形

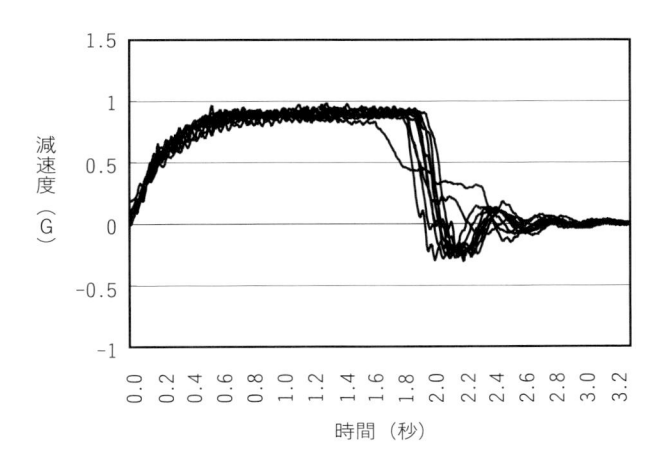

図4-9 研修生の減速度波形（最大減速度0.92〜0.98 Gの例）

付けられた．すなわち，波形の全体的な形状は個人差が小さく，したがって制動方法は定性的には個人差が小さいことが示された．

理想制動の波形と研修生の波形も，定性的には大差はないが，定量的には大きな差がみられた．すなわち，理想制動の波形は，減速度が大きく，全体の制動時間が短かった．制動の波形は，理想制動と研修生で制動開始速度が異なるが，このことを考慮しても，理想制動の波形は研修生と比較して制動時間が相当短いことに変わりはない．

4-2-2 ブレーキ液圧，減速度

ここで示すデータは，FF車使用，ABS不使用，乾燥路面，強い制動の場合である．

(1) 最大ブレーキ液圧

研修生と一般運転者の最大ブレーキ液圧の分布を図4-10に示す．平均値では研修生が，86.3 kgf/cm^2，一般運転者が75.3 kgf/cm^{2}であり，危険率1％以下で有意差がみられた．理想制動の値が得られたのは17点であり，その平均は，同車種のFF車で96.5 kgf/cm^{2}であり，研修生，一般運転者に比べて高かった．制動距離（理想制動の制動距離との比で表したもの）と最大ブレーキ液圧の相関係数は，研修生では-0.562，一般運転者では-0.783で，高い相関を示し，いずれも危険率5％以下で有意であった．このように，理想制動の最大ブレーキ液圧は，研修生，一般運転者より相当高く，ブレーキを踏む力の差が大きいことが示された．すなわち，ブレーキを踏む力の大きさが，次に述べる減速度の大きさにつながり，制動距離の短さにつながっている．

(2) 最大減速度

研修生と一般運転者の最大減速度の分布を図4-11に示す．平均値では研修生が0.97 G，一般運転者が0.83 Gであり，危険率1％以下で有意差がみられた．理想制動の値が得られたのは17点であり，その平均は，同車種のFF車で1.07 Gであり，研修生，一般運転者に比べて高かった．制動距離（理想制動の制動距離との比で表したもの）と最大減速度の相関係数は，研修生では-0.618，一般運転者では-0.793で，高い相関を示し，いずれも危険率5％以下で有意であった．

(3) 平均減速度

研修生と一般運転者の平均減速度の分布を図4-12に示す．平均値では研修生が0.77 G，一般運転者が0.68 Gであり，危険率1％以下で有意差がみられた．理想制動の値が得られたのは4点であるが，その平均は，同車種のFF車で0.87 Gであり，研修生，一般運転者に比べて高かった．制動距離（理想制動の制動距離との比で表したもの）と平均減速度の相関係数は，研修生では-0.736，一般運転者では-0.894と高い相関を示し，いずれも危険率5％以下で有意であった．

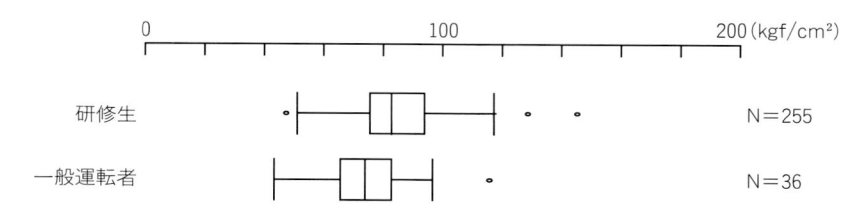

図 4-10 研修生と一般運転者の最大ブレーキ液圧の分布
（研修生：183人各2回の内，FF車使用の延べ255人）
（一般運転者：67人の内，乾燥路面，強い制動，ABS不使用の36人）

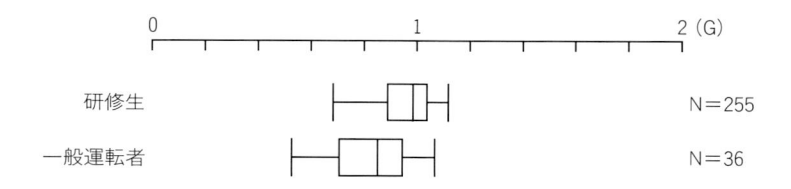

図 4-11 研修生と一般運転者の最大減速度の分布
（研修生：183人各2回の内，FF車使用の延べ255人）
（一般運転者：67人の内，乾燥路面，強い制動，ABS不使用の36人）

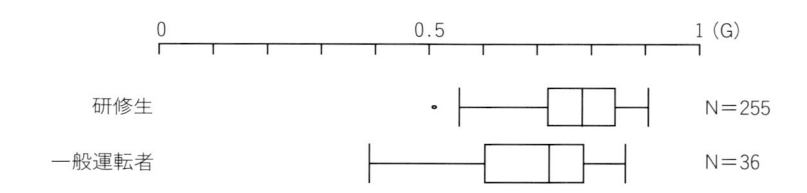

図 4-12 研修生と一般運転者の平均減速度の分布
（研修生：183人各2回の内，FF車使用の延べ255人）
（一般運転者：67人の内，乾燥路面，強い制動，ABS不使用の36人）

4-3 制動の仕方に対する意図の違い

　一般運転者に対する制動実験実施の前に，緊急時にどのような制動をするかを質問した．対象者67人中25人は，「タイヤを鳴らさないように，なめらかな制動をする」と回答した．残りの42人は「タイヤを鳴らすこともいとわず，できるだけ強い制動をする」と回答した．乾燥路面でのデータが得られたのは，それぞれ25人，36人で，合計61人について制動の際の意図の違いと制動状況の違いを調べた．この場合も，ABS不使用の場合を分析の対象とした．回答で示された制動の仕方についての意図別に，制動距離（理想制動の制動距離との比で表したもの）の分布を図4-13に示す．意図の違いによる制動距離（理想制動の制動距離との比で表したもの）は，緊急時にも「なめらかな制動をする」と回答した人の平均値は1.43，中央値は1.32，「できるだけ強い制動をする」と回答した人の平均値は1.35，中

央値は 1.20 であり，有意な差ではなかった．

4-4 「できるだけ強い制動をする」と回答した一般運転者の統計量

「できるだけ強い制動をする」と回答した一般運転者の平均減速度の統計量を表 4-3 に，「できるだけ強い制動をする」と回答した一般運転者の制動距離（理想制動の制動距離との比で表したもの）の統計量を表 4-4 に示す．この値は，一般運転者の制動距離を求めるときの基礎データとなるものである．

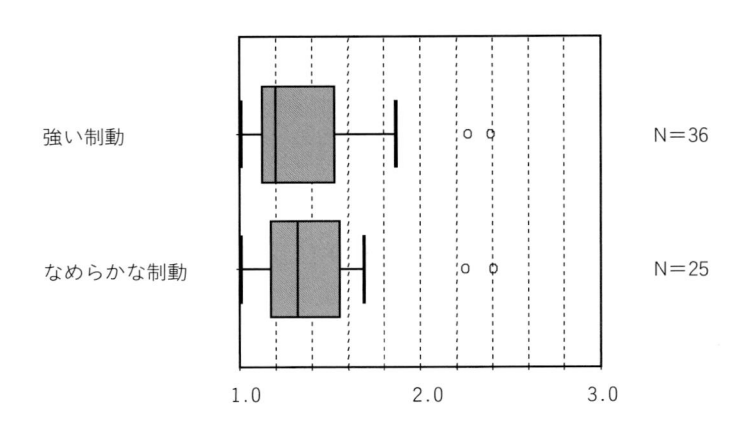

図 4-13 意図別の制動距離（理想制動の制動距離との比で表したもの）の分布（一般運転者）
（一般運転者：67 人の内，乾燥路面，強い制動，ABS 不使用の 36 人）
（一般運転者：67 人の内，乾燥路面，なめらかな制動，ABS 不使用の 25 人）

表 4-3 「できるだけ強い制動をする」と回答した一般運転者の平均減速度（G）の統計量

	N	最大値	平均値	中央値	最小値	最頻値	5 パーセンタイル
ABS 不使用，乾燥，強い制動	36	0.87	0.68	0.69	0.39	0.39	0.47
ABS 使用，乾燥，強い制動	35	0.87	0.66	0.67	0.32	0.32	0.39
乾燥，強い制動	71	0.87	0.67	0.68	0.32	0.32	0.45

表 4-4 「できるだけ強い制動をする」と回答した一般運転者の制動距離（理想制動の制動距離との比で表したもの）の統計量

	N	最大値	平均値	中央値	最小値	最頻値	75 パーセンタイル	95 パーセンタイル
ABS 不使用，乾燥，強い制動	36	2.39	1.35	1.20	1.01	1.01	1.54	2.26
ABS 使用，乾燥，強い制動	35	2.19	1.34	1.26	1.06	1.06	1.45	2.03
乾燥，強い制動	71	2.39	1.35	1.25	1.01	1.01	1.49	2.03

5. 本章で示した研究についての補足説明

　本章の研究ではエキスパートの制動データから理想的な制動が行われた場合のデータを収集し，制動距離の一つの基準として用いた．この制動距離は，研修生と一般運転者の制動距離と比較したが，そのいずれよりも短く，制動距離の理想的な値として用いることの妥当性が確認された．理想制動では，緊急時の制動動作の減速度は鋭く立ち上がるが，制動の際の摩擦力は，制動開始と同時に最高値に至るわけではない．また，摩擦係数そのものも速度に依存する．しかし，路面の摩擦係数は制動中に一定であるとして，制動距離を計算することが実用的であり，広く行われている．そこで，路面の摩擦係数としては，一定値の0.8を用いて制動距離の理論値を求め，この値も制動距離の一つの基準とした．求めた理論値と理想制動の場合の値を比較した結果，両者はほぼ一致し，実験場所における理想制動に対応する摩擦係数として0.8は実務的に適当な値であることを確認した．

　各被験者の制動距離を比較する際に，制動開始速度が異なるため，「理想制動の制動距離との比」をとることで基準化した．理想制動の制動距離として計測された値は，前述したように，制動距離の理想的な値として妥当であると考えられるため，基準とすることは，合理的であると思われる．基準化には，理論値を用いることも考えられるが，理想制動の制動距離として計測された値と理論値との比較が示すように，高速側では，理論値は実現された理想値より長く，低速側では短かった．したがって，理論値を用いて基準化した場合，速度によって若干の偏りが生じると考え，理想制動の制動距離として計測された値を用いて基準化した．ただし，この計測値は速度別に細かく得られているものではないため，任意の速度における理想制動の制動距離は，回帰式によって求めることとした．制動距離は理論的に速度の自乗に比例するため，制動距離を算出するモデルは，制動開始速度の二次式で表される回帰式とした．

　図4-2，図4-3，図4-4に示した制動距離の理論曲線は概ねの下限であり，ある程度の訓練で越えられる境界である．この理論曲線を求めるのに適当な摩擦係数が道路毎に示されていれば，運転者の制動距離を考える際の基準となる．この場合の摩擦係数は，理想制動の場合の制動距離と対応させて決定すれば，十分実用的なものが得られ，厳密な計測は，それほど必要なものではないと考えられる．ただし，すでに述べたように，摩擦係数から求めた理論値は，一般運転者の制動距離を示す値とはいえず，概ね下限の値であることを周知すべきである．すなわち，衝突を回避するために必要な車間距離を考える際には，個人差が大きいことを理解させる必要がある．また，可能であれば，各運転者は，緊急時にどのくらいの距離で停止できるかを，自分で把握しておくことが好ましい．特に，制動技術の劣る人は，車間距離を大きくとった走行を心がけるべきである．

　研修生と一般運転者の制動距離は，平均値の差では有意水準に達していないが，一般運転

者の制動距離のばらつきは，研修生に比べて大きいことが示された．研修生と一般運転者の差はブレーキを踏む力を示す液圧にも表れている．一般運転者の最大ブレーキ液圧の分布は，弱い方にシフトしており，制動距離は，長い方へ広がっている．すなわち，訓練することで強くブレーキを踏むことができるようになり，その結果として，制動距離を短くすることができるようになると考えられる．

　緊急時の制動動作は，停止時の衝撃を避けようとする意図が働くか，働かないかに大きく分類されると考えられるので，「強い制動」を意図して制動した人と，「なめらかな制動」を意図した人を比較した．走行中の緊急事態のために制動の必要が生じた場合，どのような制動の仕方をするかを被験者に質問した結果は，「できるだけ強い制動をする」と答えた人は63％に過ぎなかった．これは，一つには，通常時の制動の教習においては，衝撃を与えないような制動の仕方が指導されているためであると考えられる．また，一つにはタイヤがロックすると制動距離が長くなるとの知識があるためとも考えられる．実際，タイヤと路面間の最大摩擦係数はタイヤがロックに至る直前に発生し，スリップ率が0.1～0.3の範囲で最大になることが知られている[12]．ブレーキを踏む力をコントロールすることで，それに近い値は実現可能であるが，制動距離を短くするためには，ブレーキを強く踏み込んで，素早くロック直前の状況にする必要がある．しかし，このような制動は，エキスパートでも常に実現できるわけではなかったことが示すように，普通の運転者には困難である．実験の結果も「なめらかな制動」を意図した人は，「強い制動」を意図した人に比べ，制動距離の平均値，中央値とも長かった．タイヤのロックを避けるようなブレーキを踏むことで制動距離を短くするのは，普通の運転者の技術水準からは期待できず，ロックや衝撃を避けようとして，本来，強く踏むべき最初の踏み込みが不足することになる可能性が高い．すなわち，制動距離を短くするには，強くブレーキを踏んで，「強い制動」をすべきであると考えられる．最近のABSの普及も，そのような方法の優位性を高めている．

　制動距離（理想制動の制動距離との比で表したもの）と年齢との相関は，条件の異なるいずれの場合も低かった．このように，年齢と制動距離に相関は認められず，加齢が制動距離に影響を与えているとは言えなかった．

6．まとめ

　停止距離は空走距離と制動距離の和であるが，本章では，その内の制動距離について述べた．ここでの結果は，制動距離も大きなばらつきがあり，緊急事態に確実に対処するためには，十分な余裕が必要であることを示している．一般運転者の緊急時の制動を見ると，平均減速度の5パーセンタイル値は約0.5Gであった．また，一般運転者の緊急時の制動の制動距離は路面の摩擦係数に基づいて計算した理論値より長く，理論値を下限として約2倍の範囲まで分布していた．一般運転者が「強い制動」をした時の制動距離と理想制動の制動距離

との比の95パーセンタイル値も約2であり，一般運転者の制動距離は，理想制動の制動距離の2倍に達していた．このことを考えると，事故を起こさないためには理論値（理想制動の制動距離とほぼ一致している）の2倍以上の制動距離を見込んで走行する必要がある．ブレーキを踏む力の強弱が制動距離の長短を左右しており，制動距離は練習することで短くなるため，制動の練習は万一の備えとして有効である．ブレーキの微妙なコントロールは，普通の運転者では，ほとんど不可能なため，緊急時の制動では，強くブレーキを踏むようにすべきであり，そのように指導することが必要である．

なお，本章で用いたデータは，筆者が調査研究課長として在籍中に自動車安全運転センターで実施した平成10年度の調査研究[9]に基づくものである．

文　献

1) Makishita, H., Mutoh, M.: Accidents Caused by Distracted Driving in Japan, Safety Science Monitor, Special Edition, Vol. 3, pp. 1-12, 1999
2) 宇野宏，平松金雄：緊急状況における余裕時間とドライバの操舵回避との関係，人間工学，35 (4), pp. 219-227, 1999
3) Johansson, G., Rumour, K.: Drivers' Reaction Times, Human Factors, 13 (1), pp. 23-27, 1971
4) 塙克郎：交通工学入門，山海堂，p. 69, 114 pgs., 1984
5) 市原薫：路面の滑り抵抗に関する研究 (1)，土木研究所報告，135 (3), 146 pgs., 1969
6) 小野田光之，安藤和彦：実車による制動停止距離の測定実験，土木技術資料，21 (12), pp. 637-641, 1979
7) 小笠原晋二，渡辺英樹：路面供試体を用いた摩擦係数の測定結果，自動車研究，5 (11), pp. 438-445, 1983
8) Baker, J. Stannard: 9. Reconstruction, Traffic Accident Investigation Manual, The Traffic Institute, Northwestern University, pp. 201-257, 1979
9) 運転行動計測機を活用した安全運転教育手法に関する調査研究，自動車安全運転センター，291 pgs., 1999
10) 初心運転者の運転意識と実態に関する調査研究，自動車安全運転センター，152 pgs., 1992
11) 自動車技術ハンドブック　基礎・理論編，㈳自動車技術会，183 pgs., 1992
12) 新編自動車工学便覧　第2編　第2章，㈳自動車技術会，p. 35, 1982

第5章　反応時間

1. 本章の位置づけ

　本章は，公道での実験によって運転中の反応時間を調べた筆者らの研究結果を示すものである．

　事故（衝突）が発生するのは，車間距離（一般には進行方向空間距離）が停止距離より短くなる場合であることを念頭に，前章と本章では停止距離に関する研究の結果を示している．停止距離は制動距離と空走距離の和であるが，前章の制動距離の研究に続き，本章では空走距離に関する研究について示す．ただし，本書では第3章と第9章を除き，自動車運転中の危険発生から，危険を認知し回避行動としてブレーキを踏み始めるまでの時間を反応時間とし，その間に車両が走行する距離を空走距離として定義する．自動車運転中の事故について検討する場合には，危険発生時を起点として考えるのが実用的なためである．ブレーキを踏み始めてから停止するまでの距離は前章で扱った制動距離である．反応時間は，計測時の条件に左右されるため実際の運転に近い状況で計測することが必要である．本章では，公道での走行実験の結果に基づき，運転中の反応時間について論じる．

2. 本章の背景と目的

　反応時間の研究は古くから行われており[1]，刺激の種類，強度，反応動作の種類などの条件によって反応時間は異なることが知られている．したがって，それぞれの目的に応じた計測が必要になる．さらに運転の問題を扱う場合，反応時間計測の際に課されているタスクと注意のレベルによる影響は重要であり，運転の負荷が著しく軽減された場所での反応時間を，一般道路で運転している場合にそのまま当てはめることは適当ではない．また，刺激に対する反応を計測する場合，刺激の他のものにほとんど注意を払わなくてもよいような状態での反応時間は，実際の運転の際の反応時間とは異なる．Johanssonら[2]の研究では，現実条件下に近い実験として，公道上でクラクションに対しブレーキを踏み始めるまでの時間が計測された．その結果，クラクションを予期していたときの反応時間の中央値は0.66秒で

あり，分布範囲は0.3～2秒であった．また，クラクションを予期していなかった時と予期していた時との比較が行われ，その差は，0.1～0.35秒であった．この実験は，音に対する反応時間としては現実的な値が得られていると考えられる．しかし，通常の交通場面では，周囲の状況を視覚によって認知し，危険であると判断するのが一般的であり，音はその方向に注意を向けていなくても認知できるという点で，視覚によって認知する場合とは大きな違いがある．近藤ら[3]の実験では，ボンネット上に取り付けたランプを刺激として用い，刺激提示からブレーキを踏み始めるまでの時間を計測し，0.68～0.93秒の値を得ている．小野田ら[4]の実験では，試験コース内で先行車として走行させた車両の制動に対する反応時間を計測し，0.5～0.7秒の値を得ている．これらの場合は，視覚に対する刺激であるが，刺激の場所が固定されている．Olsonら[5]の実験では，被験者の車両が来る前に道路に認知すべき物を置いて反応を調べている．この場合は，危険は動きを伴って現れるものではないが，運転の中で視覚による探索が必要である．この結果を見ると，若者は98パーセンタイル付近までの範囲で0.9～1.5秒，高齢者は95パーセンタイル付近までの範囲で0.8～1.8秒の反応時間が示されており，その範囲では反応時間はおおむね連続的に分布していた．この実験は道路の設計に必要な情報として反応時間を計測したものであるため，大多数の運転者で計測された反応時間の範囲を示しているが，ここに示されていない数％の被験者の反応時間も事故防止を考える上では重要である．

　以上に述べたように運転に関わる分野において反応時間の研究は少なくないが，自動車技術あるいは道路技術の分野からのアプローチが多い．このため，運転者の代表的な値を求めることに主眼が置かれ，発見の遅れによる著しく長い反応時間は，外れ値として扱われない場合が多かった．しかし，実際の運転の場合は，多くのものに注意を振り向ける必要があるため，対処すべき事象の発見が遅れることは，珍しいことではない．脇見運転などにより，運転と関係のない物に視線が奪われている場合は勿論であるが，脇見などの行為がなくても，運転中の意識や視線配分により，発見に時間がかかることは少なくない．すなわち，視覚刺激の場合，運転中に発生した危険に対処するために必要な時間を把握するには，対処すべき事象の発生から，その事象に視線を向け，その結果として，網膜が刺激を受けるまでの時間を含めて考えることが必要である．そこで，本章の研究では，対処すべき事象の認知ではなく，対処すべき事象の発生を起点とし，その事象に対処するまでの時間を反応時間として計測することとした．また，前章で述べたように，緊急時の危険回避は制動による回避を原則とし，それを前提に車間距離は確保すべきであるため，制動動作による反応時間を対象とした．計測時の条件は，実際の道路で運転をしていることと対処すべき事象が現れる場所が定まっていないことである．対処すべき事象が現れることは予期できる中での実験であるが，通常の運転に必要な視線配分をしなければならず，視線を固定することはできない状況での実験である．通常，反応時間を計測する際の視覚刺激の提示では，視線がその刺激のもとになる事象に向いていることを前提としているため，視線がその事象に向くまでの時間を

含めた本実験での計測結果は，通常の意味の反応時間ではない．しかし，事故防止の観点からは，運転の負荷の中で，危険を探索し対処するまでに必要な時間が，実際に危険回避のために必要な反応時間である．その意味での反応時間を本章では，現実に近い形で提示する．

3．本章の記述の基になっている反応時間に関する実験の方法

運転中の反応時間に関する記述に先立ち，本章で示す研究結果を得るために実施した実験の方法について述べる．

3-1　実験方法の概要

一般道路に設けた周回コースを被験者に走行させ，危険発生から制動を開始するまでの時間（以下，反応時間と呼ぶ）を計測した．被験者の運転する車両（被験者車両と呼ぶ）は，単独で走行する場合と他の車両に追従して走行する場合の2通りの走行形態とした．対処すべき事象は，人為的に発生させたもので，物陰からの人の飛び出しと前を走行する車両（先行車と呼ぶ）の制動の2種類である．単独走行の場合は，人の飛び出しに対する反応時間のみを計測し，追従走行の場合には，先行車の制動に対する反応時間も併せて計測した．

人の飛び出しでは，被験者車両の走行中に，前方の物陰から係員が飛び出すように姿を現すこととした．先行車の制動では，係員の運転する先行車に，適当な場所で任意にブレーキペダルを踏ませて制動灯を点灯させた．被験者には制動が必要な場合以外は，常時アクセルペダルに足を乗せておくようにさせ，飛び出し，あるいは先行車の制動灯の点灯を発見したら，すばやく，アクセルペダルからブレーキペダルへ踏替動作を行うように指示した．人の飛び出しあるいは，先行車の制動灯の点灯から，被験者がアクセルペダルから足を離すまでの時間とブレーキペダルを踏み始めるまでの時間を計測した．以下，人の飛び出しに対する反応を，「飛び出し反応」と呼び，先行車の制動に対する反応を「制動灯反応」と呼ぶ．

3-2　実験コースと走行条件

実験場所として設定したコースは，茨城県ひたちなか市の住宅街を周回する約2.5 kmのコース（図5-1のa-b-c-aを矢印方向に周回）とひたちなか市役所前から周回コースまでを往復する片道約4 kmのコースである．周回コースは，往復2車線で，各戸へアクセスするための道路（生活道路と呼ぶ，図5-1のc-a-b）と住宅街を通過する幹線道路（図5-1のb-c）に分けられる．往復コースは往復4車線の幹線道路である．被験者は市役所前を出発し，往復コースを通って周回コースに至る．そこで，周回コースを練習のため1周してから，単独走行で3周，追従走行で3周し，再び往復コースを通って市役所前に戻る．一人当たりの走行時間は概ね1時間であった．飛び出しに対する反応時間は，周回コースの中の生活道路で計測した．係員が交差点で，右側，もしくは左側からランダムに飛び出すように設

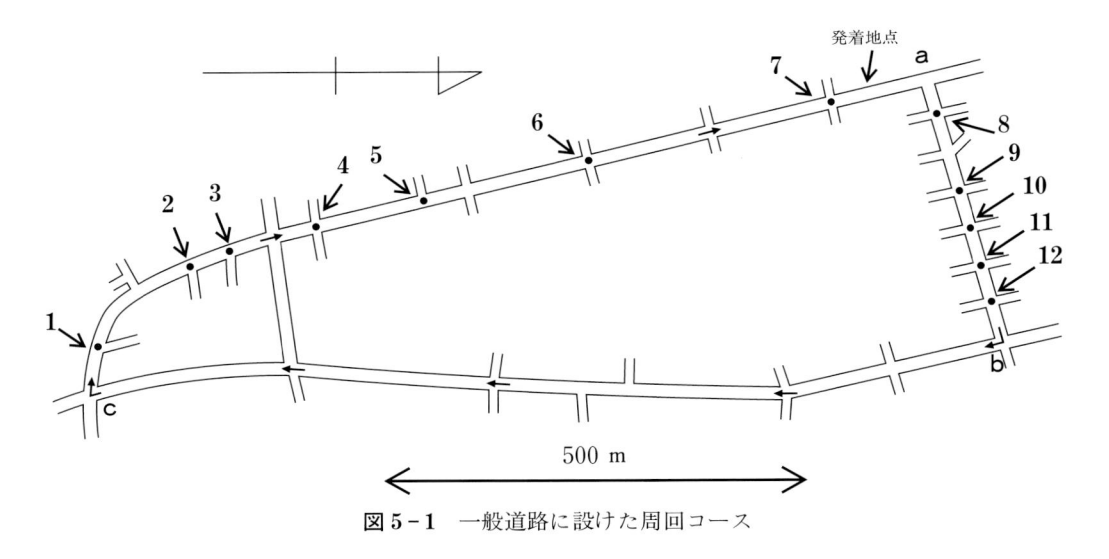

図 5-1 一般道路に設けた周回コース

(a) 生活道路  (b) 幹線道路

図 5-2 周回コースとして設定した道路の状況

定し，体全体を被験者が視認できる位置まで道路に出てくるようにした．飛び出しのタイミングは，被験者車両が概ね 20～30 m 手前の地点に来た時とした．飛び出し地点は，あらかじめ 12 ヵ所を定めておき（図 5-1 の 1～12），被験者が周回コースを 1 周する間に 2 ヵ所で飛び出しを行った．同一の被験者に対して同一箇所からの飛び出しが生じないように飛び出し地点を設定し，各被験者が 12 ヵ所の異なる場所で飛び出しに遭遇するようにした．周回コースの中の幹線道路および周回コースへの往復コースでは，先行車の制動に対する反応時間を計測した．

　実験を通して渋滞などはなく，スムーズな走行が確保できた．また，飛び出しの実験を行った生活道路では，交通量は少なく，閑散としていた．道路の状況を図 5-2 に示す．天候はいずれの日も晴れであった．走行速度は特に指定せず，各被験者の判断に任せた．追従走行の場合の車間距離も自由とした．実験中の被験者車両の平均走行速度は生活道路では

33.6 km/h，住宅街の幹線道路では 48.7 km/h，車間距離は生活道路では 20.4 m，住宅街の幹線道路では 26.2 m であった．

いずれの実験においても，道路には機材の設置は一切行わなかった．また，実験の際は，他の車両や人などが影響を受けることのないようにタイミングを配慮した．このため，被験者によって計測回数が異なる場合が生じた．

3-3 計 測 方 法
3-3-1 飛び出しに対する反応時間

交差点の物陰から人が飛び出してくるように設定し，被験者の視認可能な場所に飛び出してきた人が現れてから，被験者がブレーキを踏み始めるまでの時間を計測した．被験者車両にはアクセルのオン／オフ，ブレーキのオン／オフを示すランプを助手席側のダッシュボード上に設置し，当該ランプと車外正面の状況を車内に設置したビデオカメラで撮影した．ビデオ映像で，飛び出してくる人の身体の一部が初めて現れた瞬間を確認し，その瞬間を反応時間計測の起点とした．この時のフレーム番号とブレーキの踏み始めをランプが示した瞬間のビデオ映像のフレーム番号を調べ，フレーム番号の差から飛び出しに対する反応時間を計算した．計測の精度は，ビデオのコマ数によって定まる 1/30 秒単位である．計測に用いたビデオ映像を図 5-3 に示す．

(a) 飛び出し時　　(b) 飛び出しに反応してブレーキを踏んだ瞬間（ダッシュボード上の×印が点灯，画面中央下部円内）

図 5-3　反応時間の計測に用いたビデオ映像

3-3-2 先行車の制動に対する反応時間

先行車の制動灯が点灯した時刻と被験者がブレーキを踏み始めた時刻を計測し，先行車の制動に対する反応時間を求めた．この際，先行車の制動灯の点灯と消灯の情報は無線で被験者車両に送信し，被験者車両の計測機器で計測のタイミングを一致させた．計測精度は，

正面

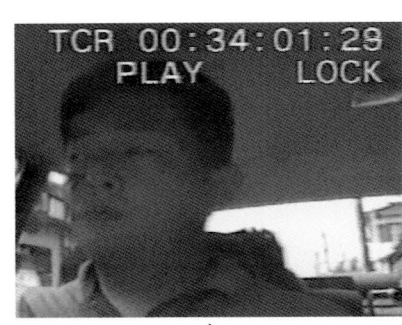

右  左

ルームミラー  メーター

図 5-4 被験者の視線を調べたビデオ映像

0.1 秒単位である．また，この実験中には，アクセルを離した瞬間の走行速度を併せて計測した．

3-3-3 周囲への視線

被験者の周囲への視線配分を調べるため，運転席左側のダッシュボードの上に CCD カメラを取り付けて，被験者の顔と目の動きを撮影した．撮影時間は周回コースを単独走行中の約 10 分である．このビデオ映像をもとに，左右，ルームミラー，メーターその他へ，正面

から視線を移動させた回数を調べた．視線を調べたビデオ映像を図5-4に示す．

3-4 実験車両

被験者車両は，セダンタイプの小型乗用車である．車両には，アクセルとブレーキの踏み込みの有無，車両速度，車間距離等を収集するセンサーと記録装置を備え付けるとともに，前方映像を収集するためのビデオカメラを助手席ヘッドレストに取り付けた．先行車は，セダンタイプの白色の小型乗用車で，制動灯の点灯と消灯の情報を無線で被験者車両に送信する機器を備え付けた．

3-5 被験者

被験者は免許取得後1年以上の男性26人で，日常，自動車を運転しており，職業運転者ではない一般運転者である．飛び出し反応と制動灯反応の実験は，同一の被験者で行った．年齢構成は，20代（20～24歳，若年層と呼ぶ），40～50代（40～51歳），60代（61～65歳，高齢層と呼ぶ）のそれぞれ9人である．ただし，実際に計測結果が得られたのは，20代は飛び出し反応では7人，制動灯反応では8人であり，40～50代は制動灯反応では8人である．

3-6 視力の計測

静止視力と動体視力2種類（KVAとDVA）の合計3種類の視力を計測した．視力計の詳細は第3章で述べたとおりである．本章では簡単に概要を示す．KVAは前後に動く対象物を見る際の動体視力であり，DVAは左右に動く対象物を見る際の動体視力である．静止視力は，KOWA製の視力計AS-4Dを用い，静止視力計測モードで両眼視力を計測した．KVAは，前述したAS-4Dを用い，動体視力の自動計測モードで両眼視力を計測した．AS-4DでKVAを計測する方式は，レンズ系によって前方50 mに作られたランドルト環の像が，手前に30 km/hで接近してくるもので，ランドルト環の切れ目の方向が認知できた時の距離で視力を計測する．DVAは，左右にランドルト環が動く方式の視力計を作成し，両眼視力を計測した．これは，幅5 cmの小窓をランドルト環が，移動速度25 cm/秒で往復するもので，切れ目の方向を読みとることができたランドルト環の大きさで視力を計測する．

4. 年齢及び視力と反応時間の関係

以下の内容は，前述した実験に基づくものである．

図5-5 飛び出し反応の反応時間の被験者別の分布

(各縦軸は、それぞれ一人の被験者に対応する。No.5, 7は欠番)

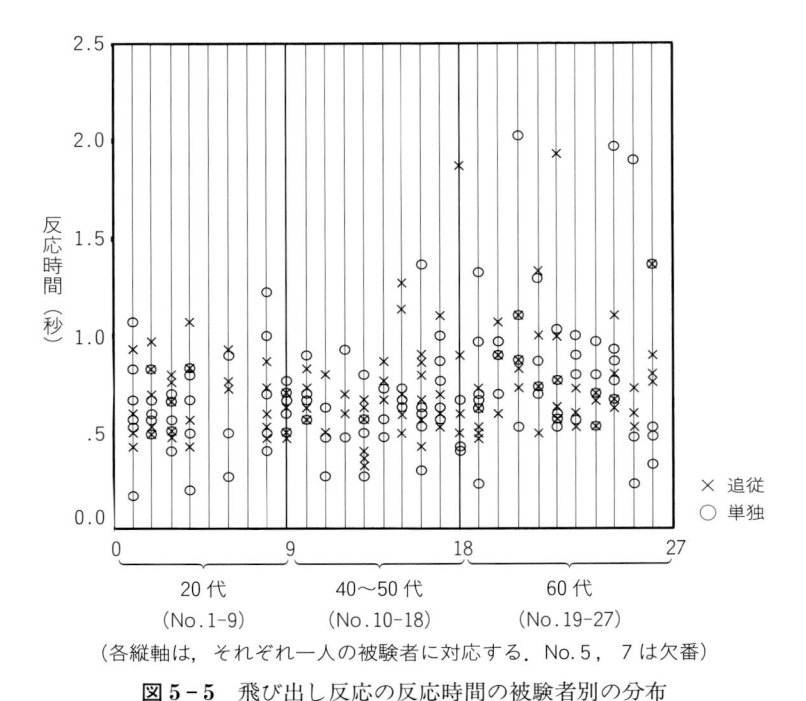

表5-1 反応時間が大きく外れた値を示したケースの飛び出し地点と飛び出してきた方向

飛出し地点	飛び出してくる方向	反応時間(秒)
7	左	2.03
11	左	1.97
8	右	1.93
5	左	1.90
2	右	1.87

4-1 年齢による反応時間の違い

4-1-1 飛び出し及び先行車の制動に対する反応時間

各被験者の飛び出し反応の反応時間を、単独走行の場合、追従走行の場合それぞれについて、3～6回、平均して4.6回計測した。また、各被験者の制動灯反応の反応時間を5～24回、平均して13.4回計測した。制動灯反応は走行速度の影響が大きいことも考えられたため、計測を行った時の被験者車両の速度によって、反応時間を20～40 km/h（低速）の場合と40～60 km/h（高速）の場合に分類した。飛び出し反応の反応時間の被験者別の分布を図5-5に示す。反応時間は0.17～2.03秒の間に分布していた。反応時間の大部分は、0.1～1.4秒の間に分布していたが、大きく外れた値が5回計測されている。この5回の計測値は、それぞれ異なる5人の被験者によるものであり、4人は高齢層の被験者であった。

第5章 反応時間

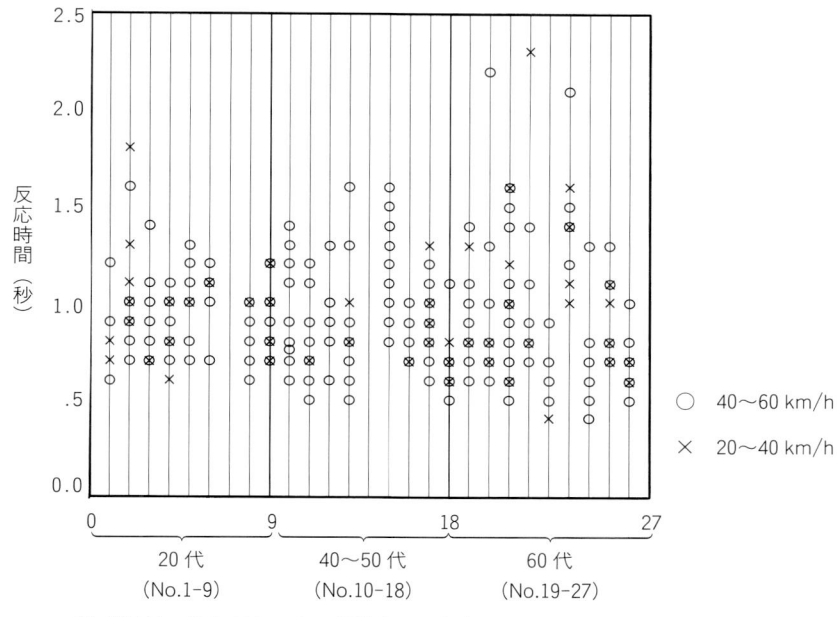

図5-6 制動灯反応の反応時間の被験者別の分布

(各縦軸は，それぞれ一人の被験者に対応する．No.7，14は欠番)

表5-2 飛び出し反応と制動灯反応の反応時間の年齢層別の平均値，標準偏差，変動係数，中央値

刺激の種類	走行状態	年齢層	N	平均値（秒）	標準偏差（秒）	変動係数	中央値（秒）
飛び出し	単　独	20代	7	0.63	0.07	0.11	0.63
		40〜50代	9	0.62	0.11	0.18	0.66
		60代	9	0.83	0.15	0.19	0.77
		全員	25	0.70	0.15	0.22	0.67
	追　従	20代	7	0.63	0.04	0.07	0.62
		40〜50代	9	0.68	0.12	0.18	0.69
		60代	9	0.75	0.14	0.19	0.71
		全員	25	0.69	0.12	0.17	0.67
制動灯	20〜40 km/h	20代	8	0.94	0.18	0.19	0.97
		40〜50代	5	0.81	0.14	0.17	0.73
		60代	8	0.94	0.37	0.39	0.94
		全員	21	0.91	0.26	0.28	0.90
	40〜60 km/h	20代	8	0.92	0.08	0.08	0.92
		40〜50代	8	0.89	0.15	0.16	0.86
		60代	9	0.92	0.27	0.30	0.87
		全員	25	0.91	0.18	0.20	0.89

表5-3 飛び出し反応と制動灯反応の反応時間及び視線移動回数の年齢層間の分散分析の結果と多重比較（Scheffeの方法）の結果

分析対象			分散分析の結果		多重比較の結果（有意確率）		
	刺激の種類	走行状態	F値	有意確率	20代と40～50代	40～50代と60代	20代と60代
反応時間 （秒）	飛び出し	単独	8.697	0.002	0.963	0.004	0.012
		追従	2.123	0.144	0.758	0.419	0.157
	制動灯	20～40 km/h	0.514	0.606	0.675	0.658	0.999
		40～60 km/h	0.055	0.947	0.967	0.954	0.999
視線移動回数（回/分）			9.902	0.001	0.082	0.122	0.001

網掛けは危険率5％以下で有意

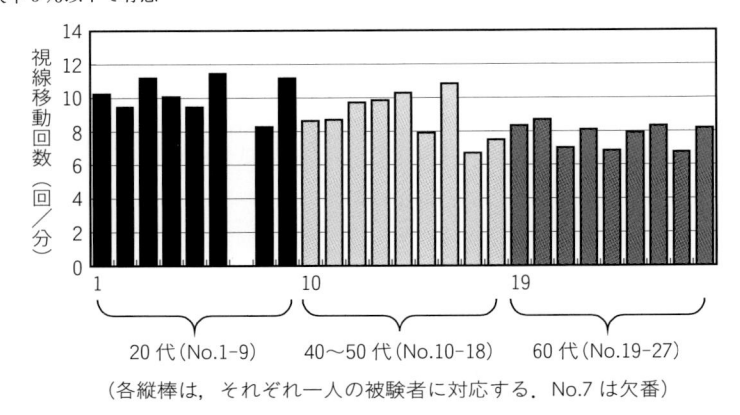

図5-7 各被験者の1分当たりの周囲への視線移動回数
（各縦棒は，それぞれ一人の被験者に対応する．No.7は欠番）
20代(No.1-9)　40～50代(No.10-18)　60代(No.19-27)

　この5回のケースでの飛び出し地点と飛び出してきた方向は表5-1に示した通りであり，地点や左右の違いに偏りは見られなかった．次に，制動灯反応の反応時間の被験者別の分布を図5-6に示す．反応時間は0.4～2.3秒の間に分布していた．反応時間の大部分は，0.4～1.6秒の間に分布していたが，大きく外れた値が3回計測されている．この3回の計測値は，それぞれ異なる3人の被験者によるものであり，いずれも高齢層の被験者であった．また，この3人は飛び出し反応の時に大きい値を出した5人の被験者とは異なる被験者であった．
　次に，実験条件（単独及び追従走行の飛び出し反応，低速及び高速走行の制動灯反応）毎に，被験者それぞれの計測値を平均した値を各被験者の代表値とした分析を行った．飛び出し反応と制動灯反応の反応時間の年齢層別の平均値，標準偏差，変動係数及び中央値を表5-2に示す．飛び出し反応の反応時間の平均値は，単独走行，追従走行の場合とも，高齢層が，他の年齢層と比較して長かった．制動灯反応の反応時間では，年齢による平均値の違いは認められなかった．標準偏差，変動係数は，いずれの場合も高齢層が一番大きく，個人差の大きいことが示された．また，標準偏差，変動係数は，制動灯反応の低速の場合以外

表 5-4 年齢層別の視力と反応時間の相関係数

年齢層	実験条件		静止視力	KVA	DVA
	刺激の種類	走行条件			
20代	飛び出し	単独	−0.113	0.445	0.176
	飛び出し	追従	0.681	0.103	0.569
	制動灯	20〜40 km/h	0.611	0.045	0.846
	制動灯	40〜60 km/h	0.207	−0.430	0.197
40〜50代	飛び出し	単独	−0.545	−0.586	−0.614
	飛び出し	追従	−0.492	−0.410	−0.299
	制動灯	20〜40 km/h	−0.408	−0.330	−0.530
	制動灯	40〜60 km/h	0.083	0.043	−0.041
60代	飛び出し	単独	−0.182	0.275	−0.239
	飛び出し	追従	0.192	0.284	−0.317
	制動灯	20〜40 km/h	−0.262	0.222	0.061
	制動灯	40〜60 km/h	−0.109	0.287	−0.036

網掛けは危険率5％以下で有意

は，加齢とともに大きくなっていた．

反応時間の年齢層間の分散分析と多重比較の結果を表5-3に示す．分散分析の結果，単独走行の飛び出し反応の反応時間で有意差が認められ，他の場合には有意差は認められなかった．有意差が認められた単独走行の飛び出し反応で多重比較を行った結果，高齢層と他の年齢層に有意差が認められた．この場合の反応時間と年齢の相関係数は，0.508で，危険率1％以下で有意な相関が認められた．

4-1-2 周囲への視線配分

周回コースを3周した約10分の計測時間で，各被験者が正面から視線を移動させた回数は約60〜150回であった．ただし，計測中，視線の計測が不可能な場合が最長で約1分あった．各被験者の1分当たりの周囲への視線移動回数を図5-7に示す．また，1分当たりの視線移動回数の年齢層間の分散分析を行った．結果は，前述の表5-3に示した通りである．回数の平均値は加齢とともに少なくなっており，高齢層と若年層では有意差が認められた．

4-2 視力と反応時間の関係

視力と年齢の相関係数は，静止視力では−0.598，KVAでは−0.542，DVAでは−0.682であり，いずれの視力についても，相関は危険率1％以下で有意であった．年齢と切り離して視力と反応時間の関係を明らかにするため，年齢層別に視力と反応時間の相関係数を調べ

表5-5 各年齢層の反応時間の95パーセンタイル値と最大値

刺激の種類	年齢層	N	平均値の 95パーセンタイル値（秒）	中央値の 95パーセンタイル値（秒）	N	最大値（秒）
飛び出し	20代	7	0.67	0.67	91	1.23
	40～50代	9	0.74	0.67	82	1.87
	60代	9	0.97	0.84	77	2.03
	全員	25	0.90	0.79	250	2.03
制動灯	20代	8	1.05	1.00	100	1.80
	40～50代	8	1.11	1.10	101	1.60
	60代	9	1.25	1.24	98	2.30
	全員	25	1.16	1.17	299	2.30

95パーセンタイル値は各被験者の平均値または中央値を代表値として計算．最大値は全計測値の中での最大値．

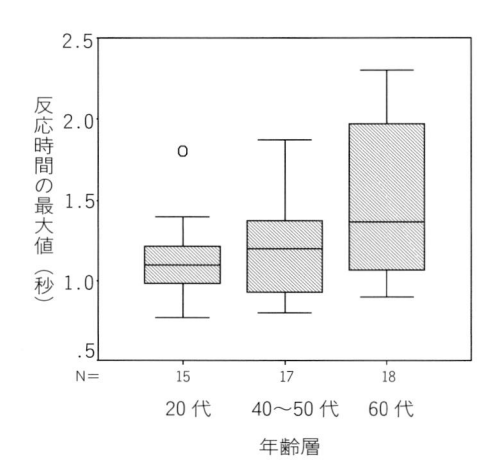

図5-8 各被験者の反応時間の最大値の年齢層別分布
（飛び出し反応と制動灯反応のそれぞれについての
各被験者の反応時間の最大値の年齢層別分布）

た．その結果を表5-4に示す．一部有意な項目があるが，これは，視力が良いほど反応時間が短くなる傾向とは逆の傾向である．年齢層別に見た場合，全体を通して，視力と反応時間の関係に一定の傾向は認められなかった．

4-3 反応時間の上限

各被験者の平均値及び中央値を代表値として計算した各年齢層の反応時間の95パーセンタイル値と被験者全員の全計測値の中での反応時間の最大値を表5-5に示す．また，飛び出し反応と制動灯反応のそれぞれについて，各被験者の反応時間の最大値を求め，全ての最大値の年齢層別分布を示したものが図5-8である．これらの値は，一般の運転者の空走距離を求めるときの基礎データとなるものである．

5. 本章で示した研究についての補足説明

　本章の実験では，人の飛び出しに対する反応時間は，個々人の計測値を見ると0.17～2.03秒の間に分布しており，中央値は0.63秒であった．0.17秒の反応が1回記録されたが，0.2秒に満たない値は，視覚刺激に対する反応として通常考えられない値である．反応時間は，ブレーキペダルの操作によって計測しているが，自動車の運転中の計測であるため，人の飛び出しと無関係に制動が行われることもあり，飛び出し反応の計測とタイミングが重なったために示された値である可能性がある．被験者が飛び出しを予測して反応した可能性もあるが，飛び出しを行う交差点は被験者には知らせていないため可能性は低いと考えられる．先行車の制動に対する反応時間は，0.4～2.3秒の間に分布しており，中央値は0.8秒であった．これは，Johanssonらの一般公道でのクラクションに対する反応実験で，クラクションを予期していたときの反応時間の分布範囲0.3～2秒と中央値0.66秒におおむね類似している．ただし，Johanssonらの実験では反応時間は比較的連続的に分布していたのに対し，本実験では，大部分の反応時間が連続的に分布していた帯域と，かなり離れた値とに結果が分離された．大部分が分布していた帯域は，通常のばらつきの範囲にある反応時間と考えられる．一方，かなり離れた値は，発見遅れによって起きたものと考えられる．視覚による認知の場合は，前述したように，対象に視線が向いていなければ認知できないため，発見遅れが起きる．本実験は対象物が現れることが予期される中での実験であったが，予期していても視覚による探索では発見遅れが起きる．この場合，危険の発生を予期することなく運転していれば，さらに反応時間は長くなったと考えられる．Johanssonらの実験では予期していた時としていなかった時の差は，0.1～0.35秒であったが，クラクションに対する反応とは異なり，視覚による認知の場合は，対象物の現れた方向に視線を向けることなく運転し続ければ，気付く前に衝突することもあり得る[6]．発見遅れのためと考えられる著しく長い反応時間（以下，遅れ反応と呼ぶ）は，高齢者に多く見られ，飛び出し反応及び制動灯反応の実験を通して1人平均18回の計測で，高齢層の被験者9人のうち，7人が一度ずつ遅れ反応を示した．すなわち，高齢層の多くで遅れ反応がみられたのであり，特定の人でみられたのではない．他の年齢層では，51歳の1人に一度みられただけである．このことから，高齢者は遅れ反応を起こしやすいと考えることができる．危険に素早く対処するためには，広い範囲に注意を配分し，素早く認知・判断を繰り返す必要がある．高齢者の認知・判断能力が低下していることが遅れ反応につながっている可能性があるため，認知・判断の速さを左右する情報処理の能力と関係が深い視線の移動回数について調べた．その結果，加齢とともに視線の移動回数が低下し，高齢層の被験者の情報処理能力が低下していることが示された．すなわち，高齢層に遅れ反応が多くみられたのは，情報処理能力の低下が関係していると考えられる．

年齢層別の平均値で見ると，飛び出し反応の場合，高齢層は他の年齢層に比べて反応時間が長いことが示されており，単独走行の場合は，有意差が認められた．飛び出し反応は，飛び出しが発生すること自体は予期できる状況での実験であるが，どの交差点のどこから飛び出しがあるかは定まっておらず，運転中に視覚による探索が必要である．このような行為は高齢層の被験者にとって大きい負荷であったと考えられる．しかし飛び出しのような事態の発生は通常の運転でも起こりうることであり，非現実的な設定ではない．制動灯反応の場合は，飛び出し反応と異なり，反応時間の平均値に年齢層による差は見られなかった．制動灯反応のように，場所が特定されている比較的容易な課題では，高齢層と他の年齢層で反応時間に差が現れないと考えられた．ただし，制動灯反応でも，高齢層の3人は一度ずつ遅れ反応を示しており，他の年齢層と比べて不安定な面があることが分かった．制動灯反応では先行車へ注意を向けていれば反応できるため，平均値では年齢層による差は示されなかったが，公道を運転中であり，周囲への注意が必要であることから，注意配分によっては，遅れ反応は十分起こりうるものである．

視力も加齢に伴い低下するため，遅れ反応と関係している可能性がある．ただ，視力の低下が遅れ反応に与える影響は，視線配分のように直接的ではない．年齢層別で調べると視力と反応時間の関係に一定の傾向は認められなかった．ただし，視力と反応時間の関係については，年齢層別のサンプル数が限定されているため，更に調べる必要がある．

事故を防止するためには，急な危険が発生した場合に対処可能な速度や車間距離を保って走行することが必要である．そのための基準は，運転者の反応時間であるが，こうした場合，通常の分布から外れた値は除外されることが多い．しかし，このような遅れ反応のように，通常と異なる事象の組み合わせで事故は起きるものであり，遅れ反応が，実験の中で多くの高齢層の被験者にみられたことは，事故防止を考える上で重要である．事故の原因とされる違反は，漫然運転，脇見運転，信号無視，安全不確認などが多くを占める．この種の違反には，注意して運転していたにもかかわらず，本章で示したような遅れ反応が起こった場合も少なくないと考えられる．本章の実験では，被験者はいずれかの場所で飛び出しがあることを知っており，十分な注意をして運転していたにもかかわらず，遅れ反応が起こったのであり，このことからも，注意を促すだけでは事故防止の効果が低いことがわかる．運転者自身が自分の習慣的行為をどのように修正すべきかが明確でない注意は，運転者に呼びかけても有効性に疑問があると言われており[7]，「注意して運転しなさい」，等の呼びかけは有効でないことが確認された．必要な注意を払いながら運転しても，遅れ反応があり得ることを認識し，危険に対処可能な速度や車間距離で走行すべきである．本章では，運転者の反応時間の分布を調べることで，遅れ反応の発生を確認し，高齢者に遅れ反応が多く発生することを明らかにした．事故防止のためには，こうした点を踏まえた指導が必要であると考えられる．

6. まとめ

　停止距離は空走距離と制動距離から成るが，本章では，その内の空走距離に対応する反応時間について述べた．運転中に人が脇道から飛び出してくる場合の反応時間，前を走行している車両の制動灯点灯に対する反応時間のいずれも，各被験者の反応時間は大きくばらついていた．特に高齢層では，ほとんどの被験者で反応時間が通常のばらつきの範囲を大きくはみ出す外れ値が見られた．飛び出し反応と制動灯反応の両者を通じて，各年齢層の反応時間の最大値は，20代が1.8秒，30〜50代が1.9秒，60代が2.3秒であった．

　各被験者の平均値を代表値として計算した年齢層別の標準偏差及び変動係数は，飛び出し反応の場合も，制動灯反応の場合も高齢層は他の年齢層に比較して大きく，各被験者の計測毎のばらつきが大きいだけでなく，個人差も大きいことが示された．

　年齢層別の平均値は，飛び出し反応の場合，高齢層は他の年齢層と比較して反応時間が長く，単独走行の場合には，有意差が認められた．一方，制動灯反応では，年齢層による差は認められなかった．

　各被験者の1分当たりの視線移動回数の平均値は加齢とともに少なくなっており，高齢層と他の年齢層では有意差が認められた．高齢層の被験者のほとんどで発見遅れのためと見られる長い反応時間が見られたのは，高齢層の被験者の視線配分の頻度が低いことに現れている情報処理能力の低下のためであると考えられた．また，年齢層別に見ると視力と反応時間の間に一定の関係は認められなかった．

　なお，本章で用いたデータは，筆者が調査研究課長として在籍中に自動車安全運転センターで実施した平成11年度の調査研究[8]に基づくものである．

文　献

1) 大山正：反応時間の歴史と現状，人間工学，21 (24), pp. 57-64, 1985
2) Johansson, G., Rumour, K.: Drivers' Reaction Times, Human Factors, 13 (1), pp. 23-27, 1971
3) 近藤政市，渋川侃二：自動車を制御する際の空走時間の測定結果，日本機械学会誌，57 (424), pp. 311-316, 1954
4) 小野田光之，安藤利彦：実車による制動停止距離の測定実験，土木技術資料，21 (12), pp. 27-31, 1979
5) Olson, Paul L., Silvak, M.: Perception-Response Time to Unexpected Roadway Hazards, Human Factors, 28 (1), pp. 91-96, 1986
6) Makishita, H., Mutoh, M.: Accidents Caused by Distracted Driving in Japan, Safety Science Monitor, Special Edition, Vol. 3, pp. 1-12, 1999
7) 小林実，中里至正：交通安全キャンペーンの研究の現状，科学警察研究所報告交通編，13 (1), pp. 98-106, 1972
8) 運転行動計測機を活用にした安全運転教育手法に関する調査研究II，自動車安全運転センター，291

pgs., 2000

第6章　車間距離の個人特性

1. 本章の位置づけ

本章は，走行実験とアンケート調査などによって車間距離に関する運転者の特性を調べた筆者らの研究結果を示すものである．

事故（衝突）が発生するのは，車間距離（一般には進行方向空間距離）が停止距離より短い場合であることを念頭に，前の2つの章では，停止距離に関する研究の結果を示した．本章から第8章までの章では，車間距離に関する運転者の特性について示す．本章では，追従走行実験の結果に基づき，車間距離の長短や変動などの傾向が，運転者に固有な特性と言えることを明らかにする．また，運転意識・態度などの心理特性及び視力などの身体能力と車間距離の関係についても示す．

2. 本章の背景と目的

事故類型別の交通事故発生件数を見ると，追突事故は1996年以来，最も件数が多く，2001年の統計では30.4%を占めていた．特に高速自動車国道に限定すると，追突事故の割合は人身事故の57.5%を占め，さらに重要度は高くなる．また，違反別では，安全不確認が最も多く，漫然運転と脇見運転を合わせた前方不注意が続く．こうした事故の多くは，十分な車間距離で走行していれば，回避できたと考えられるが[1]，短い車間距離で走行している車両は依然として多い[2,3]．車間距離を維持させるための指導，教育は，従来から行われているが，運転者の特性を踏まえた改善が必要である．最近では，車間距離維持装置の活用なども現実のものになっているが，こうした装置も運転者の特性を踏まえた開発が求められる．人間の一般的特性の研究では，自動走行システムの開発を目的としたAllenら[4]の研究がある．Allenらは，速度と車間距離の関係を数学モデルで表現し，車間距離形成の仕組みを検討することで人間の一般的特性の再現を試みている．Rajalinら[5]は，運転者の遵法性を取り上げ，近接追従者は交通違反が多いことを示し，近接追従は前車を追い越したいとの気持ちの現れであると指摘している．また，国際交通安全学会の調査[6]でも車間距離を詰め

る理由として追い越し，焦燥感が示されている．年齢による車間距離の違いについては，松浦ら[7]によると，車間距離には高齢者と非高齢者の差は認められないが，車間距離の目測に差があるとされている．このように，運転者の属性と車間距離には一定の関係があるとの報告があるが，そのような属性と車間距離の関係が，運転者に固有な安定した特性と言えるのか否かが明確でなかった．すなわち，車間距離の長短や変動などの傾向は，それぞれの運転者が持っている特性であり，車間距離を短く保つ人やそうでない人がいるのか，あるいは，車間距離の長短は，運転者の特性として安定したものではなく，状況によって，車間距離が短かったり長かったりするのかが明確でなかった．本章では，この点をまず明らかにすることにし，車間距離の長短に加え，車間距離の目測の正確さ，車間距離の不安定性についても検討する．

続いて，本章では，どのような属性，経歴，能力と車間距離が関係するのかを明らかにする．取り上げたのは，年齢，視力，運転者の意識・態度，ひやり・はっと体験及び制動距離である．年齢は言うまでもなく，個人の属性として代表的なものである．加齢と車間距離の変化の関係を知ることは，車間距離の教育の対象を知る上でも欠かせない．加齢による影響は，加齢に伴う身体能力の変化や性格の変化，経験の積み重ねがもたらすものであると考えられるが，把握が容易な属性である年齢と車間距離の関係を知ることは実務上有用である．視覚機能は加齢に伴い大きく変化する身体機能の一つである．視覚機能と安全運転の関係を調べた研究は多いが[8]，視覚機能と車間距離の関係を調べた研究は多くない．Leibowitzら[9]は視界と車間距離の関係を指摘しているが，本章では視覚機能の中で計測されることが多く，把握も容易な視力について，車間距離との関係を調べる．視力と車間距離が関係していれば，そのことも考慮して指導を行う必要が生じる．車間距離の長短は，運転者の意図に左右される面が大きいと考えられるため，意識・態度も調査の対象にする．また，運転者の経験であるひやり・はっと体験も運転の特性を表す一つの指標と考え，ひやり・はっと体験と車間距離との関係についても調査の対象とする．制動距離は停止距離を構成するものであり，停止距離が車間距離より長い場合に事故が発生することは，これまで述べたとおりである．制動距離の長い人は，それに応じて車間距離を長くとる必要があると考えられるため，本章では運転者の制動距離と普段の車間距離の関係についても検討する．

3. 本章の記述の基になっている車間距離の個人特性に関する実験の方法

車間距離と運転者の特性の関係に関する記述に先立ち，本章で示す研究結果を得るために実施した実験の方法について述べる．

3-1 車間距離計測のための実験
研修用のコースで，普通乗用車同士による追従走行実験を行い，車間距離を計測し

た[注1]．被験者，車両，コース及び実験方法を以下に示す．

3-1-1 被験者

公募した 20 歳から 69 歳の男性 67 人である[注2]．年齢構成は表 4-1 に示したとおりである．本章の年齢層別の分析では，20～25 歳 21 人，32～59 歳 32 人，60～69 歳 14 人に分類した．

3-1-2 実験車両

車両は前を走行させた車両（先行車），被験者に運転させ先行車を追従させた車両（追従車）ともオートマチックの 2,000 cc のセダンである．追従車として用いた普通乗用車の写真を図 6-1 に示す．

3-1-3 計測方法

追従車にはフロントグリルにレーダー式の車間距離計を設置し，先行車と追従車の車間距離を計測した．車間距離と同時に車両搭載機器により追従車の走行速度を計測し，時系列データ（100 ms 間隔）として車載のパーソナルコンピュータに保存した．また，走行中の直線区間において，車間距離が安定したと被験者が判断した時点の車間距離を記録するとともに，被験者に意図している車間距離（被験者がその時点で認識している車間距離であり，車間距離の目測値ということができる）をたずね，それに対する回答を記録した．

3-1-4 実験コース

実験に用いたコースを図 6-2 に示す．このコースは，市街路を模擬した研修用コース（模擬市街路）であり，その外周（約 1 km）で実験を行った．コースは概ね平坦である．模擬市街路外周は相互通行路で，片側 2 車線，往復 4 車線の部分と，片側 1 車線，往復 2 車線の部分があり，各車線の幅は 3 m である．沿道部は芝生で，一部に設置物があるが，計測は，そのような設置物の影響が及ばないと思われる直線部で行った．実験車両は図 6-2 の A から出発し，矢印方向に追従状態で周回した．実験の状況を図 6-3 に示す．

3-1-5 走行方法

各被験者 67 人に，以下に示す速度と車間距離の組み合わせの条件で 2 回ずつ走行させた．
① 走行速度
追従走行の速度は，20 km/h，30 km/h，40 km/h の 3 種類とし，速度の順番は被験者毎

注 1） 第 6 章の車間距離計測実験，第 7 章の普通乗用車による追従実験，第 8 章の実験は，基本的に同じ実験であり，各章で分析に必要なデータを用いている．
注 2） 第 4 章の 3-2 で示した一般運転者と同一である．

図6-1　追従車として用いた普通乗用車

図6-2　実験に用いたコース

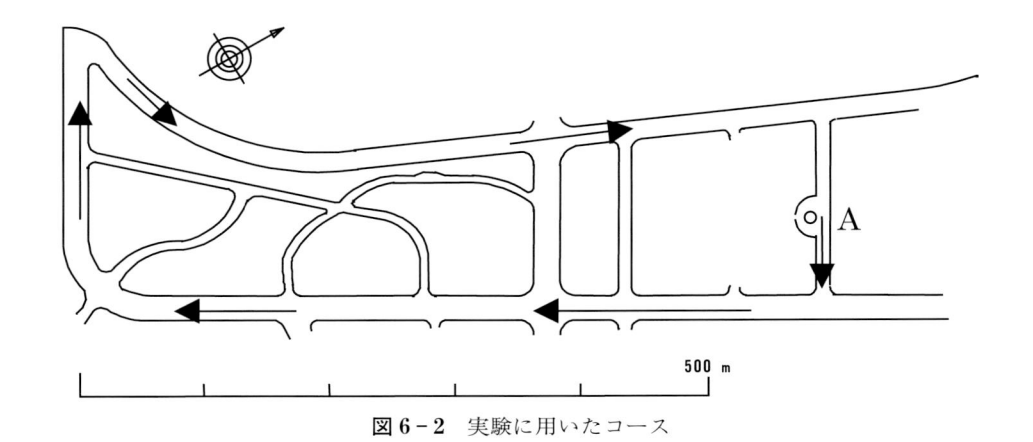

図6-3　追従走行実験の状況

に無作為に入れ替えた．速度の設定は，指定された速度で先行車を走行させることで行い，追従車は一定間隔での走行に努めることとした．また，実際に追従走行を行う実験に加え，停止状態で車間距離を設定する実験も行った．この実験では，停止車両の運転席にいる被験者は，50 km/h で走行しているものとして，前方車両との間に車間距離を設定することとした．車間距離の設定は被験者の指示で，前方の車両を移動させることで行った．

② 車間距離の設定方法

追従走行においては，車間距離の設定の仕方による違いを調べるために，以下の3通りの車間距離で実験を行った．
 a．通常の車間距離　先行車に追従して走行する際の被験者の普段の車間距離．
 b．接近の車間距離　先行車を追い越す場合を想定した車間距離．
　　　　　　　　　　危険がない範囲で最も短いと被験者が考える距離とした．
 c．指定の車間距離　20 mに指定した車間距離．
　　　　　　　　　　計測機器を使わず，目測などにより設定することとした．

3-2 制動距離の計測のための実験

制動距離の計測のための実験は，第4章で述べた実験であり，被験者及び実施場所はいずれも車間距離の実験と同一である．本章では簡単に概要を示す．

制動の仕方は，緊急の事態が発生した場合の制動とした．被験者67人のうち，37人について2回ずつ計測を行い，71件のデータを収集した．制動距離とともに，制動時のブレーキ液圧の最大値，最大減速度，平均減速度を求めた．制動距離は，制動技術のエキスパートによって理想的な制動が行われた場合の制動距離を基準とし，被験者の制動距離 l_i と制動開始速度が同一の場合の理想的な制動の制動距離 l との比 l_i/l によって評価した．

3-3 視力の計測

視力は，動体視力，静止視力，及び暗視力の3種類を計測した．視力計は第3章で述べたものと同一である．本章では簡単に概要を示す．

動体視力は，KOWA製の動体視力計AS-4Dを用い，両眼視力を計測した．この視力計は，前後方向に動く物体に対する視力（KVA）を計測するものである．暗視力は，通常の静止視力計に照度調節機能を追加した暗視力計を用い，片目ずつの視力を計測した．指標面の照度は，低照度である500ルクス，300ルクスの2種類とした．静止視力は，前述の動体視力計KOWA製AS-4Dの静止視力計測モードで両眼視力を計測した．さらに，同じく前述の暗視力計で指標面の明るさを通常の700ルクスとし，片目ずつの静止視力を計測した．

3-4 運転意識・態度などの分析

被験者に対しアンケート調査を実施し，運転意識・態度などを調べた．アンケートの調査票は直接渡し，本人にその場で記入させた．分析の方法は第3章と同一である．本章では，簡単に概要を示す．アンケートの結果から，各被験者について，6つの運転意識・態度の因子（依存的傾向，急ぎ傾向，優先意識傾向，運転時の緊張傾向，法軽視傾向，運転への愛着傾向）に対する因子得点と，3つの運転行動の因子（判断の迷い傾向，運転の操作ミス傾向，情報の見落とし傾向）に対する因子得点を求めた．また，運転中のひやり・はっと体験

4. 運転者の特性と車間距離

以下の内容は，前述した実験に基づくものである．

4-1 運転者の特性としての車間距離
4-1-1 接近傾向

車間距離の実験条件（車間距離の設定方法と走行速度，何回目かの別）間の相関係数を表6-1に示す．表の相関係数はある条件での車間距離の長短と他の条件での車間距離の長短の共変関係の大きさを示している．停止時を除くと，「通常の車間距離」と「接近の車間距離」の相関係数は，ほとんどが0.5を超えている．また，「通常の車間距離」と「接近の車間距離」に主成分分析を適用すると，第1主成分の寄与率が62％に達する．

ここで，車間距離の長短に関する指標を次のように作成し，各被験者の接近傾向指標とする．

① 「通常の車間距離」と「接近の車間距離」の値を，実験条件間で同じ重み付けで評価するため，各被験者の車間距離を，実験条件ごとに以下の式で変換し，平均0，標準偏差1に基準化する．

$$l_{ni} = (l_i - l_m)/\sigma$$

l_{ni} ：基準化された各被験者の車間距離
l_i ：各被験者の車間距離
l_m ：実験条件ごとの車間距離の平均値
σ_1 ：実験条件ごとの車間距離の標準偏差

実験条件ごとに求めた各被験者の基準化された値から，全実験を通した各被験者の中央値を算出し，その被験者の代表値とする．

② 上記方法で算出した代表値は，大きいほど車間距離が長いことを示すため，符号を反転して，大きいほど車間距離が短いことを示す指標に変換する．

4-1-2 車間距離の目測の正確性

車間距離の目測の正確性については，実際の車間距離（実測車両距離）と被験者が認識した車間距離（目測車間距離）の差すなわち目測誤差の実測車間距離に対する割合（目測値の誤差割合）を以下の式で算出する．

目測値の誤差割合　＝｜実測車間距離－目測車間距離｜／（実測車間距離）

これを用いて求めた目測値の誤差割合の実験条件間の相関係数を表6-2に示す．

停止時を除く多くのケースで有意な相関が示されている．また，停止時を除いた車間距離

表6-1 車間距離の実験条件間の相関係数

| | | | 通常の車間距離 | | | | | | | 接近の車間距離 | | | | | | 指定の車間距離 | | | | | |
| | | | 1回目 | | | 2回目 | | | 1回目 | | | 2回目 | | | 1回目 | | | 2回目 | | |
		速度 km/h	停止	20	30	40	20	30	40	20	30	40	20	30	40	20	30	40	20	30	40
通常の車間距離	1回目	停止																			
		20	0.298																		
		30	0.472	0.656																	
		40	0.406	0.569	0.723																
	2回目	20	0.208	0.691	0.620	0.582															
		30	0.435	0.627	0.690	0.757	0.712														
		40	0.443	0.585	0.520	0.701	0.601	0.757													
接近の車間距離	1回目	20	0.441	0.560	0.446	0.463	0.584	0.561	0.531												
		30	0.462	0.549	0.536	0.527	0.533	0.547	0.544	0.748											
		40	0.553	0.555	0.526	0.659	0.629	0.688	0.689	0.775	0.843										
	2回目	20	0.321	0.630	0.478	0.562	0.757	0.688	0.677	0.754	0.771	0.807									
		30	0.483	0.566	0.505	0.572	0.676	0.774	0.702	0.686	0.733	0.847	0.890								
		40	0.511	0.504	0.514	0.566	0.550	0.638	0.754	0.643	0.697	0.856	0.778	0.830							
指定の車間距離	1回目	20	0.053	0.247	0.303	0.334	0.069	0.190	0.078	0.020	0.058	0.164	0.022	0.161	0.193						
		30	0.010	0.250	0.306	0.242	0.047	0.110	0.001	-0.016	0.011	0.052	-0.004	0.077	0.058	0.798					
		40	-0.154	0.129	0.201	0.167	0.003	0.041	-0.059	-0.172	-0.118	-0.106	-0.102	-0.075	-0.041	0.690	0.707				
	2回目	20	0.048	0.091	0.169	0.229	0.142	0.271	0.219	0.122	0.144	0.195	0.185	0.255	0.196	0.477	0.354	0.494			
		30	0.014	0.148	0.141	0.138	0.038	0.108	0.171	-0.071	0.049	0.049	0.023	0.088	0.096	0.424	0.397	0.476	0.695		
		40	-0.022	0.078	0.186	0.235	0.102	0.228	0.178	0.024	0.153	0.130	0.077	0.104	0.124	0.393	0.348	0.511	0.733	0.779	

濃い網掛けは危険率1%以下で有意，薄い網掛けは危険率5%以下で有意

表6-2 目測値の誤差割合の実験条件間の相関係数

| | | | 通常の車間距離 | | | | | | 接近の車間距離 | | | | | | 指定の車間距離 | | | | | |
| | | | 1回目 | | | 2回目 | | | 1回目 | | | 2回目 | | | 1回目 | | | 2回目 | | |
		速度 km/h	停止	20	30	40	20	30	40	20	30	40	20	30	40	20	30	40	20	30	40
通常の車間距離	1回目	停止																			
		20	0.124																		
		30	0.282	0.579																	
		40	0.158	0.495	0.768																
	2回目	20	-0.010	0.104	0.346	0.167															
		30	0.165	0.105	0.528	0.475	0.469														
		40	0.162	0.246	0.483	0.534	0.463	0.570													
接近の車間距離	1回目	20	-0.013	0.532	0.610	0.563	0.150	0.265	0.280												
		30	0.169	0.558	0.790	0.684	0.272	0.385	0.328	0.574											
		40	0.162	0.522	0.726	0.709	0.200	0.372	0.295	0.571	0.721										
	2回目	20	0.022	0.042	0.209	0.289	0.324	0.227	0.294	0.173	0.168	0.204									
		30	0.095	0.111	0.410	0.451	0.371	0.643	0.474	0.424	0.429	0.441	0.449								
		40	0.287	0.342	0.619	0.510	0.322	0.521	0.612	0.434	0.468	0.535	0.409	0.539							
指定の車間距離	1回目	20	0.035	0.484	0.320	0.344	-0.091	0.004	-0.048	0.461	0.395	0.285	-0.131	-0.023	-0.080						
		30	-0.006	0.253	0.261	0.274	-0.073	0.119	-0.048	0.304	0.232	0.285	-0.003	0.028	-0.071	0.590					
		40	0.174	0.409	0.531	0.549	0.112	0.335	0.408	0.579	0.488	0.565	0.162	0.427	0.464	0.330	0.524				
	2回目	20	0.059	0.256	0.227	0.275	0.174	0.156	0.173	0.122	0.157	0.153	0.200	0.132	-0.028	0.146	0.100	0.074			
		30	0.151	0.224	0.284	0.377	0.115	0.242	0.347	0.125	0.216	0.194	0.261	0.062	0.224	0.193	0.119	0.257	0.502		
		40	0.232	0.338	0.509	0.462	0.289	0.419	0.551	0.324	0.301	0.408	0.163	0.294	0.491	0.119	0.093	0.409	0.477	0.654	

濃い網掛けは危険率1%以下で有意，薄い網掛けは危険率5%以下で有意

表6-3 車間距離の標準偏差の実験条件間の相関係数

| | | | 通常の車間距離 | | | | | | 接近の車間距離 | | | | | | 指定の車間距離 | | | | | |
| | | | 1回目 | | | 2回目 | | | 1回目 | | | 2回目 | | | 1回目 | | | 2回目 | | |
		速度 km/h	20	30	40	20	30	40	20	30	40	20	30	40	20	30	40	20	30	40
通常の車間距離	1回目	20																			
		30	0.164																		
		40	-0.182	0.457																	
	2回目	20	0.225	0.284	-0.007																
		30	0.197	0.176	0.060	0.332															
		40	0.409	0.038	-0.035	0.046	0.131														
接近の車間距離	1回目	20	0.198	0.479	0.181	0.469	0.029	0.169													
		30	0.002	0.135	0.171	0.356	0.154	0.098	0.327												
		40	0.586	0.032	-0.130	0.155	0.188	0.547	0.331	-0.011											
	2回目	20	0.312	0.162	-0.087	0.430	0.269	0.217	0.357	0.309	0.326										
		30	0.057	0.015	0.020	0.347	0.035	0.053	0.238	-0.010	0.171	0.102									
		40	0.149	-0.058	0.143	0.130	0.093	0.097	0.130	0.219	0.267	0.066	0.228								
指定の車間距離	1回目	20	-0.078	-0.014	0.090	0.000	-0.102	-0.065	-0.088	0.108	-0.130	-0.092	-0.088	-0.124							
		30	0.019	0.077	0.105	-0.130	-0.105	0.156	0.015	0.020	-0.012	-0.009	-0.146	0.127	0.072						
		40	-0.014	0.390	0.539	0.085	0.171	-0.059	-0.032	0.018	-0.072	0.040	0.005	0.005	0.165	-0.100					
	2回目	20	0.226	-0.046	-0.216	0.164	-0.008	0.035	-0.076	-0.108	0.149	-0.012	-0.093	-0.077	-0.049	0.143	-0.048				
		30	-0.042	-0.050	-0.005	-0.054	-0.040	-0.105	0.131	-0.100	-0.096	-0.017	-0.084	0.068	-0.068	0.014	0.028	0.365			
		40	0.029	-0.037	-0.124	-0.018	0.067	-0.013	-0.153	-0.074	-0.040	0.019	-0.083	-0.041	-0.026	-0.031	-0.060	0.327	0.811		

濃い網掛けは危険率1%以下で有意，薄い網掛けは危険率5%以下で有意

の目測値の誤差割合に主成分分析を適用すると，第1主成分の寄与率が39%に達する．

ここで，車間距離と同様に，上記の目測値の誤差割合を実験条件毎に平均0，標準偏差1に基準化し，全実験を通した各被験者の中央値を算出して，その被験者の代表値とする．ただし，この値は，大きいほど車間距離の目測が不正確なことを示すため，符号を逆転して，大きいほど車間距離の目測が正確なことを示す指標に変換する．

4-1-3 車間距離の不安定性

被験者が所定の車間距離になったと判断した後の，車間距離が安定した15秒程度，0.1秒単位の計測結果の標準偏差を算出した．この値の実験条件間の相関係数を表6-3に示す．多くが正の値であり，負の値はきわめて小さい値である．また，標準偏差に主成分分析を適用すると，第1主成分の寄与率は18%である．

この場合も，車間距離と同様に，上記の標準偏差を実験条件毎に平均0，標準偏差1に基準化し，全実験を通した各被験者の中央値を算出して，その被験者の代表値とする．この値は大きいほど車間距離が不安定であることを示す指標になる．

4-2 運転者の属性，身体能力と車間距離の特性との関係

運転者の属性，身体能力として得られた，年齢，運転頻度，走行距離，静止視力，動体視力（KVA）などの各項目について，前述の車間距離に関する3つの指標との相関係数を表6-4に示す．接近傾向，目測の正確性とは有意な相関はみられないが，車間距離の不安定性とは，いくつかの項目で有意な相関がみられる．年齢が高いほど車間距離の不安定性は高く，静止視力，動体視力（KVA）が高いほど，車間距離の不安定性は低い．表6-5に車間距離の不安定性と静止視力，動体視力（KVA）との相関係数を年齢層別に示す．20〜25歳では，車間距離の不安定性と動体視力（KVA）は危険率5%以下で有意な相関を示した．また，動体視力（KVA）が0.7以上の人に限定して，年齢と車間距離の不安定性の相関係数を求めると0.61となり，危険率1%以下で有意であった．

図6-4に年齢に対する車間距離の不安定性の散布図を示す．図6-5に動体視力（KVA）に対する車間距離の不安定性の散布図を示す．相関係数そのものは大きくないが，年齢が高くなると車間距離の不安定性の上限の境界が上がり，動体視力（KVA）が高くなると車間距離の不安定性の上限の境界が下がることが示されている．

4-3 制動技術と車間距離

急制動の実験から得られた，制動距離（理想的な制動の制動距離との比），最大ブレーキ液圧，最大減速度，平均減速度と前述の車間距離に関する3つの指標との相関係数を表6-6に示す．

制動距離などと接近傾向，目測の正確性とは有意な相関はみられない．しかし，制動距離

表 6-4 運転者の属性，身体能力と車間距離に関する 3 つの指標（接近傾向，目測の正確性，車間距離の不安定性）の相関係数

項　　目	接近傾向	正確性	不安定性
年齢	-0.120	0.079	0.396
運転頻度（2 区分）	0.121	-0.171	-0.087
走行距離	0.043	-0.050	-0.116
静止視力	0.152	-0.027	-0.333
動体視力（KVA）	0.106	0.015	-0.301
動体視力（KVA）計測のミス回数	0.135	0.063	0.001
静止視力と動体視力（KVA）の差	0.117	-0.063	-0.171
暗視力 700 ルクス左右平均	0.091	0.043	-0.087
暗視力 500 ルクス左右平均	0.092	0.038	-0.096
暗視力 300 ルクス左右平均	0.090	0.036	-0.092
静止視力と暗視力（300 ルクス）の差	-0.064	-0.041	0.035

網掛けは危険率 5% 以下で有意

表 6-5 車間距離の不安定性と静止視力，動体視力（KVA）との年齢層別相関係数

	20-25 歳 N＝21	32-59 歳 N＝32	60-69 歳 N＝14
静止視力	-0.298	-0.318	-0.171
動体視力（KVA）	-0.450	-0.298	-0.019

網掛けは危険率 5% 以下で有意
注）車間距離の標準偏差を実験条件別に基準化し，全実験を通した各被験者の中央値を車間距離の不安定性を示す指標とした．

が長いほど，最大ブレーキ液圧，最大減速度，平均減速度が小さく，ブレーキを踏む力が小さいほど，接近傾向，目測の正確性は低い．すなわち，制動技術の低い人は，車間距離の目測誤差は大きいが，車間距離が長い．

車間距離の不安定性は，制動距離，最大ブレーキ液圧，平均減速度と危険率 5% 以下で有意な相関を示した．制動距離が長く，ブレーキを踏む力が小さいほど，車間距離の不安定性が高い．すなわち，制動技術の低い人は車間距離も安定していない．

4-4　運転意識・態度，運転行動，ひやり・はっと体験と車間距離

運転意識・態度，運転行動，ひやり・はっと体験と車間距離に関する 3 つの指標の相関係数を表 6-7 に示す．有意な相関のみられるセルは少ないが，運転意識・態度の因子の中の「急ぎ傾向」は，3 つの指標すべてと有意な相関を示した．「急ぎ傾向」が強いほど接近傾向

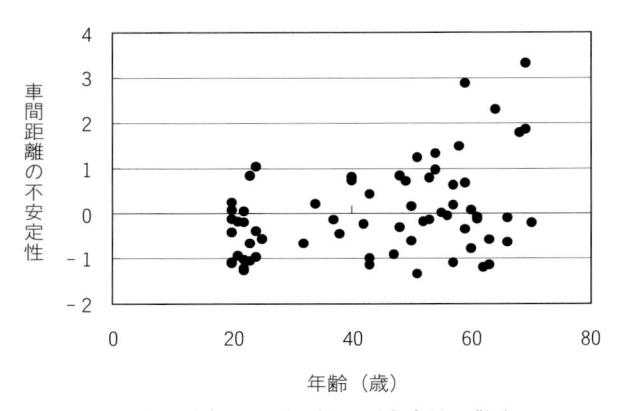

図6-4 年齢に対する車間距離の不安定性の散布図
注）車間距離の標準偏差を実験条件別に基準化し，全実験を通した各被験者の中央値を車間距離の不安定性を示す指標とした．

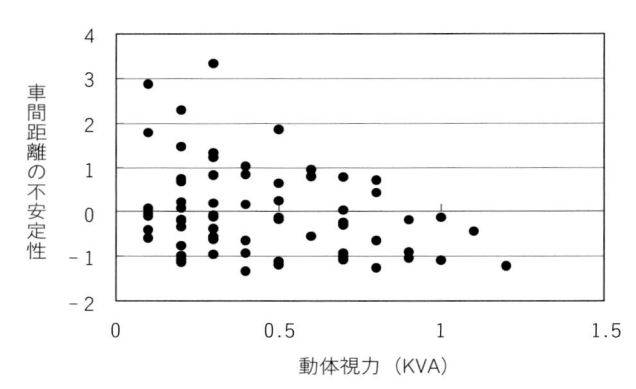

図6-5 動体視力（KVA）に対する車間距離の不安定性の散布図
注）車間距離の標準偏差を実験条件別に基準化し，全実験を通した各被験者の中央値を車間距離の不安定性を示す指標とした．

が高く，目測の正確性，車間距離の不安定性が低い．すなわち，「急ぎ傾向」が強い人は，車間距離が短く，車間距離の目測誤差が大きいが，車間距離は安定している．「運転への愛着傾向」は目測の正確性と有意な相関を示した．「運転への愛着傾向」が強いほど目測誤差が小さい．

5．本章で示した研究についての補足説明

車間距離の実験条件間の相関をみると，停止時を除くと，「通常の車間距離」と「接近の車間距離」の相関係数は，ほとんどが0.5を超えていた．これは特定の条件で車間距離が短

第6章 車間距離の個人特性

表6-6 制動距離，最大ブレーキ液圧，最大減速度，平均減速度と車間距離に関する3つの指標の相関係数

	接近傾向	正確性	不安定性
制動距離	−0.152	−0.097	0.359
最大ブレーキ液圧	0.049	0.120	−0.312
最大減速度	0.105	0.086	−0.190
平均減速度	0.195	0.071	−0.270

網掛けは危険率5％以下で有意
制動距離は，制動開始速度が同一の場合の理想的な制動の制動距離との比

表6-7 運転意識・態度，運転行動，ひやり・はっと体験と車間距離に関する3つの指標の相関係数

		項目がプラス	接近傾向	正確性	不安定性
運転意識・態度の因子	依存的傾向	依存性強	−0.117	−0.215	0.002
	急ぎ傾向	急ぎ傾向強	0.300	−0.335	−0.301
	優先意識傾向	優先意識強	0.199	−0.098	0.000
	運転時の緊張傾向	緊張強	−0.132	0.010	−0.097
	法軽視傾向	法軽視傾向強	0.004	−0.118	−0.173
	運転への愛着傾向	愛着強	0.104	0.264	0.032
運転行動の因子	判断の迷い傾向	迷い多	−0.040	−0.222	−0.138
	運転操作ミス傾向	ミス多	0.005	−0.129	−0.066
	情報の見落とし傾向	見落とし多	−0.022	0.002	0.202
ひやり・はっと体験の回数	回数多		0.054	−0.169	−0.185

網掛けは危険率5％以下で有意

い人は，他の条件でも車間距離が短くなる傾向があることを示しており，車間距離のとり方に，一定の傾向があると言える．また，「通常の車間距離」と「接近の車間距離」に主成分分析を適用すると，第1主成分の寄与率が62％に達した．このことは，一つの特性が車間距離の長短の多くを支配していることを意味する．「指定の車間距離」は他の車間距離と相関が低いが，「指定の車間距離」での実験は，指定された車間距離を目測する能力が問われており，普段の車間距離のとり方が表れにくいためと考えられる．また，停止時の車間距離が他の車間距離と相関が低いのは，通常の車間距離形成のしくみが働かないためであると考えられる．以上の相関係数と主成分分析の結果から車間距離の長短は，状況によらず運転者の特性としての特徴が現れることが示された．

車間距離の目測値の誤差割合の実験条件間の相関についても，停止時を除く多くのケースで有意な相関が示された．このように，車間距離を目測する際の正確性についても，車間距

離そのものほどではないが，特定の条件で目測が正確な人は，他の条件でも目測が正確である傾向が示された．すなわち，車間距離の目測の正確性に，一定の傾向があると言える．また，停止時の車間距離を除いた車間距離の目測値の誤差割合に主成分分析を適用すると，第1主成分の寄与率が39％であった．このことは，一つの特性が車間距離の目測の正確性の多くを支配していることを意味する．以上の相関係数と主成分分析の結果から車間距離の目測の正確性についても，運転者の特性としての特徴が現れることが示された．

車間距離の標準偏差の実験条件間の相関については，車間距離の長短や，目測値の誤差割合ほどの高い相関はみられないが，多くが正の相関であり，負の値はきわめて小さい値であった．また，停止時を除いた車間距離の標準偏差に主成分分析を適用すると，第1主成分の寄与率は18％であった．以上の相関係数と主成分分析の結果から，接近傾向，正確性ほどの強さはないが，車間距離の不安定性についても，運転者の特性としての特徴が現れると言える．

以上のように，車間距離は運転者に固有な特性であることが示され，車間距離に関わる指標として，接近傾向，目測の正確性，車間距離の不安定性の3つがそれぞれ運転者の特性を表す指標となりうることが示された．車間距離のとり方が運転者の特性であることが示された結果，特定の条件下で運転者の車間距離を調べることで，一般的状況下での当該運転者の車間距離に関する特性を知ることができるようになった．3つの指標間の相関係数は表6-8の通りである．車間距離の不安定性と接近傾向の間には有意な相関があり独立ではない．しかし，運転者の年齢，静止視力，動体視力（KVA）が車間距離の接近傾向と有意な相関を示していない一方で，車間距離の不安定性とは有意な相関を示しており（表6-4），それぞれ指標としての意味は大きいと考えられる．制動技術と3つの指標との関係でも，制動距離，最大ブレーキ液圧，平均減速度は車間距離の不安定性と有意な相関を示した（表6-6）．接近傾向，目測の正確性については，年齢との間で，有意な相関は認められず（表6-4），松浦ら[8]の研究とは一部異なる結果であった．免許年数と年齢はほぼ一体の関係であると考えられ（表6-9），今回の実験では切り離すことができなかったため，免許年数と車間距離の関係は調べられなかった．静止視力，動体視力（KVA）と年齢の相関は有意であり（表6-9），これらの視力と車間距離の不安定性との相関は，単に年齢と車間距離の不安定性との関係を反映したものとも考えられる．しかし，年齢層別にこれらの視力と車間距離の不安定性の相関をみると，20～25歳では，車間距離の不安定性と動体視力（KVA）は危険率5％以下で有意な相関を示し（表6-5），単に年齢と車間距離の不安定性の関係を反映したものではないことがわかる．一方，動体視力（KVA）が0.7以上の人に限定して，年齢と車間距離の不安定性の相関を調べた場合も，有意な相関が見られた．年齢もまた，視力とは独立して車間距離の不安定性と相関があると言える．静止視力，動体視力（KVA）が低いほど車間距離が長くなる傾向は多少みられるが，静止視力，動体視力（KVA）と不安定性との関係ほど顕著ではない．静止視力，動体視力（KVA）の低い人はさらに車間距離

表6-8 指標間の相関係数

	接近傾向	正確性	不安定性
接近傾向			
正確性	-0.023		
不安定性	-0.312	0.177	

網掛けは危険率5%以下で有意

表6-9 年齢との相関係数

	年　齢
免許年数	0.895
静止視力	-0.439
動体視力（KVA）	-0.325

すべて，危険率1%以下で有意

を長くするように努める必要があると考えられる．この点は，年齢及び制動技術と車間距離の関係も同様である．年齢が高いほど，あるいは，制動技術が低いほど車間距離は長くなる傾向はみられるが，不安定性との関係ほど顕著ではない．

運転意識・態度，運転行動，ひやり・はっと体験と車間距離に関する3つの指標との関係では，運転意識・態度の因子の「急ぎ傾向」が車間距離に関する指標と最も相関が高い．車間距離の長短を示す接近傾向と有意な相関を示したのは，この「急ぎ傾向」であり，静止視力，動体視力（KVA）や制動技術のような能力と接近傾向の相関は高くなかった．

以上のように，車間距離の3つの指標は，程度の違いはあるが，運転者の属性，身体能力，制動技術，運転意識・態度などと関係していることが示された．

6．まとめ

本章では，車間距離に関する運転者の特性について述べた．車間距離に関する傾向を表す指標として，車間距離が短くなることを示す接近傾向，車間距離の長さを正確に目測できることを示す目測の正確性，車間距離が変動することを示す車間距離の不安定性の3つの指標を提案し，いずれも運転者に固有な特性と言えることを示した．

この3つの指標と運転者の属性，身体能力，制動技術，運転意識・態度などとの関係を調べた結果，車間距離の長短については，「急ぎ傾向」が強いほど車間距離が短くなる傾向があることが示された．また，車間距離の目測の正確性については，「急ぎ傾向」が強いほど，「運転への愛着傾向」が弱いほど，目測が不正確になる傾向があることが示された．車間距離の不安定性については，年齢が高いほど不安定になる傾向があることが示された．また，静止視力，動体視力（KVA）が高いほど，制動技術が優れているほど，「急ぎ傾向」が強いほど安定する傾向があることが示された．

以上の結果から車間距離は，運転意識・態度だけではなく，静止視力，動体視力（KVA）のような運転者の身体能力や制動技術と相関のあることが分かった．車間距離に関する教育や車載機器の設置は，運転者の属性や能力などを踏まえ，対象とする運転者や問題とすべき項目を限定することが可能であることが示された．

なお，本章で用いたデータは，筆者が調査研究課長として在籍中に自動車安全運転センターで実施した平成10年度の調査研究[10]に基づくものである．

文　献

1) Makishita, H., Mutoh, M.: Accidents Caused by Distracted Driving in Japan, Safety Science Monitor, Special Edition, Vol. 3, pp. 1-12, 1999
2) 谷口実：高速道路の車間距離，自動車技術，37 (5), pp. 518-523, 1983
3) Makishita, H.: The velocity and following distance of vehicles on the expressway, Proceedings of the 32nd International Symposium on Automotive Ergonomics and Safety, 99SAF003, pp. 203-213, 1999.
4) Allen, R. W., Magdaleno, R. E., Serafin, C., Eckert, S., Sieja, T.: Driver car following behavior under test truck and open road driving condition, SAE Paper 970170, Society of Automobile Engineers, Warrendale, PA, pp. 7-17, 1997
5) Rajalin, S., Hassel, S., Summala, H.: Close-following drivers on two-lane highway, Accident Analysis and Prevention, 29 (6), pp. 723-729, 1997
6) 国際交通安全学会316プロジェクトチーム：ドライバーの行動と意見，IATSS REVIEW, 5 (4), pp. 255-266, 1979
7) 松浦常夫，菅原磯雄：高齢運転者の追従走行時の運転行動，科学警察研究所報告交通編，33 (1), pp. 23-29, 1992
8) 三井達郎，木平真，西田泰：安全運転の観点からみた視機能の検討，科学警察研究所報告交通編，40 (1), pp. 28-39, 1999
9) Leibowitz, H. W., Owens, D. A., Tyrell, R. A.: The assured clear distance ahead rule; implications for nighttime traffic safety and the law, Accident Analysis and Prevention, 30 (1), pp. 93-99, 1998
10) 運転行動計測機を活用した安全運転教育手法に関する調査研究，自動車安全運転センター，291 pgs., 1999

第7章　先行車別，昼夜別の距離感

1. 本章の位置づけ

　本章は，走行実験に基づいて実施した先行車別，昼夜別の距離感に関する筆者らの研究結果を示すものである．

　前章から次章までの章では，車間距離に関する運転者の特性について示している．前章では，追従走行実験の結果に基づいて，車間距離の長短や変動などの傾向が運転者に固有な特性と言えることを明らかにし，その上で，運転意識・態度及び視力などと車間距離の関係について示した．本章と次章では車間距離を維持して安定した走行を行うために必要な運転者の能力について示す．本章では，異なる先行車や明るさで実施した追従走行実験の結果に基づき，車間距離の形成に大きく関係していると考えられる距離感の，先行車の大きさによる違い，昼夜による違いを明らかにする．

2. 本章の背景と目的

　車間距離に関する人間工学的な特性については，事故や交通の実態から距離感が問題とされることが多い．速度が高くなるに従って，車間距離は過小評価される傾向があるとの研究結果があるが[1]，その場合，高速での距離感は安全側であり，低速での距離感が安全上，問題となる．一方，70 km/h以上の速度では，実際の距離より見積もった距離の長い人が増えるとの報告もあり[2]，その場合は，高速での距離感は危険側である．車間距離の目測は困難であることから高速道路では，車間距離を見積もるために，一定距離を走行するのに要した時間をカウントすることも推奨されている．また，車間距離を把握するための表示も行われている．しかし，一般道路では，道路環境の変化が頻繁であり，前の車両の見え方などから目測で判断することが一般的であると考えられる．従って，特に一般道路では目測距離と実際の車間距離の関係は，車間距離に大きな影響を与えると考えられる．

　高速道路における大型トラックの事故を論じるときには，夜間の距離感が問題にされることが多い．これは，大型トラックが第1当事者になる重大事故が夜間の高速道路で多いこと

が背景にある．2001（平成 13）年の交通事故統計[3]によると，大型トラックが第 1 当事者であった事故の割合は，一般道路の 1.8 ％に対し，高速道路では 10.7 ％であった．さらに，高速道路での人身事故は，昼間の割合が高いが，死亡重傷事故になる割合は，夜間の方が高く，特に大型トラックが第 1 当事者であった事故は，件数も夜間に多く，死亡重傷事故になる割合も昼間の 2 倍以上であった[4]．また，夜間の走行中，大型トラックに至近距離で追従されたという乗用車運転者の経験が多く伝えられている．このため，単に夜間の問題としてでなく，夜間に大型トラックが乗用車に追従する際の車間距離が問題にされることが多く，大型トラックは，前を走行している車両が小さい場合，特に夜間には，車間距離が実際より長く感じられるのではないかとも言われている．昼夜を通して走行する大型トラックに関しては，時間帯や相手車両によって距離感が変化することによる錯覚は，事故防止上問題が大きいと考えられる．中島ら[5]は，昼夜の車間距離の感覚の違いが夜間の接近現象を起こしている可能性を示唆している．Leibowitz ら[6]の研究では，夜間の車間距離の不足は，視界の問題であるとしている．また，加藤[7]の調査によると，乗用車で高速道路のトンネル内を大型トラックに追従させた際，70 m の車間距離の指示に対し実際の車間距離が平均で 20 m 以上短かったことが示されている．以上のように，距離感についての人間工学的特性については，可能性としていくつかの指摘はあるが，明確でない点が多かった．本章では，問題点として前述した次の 3 点についての定性的な特性を示す．

① 車間距離の目測値と実測値の大小関係
② 昼夜の距離感の差異
③ 前を走行している車両の違いによる距離感の差異

②と③に関しては，前述した背景を踏まえ，大型トラックによる追従走行の際の距離感について示す．

3．本章の記述の基になっている距離感に関する実験の方法

距離感の昼夜別，先行車別の比較に関する記述に先立ち，本章で示す研究結果を得るために実施した実験の方法について述べる．

3-1 普通乗用車による追従走行実験

研修用のコースで，普通乗用車同士による追従走行実験を行い，車間距離を計測した．本章の普通乗用車による追従走行実験は前章の車間距離計測実験と基本的に同じである．本章では簡単に被験者，車両，コース及実験方法を示す．

3-1-1 被験者

被験者は公募した 20 歳から 69 歳の男性 41 人であり，年齢構成は 20 代 12 人，30 代 3

人，40代9人，50代11人，60代6人である[注1]．

3-1-2 実験車両

車両は前を走行させた車両（先行車と呼ぶ），追従させた車両（追従車と呼ぶ）ともオートマチックの2,000 ccのセダン型普通乗用車である．先行車は，全長4,750 mm，全幅1,750 mm，全高1,390 mmであり，追従車は，全長4,595 mm，全幅1,680 mm，全高1,460 mmである．追従車として用いた普通乗用車は図6-1に示したものである．

3-1-3 計測方法

レーダー式の車間距離計によって先行車と追従車の車間距離を計測した．また，走行中の直線区間において，車間距離の目測値を調べた．

3-1-4 実験コース

実験に用いたコースは，図7-1（図6-2の再掲）に示す模擬市街路外周（約1 km）である．実験車両は図7-1のAから出発し矢印方向に周回した．

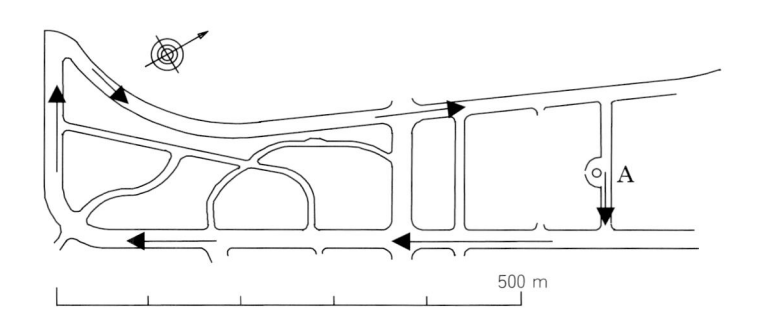

図7-1 実際に用いたコース（模擬市街路）（図6-2の再掲）

3-1-5 走行方法

各被験者41人に，以下に示す速度と車間距離の組み合わせの条件で，1回ずつ走行させた．

① 走行速度

追従走行の速度は，20 km/h，30 km/h，40 km/hの3種類とし，速度の順番は被験者毎に無作為に入れ替えた．速度の設定は，指定された速度で先行車を走行させることで行い，追従車（被験者運転の車両）は一定間隔での走行に努めることとした．

注1） 第4章の3-2で示した一般運転者と同一である．ただし，本章と次章では，分析の目的上，路面表示の条件が目測値に影響を与えた可能性のある被験者のデータを除外した．

② 車間距離の設定方法
車間距離は，各速度において以下の3通りの設定とした．
　a．通常の車間距離：先行車に追従して走行する際の被験者の普段の車間距離．
　b．接近の車間距離：先行車を追い越す場合を想定した車間距離．
　c．指定の車間距離：20 m に指定した車間距離．目測などにより設定する．
③ 時間帯
実験は，8月から11月にかけて実施し，昼間（日没前で概ね午後3時から5時）に行った．

3-2　大型トラックによる追従走行実験

研修用のコースで，大型トラックと普通乗用車による追従走行実験を行い，車間距離を計測した．被験者，車両，コース及び実験方法を以下に示す．

3-2-1　被験者

被験者は大手の運送会社に勤務する大型トラックのプロドライバーで，25歳から57歳の男性15人である．年齢構成は30代4人，40代7人，50代4人である．

3-2-2　実験車両

積載量11トンの大型トラックと2,000 ccのセダン型普通乗用車を用い，大型トラック同士の追従，大型トラックによる普通乗用車の追従を行った．追従車として用いた大型トラックは，後輪2軸タイプで，サイズは全長11,985 mm，全幅2,490 mm，全高3,255 mmであり，荷台は平ボディである．先行車として用いた大型トラックは，追従車と同タイプで，サイズは，全長11,990 mm，全幅2,490 mm，全高2,890 mmである．実験は無積載の状態で行った．先行車として用いた普通乗用車は乗用車同士の追従走行実験で用いたものと同一である．追従車として用いた大型トラックと，先行車として用いた普通乗用車の写真を図7-2に示す．

図7-2　追従車として用いた大型トラックと
　　　　先行車として用いた普通乗用車

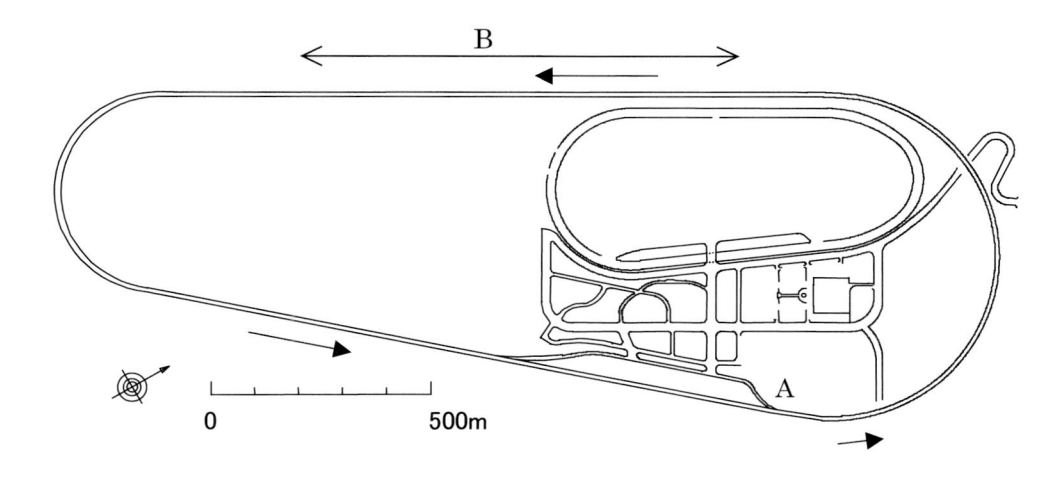

図7-3 実験に用いたコース（高速周回路）

3-2-3 計測方法

追従車用の大型トラックにはフロントグリルにレーダー式の車間距離計を設置し，先行車との間の車間距離を計測した．その他計測方法は，乗用車による追従走行実験と同様である．

3-2-4 実験コース

実験に用いたコースは，図7-3に示す高速周回路（外周約5 km）である．高速周回路は2車線の一方通行路となっており，車線の幅は3.5 mである．コースの両側は，芝生で，さらにその外側には樹木があり，沿道には特に目を引くものはない．コースは概ね平坦であるが，カーブには10％の横断勾配がある．小さいカーブの曲線半径はR＝230 m，大きいカーブはR＝380 mである．実験車両は図7-3のAから出発し矢印方向に周回した．計測を行ったのは直線部である．

3-2-5 走行方法

各被験者15人に，以下に示す速度と車間距離の組み合わせの条件で1回ずつ走行させた．
① 走行速度

速度は60 km/h，80 km/h，100 km/hの3種類とし，速度の順番は被験者毎に無作為に入れ替えた．速度の設定は，指定された速度で先行車を走行させることで行い，追従車（被験者運転の車両）は一定間隔での走行に努めることとした．
② 車間距離の設定方法

車間距離は，各速度において以下の3通りの設定とした．
a．通常の車間距離：先行車に追従して走行する際の被験者の普段の車間距離．

図7-4　昼間，普通乗用車に大型トラックが追従している状況

図7-5　昼間，大型トラックに大型トラックが追従している状況

図7-6　夜間，大型トラックに大型トラックが追従している状況

b．接近の車間距離：先行車を追い越す場合を想定した車間距離．
c．指定の車間距離：速度別に指定した表7-1に示す車間距離．
③ 時間帯

実験は，8月から11月にかけて実施し，昼間（日没前で概ね午後3時から5時）及び夜間（真っ暗になる時間帯，概ね午後7時から10時）に行った．夜間の走行は，街灯の照明下で行った．実験の状況を図7-4～図7-6に示す．

表7-1 速度別の指定車間距離

速度（km/h）	60	80	100
車間距離（m）	40	80	80

4．先行車別，昼夜別の目測値と実測値

以下の内容は，前述した実験に基づくものである．

4-1 目測値と実測値の比較

車間距離の目測誤差（実測値－目測値）の分布を速度別に求めた．通常の車間距離の場合

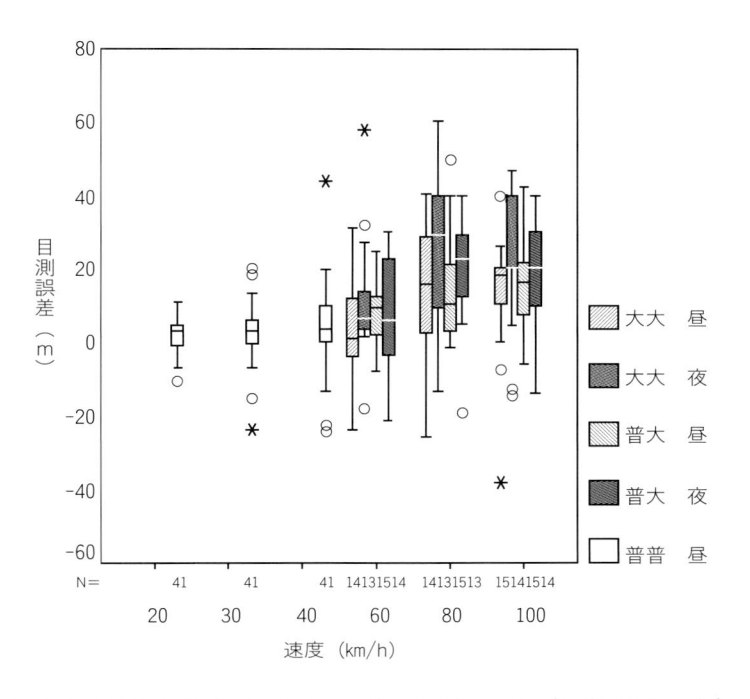

図7-7 車間距離の目測誤差（実測値－目測値）の速度別分布（通常の車間距離）
　　凡例の普大は，普通乗用車が先行車で大型トラックが追従車の場合を示す．他も同様．

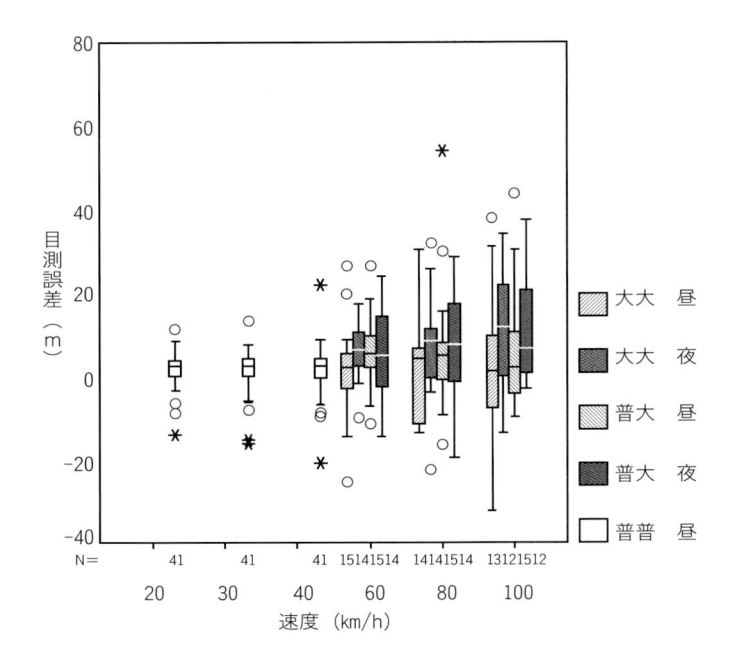

図7-8 車間距離の目測誤差（実測値－目測値）の速度別分布（接近の車間距離）
凡例の普大は，普通乗用車が先行車で大型トラックが追従車の場合を示す．他も同様．

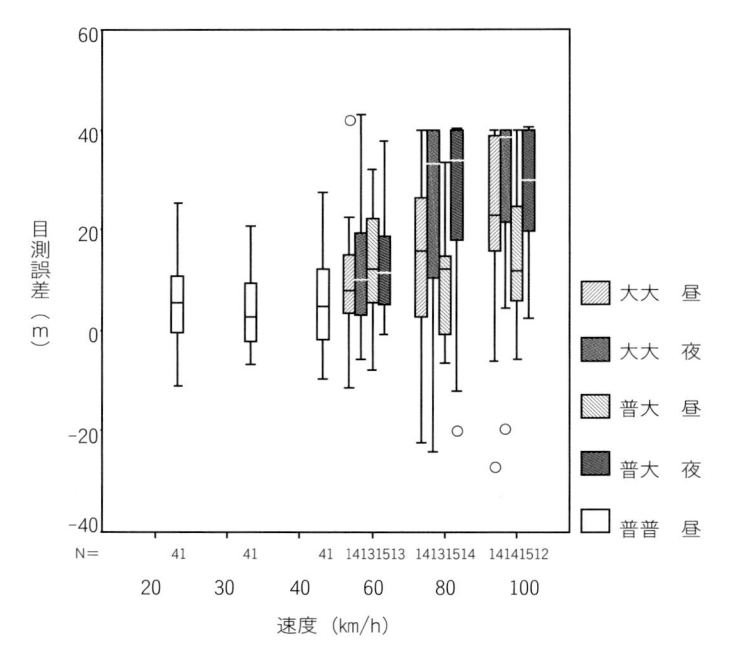

図7-9 車間距離の目測誤差（実測値－目測値）の速度別分布（指定の車間距離）
凡例の普大は，普通乗用車が先行車で大型トラックが追従車の場合を示す．他も同様．

第7章 先行車別，昼夜別の距離感

表7-2 実測値と目測値の平均値の差の検定（通常の車間距離）

走行条件			平均値		N	有意確率 （両側）	[実測値＜目測値] の割合（％）
速度（km/h）	車種	昼夜	実測値（m）	目測値（m）			
20	普普	昼	13.8	12.3	41	0.058	34.1
30	普普	昼	19.9	17.3	41	**0.043**	31.7
40	普普	昼	26.2	22.5	41	**0.031**	24.4
60	大大	昼	49.6	46.1	14	0.402	20.0
60	大大	夜	56.7	44.8	13	**0.037**	35.7
60	普大	昼	48.1	40.1	15	**0.004**	50.0
60	普大	夜	50.1	42.5	14	0.078	7.7
80	大大	昼	85.5	71.4	14	**0.018**	26.7
80	大大	夜	96.1	72.3	13	**0.001**	7.7
80	普大	昼	84.9	70.2	15	**0.003**	21.4
80	普大	夜	89.6	70.4	13	**0.001**	7.7
100	大大	昼	108.6	96.0	15	**0.015**	13.3
100	大大	夜	115.3	93.6	14	**0.001**	14.3
100	普大	昼	102.6	86.5	15	**0.001**	20.0
100	普大	夜	108.4	90.0	14	**0.001**	14.3

走行条件の普大は，普通乗用車が先行車で大型トラックが追従車の場合を示す．他も同様．
濃い網掛けは危険率1％以下で有意，薄い網掛けは危険率5％以下で有意．

表7-3 実測値と目測値の平均値の差の検定（接近の車間距離）

走行条件			平均値		N	有意確率 （両側）	[実測値＜目測値] の割合（％）
速度（km/h）	車種	昼夜	実測値（m）	目測値（m）			
20	普普	昼	11.8	10.2	41	**0.026**	26.8
30	普普	昼	13.7	12.5	41	0.160	26.8
40	普普	昼	16.2	14.7	41	0.141	29.3
60	大大	昼	27.6	24.3	14	0.248	20.0
60	大大	夜	29.0	24.1	14	**0.037**	28.6
60	普大	昼	28.5	22.5	15	**0.029**	28.6
60	普大	夜	30.2	24.1	14	0.057	21.4
80	大大	昼	39.6	37.6	14	0.584	26.7
80	大大	夜	46.7	40.4	14	0.096	28.6
80	普大	昼	41.2	33.9	15	0.113	35.7
80	普大	夜	47.3	39.6	14	**0.048**	28.6
100	大大	昼	55.6	52.3	13	0.544	40.0
100	大大	夜	64.6	53.3	12	**0.016**	25.0
100	普大	昼	54.8	48.7	15	0.142	46.2
100	普大	夜	59.5	47.9	12	**0.013**	16.7

走行条件の普大は，普通乗用車が先行車で大型トラックが追従車の場合を示す．他も同様．
薄い網掛けは危険率5％以下で有意．

表7-4 実測値と目測値の平均値の差の検定（指定の車間距離）

走行条件			平均値		N	有意確率 (両側)	[実測値＜目測値] の割合（％）
速度（km/h）	車種	昼夜	実測値（m）	目測値（m）			
20	普普	昼	11.8	10.2	41	**0.026**	26.8
30	普普	昼	13.7	12.5	41	0.160	26.8
40	普普	昼	16.2	14.7	41	0.141	29.3
60	大大	昼	27.6	24.3	14	0.248	20.0
60	大大	夜	29.0	24.1	14	**0.037**	28.6
60	普大	昼	28.5	22.5	15	**0.029**	28.6
60	普大	夜	30.2	24.1	14	0.057	21.4
80	大大	昼	39.6	37.6	14	0.584	26.7
80	大大	夜	46.7	40.4	14	0.096	28.6
80	普大	昼	41.2	33.9	15	0.113	35.7
80	普大	夜	47.3	39.6	14	**0.048**	28.6
100	大大	昼	55.6	52.3	13	0.544	40.0
100	大大	夜	64.6	53.3	12	**0.016**	25.0
100	普大	昼	54.8	48.7	15	0.142	46.2
100	普大	夜	59.5	47.9	12	**0.013**	16.7

走行条件の普大は、普通乗用車が先行車で大型トラックが追従車の場合を示す．他も同様．
薄い網掛けは危険率5％以下で有意．

を図7-7，接近の車間距離の場合を図7-8，指定の車間距離の場合を図7-9に箱ひげ図で示す．普通乗用車同士では，それぞれ最大で41サンプル，大型トラックを追従車とした場合は，それぞれ最大で15サンプルが得られた．指定の車間距離の場合は，目測値は指定した車間距離と同じ値である．目測誤差（実測値－目測値）の分布は，実測値が目測値より大きい方へ偏っており，平均値，中央値ともすべて正の値であった．また，実測値と目測値の平均値は，通常の車間距離では，ほとんどの場合に有意差が見られた（表7-2，表7-3，表7-4）．すなわち，目測値は全体としてみると実測値より短いと言うことができる．ただし，いずれの場合も，目測値が実測値より長い運転者も多く存在しており，目測誤差は危険側にも認められた．

4-2 昼夜の目測誤差の比較

大型トラックを追従車とした場合の車間距離の目測誤差（実測値－目測値）の分布を速度別昼夜別に求めた．通常の車間距離の場合を図7-10に，接近の車間距離の場合を図7-11に，指定の車間距離の場合を図7-12に箱ひげ図で示す．昼夜のいずれも，大型トラックで大型トラックを追従した場合と，大型トラックで普通乗用車を追従した場合の2通りのケースが含まれており，昼夜それぞれについて，最大で30サンプルが得られた．全9ケース，すなわち，通常の車間距離，接近の車間距離，指定の車間距離の3条件について3通りの速

第7章 先行車別，昼夜別の距離感

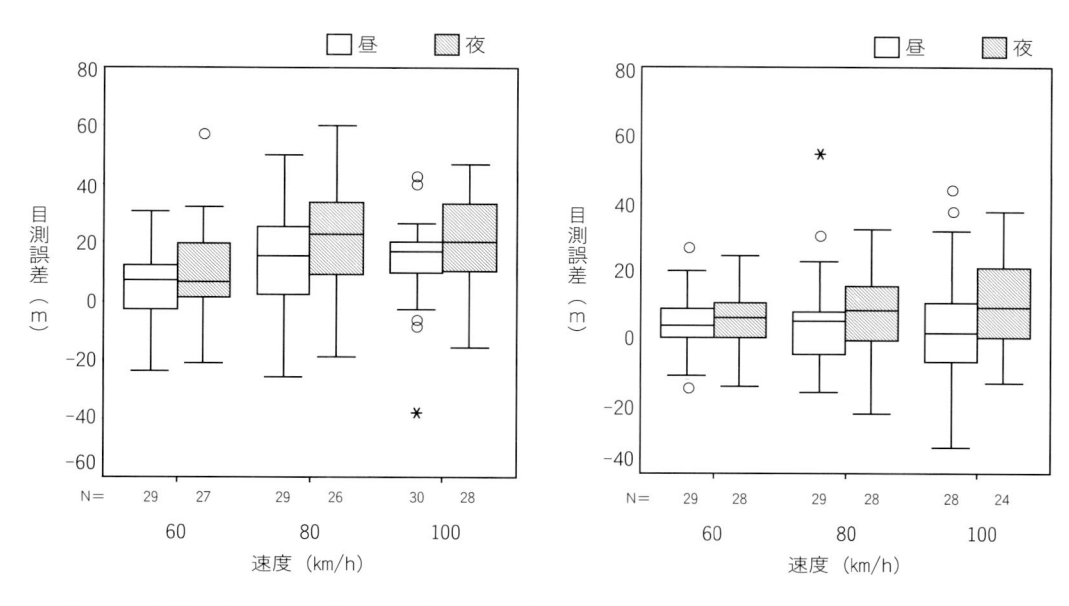

図 7-10 車間距離の目測誤差（実測値－目測値）の速度別昼夜別分布（通常の車間距離）

図 7-11 車間距離の目測誤差（実測値－目測値）の速度別昼夜別分布（接近の車間距離）

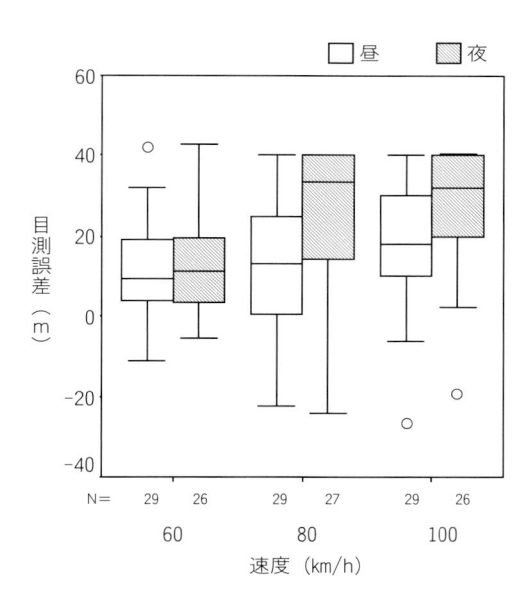

図 7-12 車間距離の目測誤差（実測値－目測値）の速度別昼夜別分布（指定の車間距離）

表7-5 昼間の目測誤差（実測値－目測値）と夜間の目測誤差の平均値の差の検定

	速度(km/h)	目測誤差（実測値－目測値）の平均値(m)		N	有意確率(両側)
		昼	夜		
通常の車間距離	60	4.8	9.5	26	0.200
	80	13.0	20.9	25	**0.016**
	100	13.9	20.0	28	0.082
接近の車間距離	60	3.6	5.0	26	0.385
	80	2.0	6.8	26	**0.042**
	100	1.2	10.4	22	**0.007**
指定の車間距離	60	7.4	12.3	26	0.385
	80	11.4	23.7	26	**0.042**
	100	17.2	27.7	25	**0.007**

濃い網掛けは危険率1％以下で有意，薄い網掛けは危険率5％以下で有意．

度のいずれの場合も，実測値と目測値の差の平均値は，夜間が昼間より大きく，5ケースでは，昼と夜に有意差が認められた（表7-5）．すなわち，夜間の方が昼間よりも，目測値が実測値と比較して小さくなっており，夜間の方が昼間より車間距離が短く感じられると言うことができる．

4-3 異なる先行車の場合の目測誤差の比較

大型トラックを追従車とした場合の車間距離の目測誤差（実測値－目測値）の分布を速度別先行車別に求めた．通常の車間距離の場合を図7-13に，接近の車間距離の場合を図7-14に，指定の車間距離の場合を図7-15に箱ひげ図で示す．いずれの先行車の場合も，昼間と夜間の2通りのケースが含まれており，大型トラックで大型トラックを追従した場合と，大型トラックで普通乗用車を追従した場合のそれぞれについて，最大で30サンプルが得られた．目測誤差には先行車の違いによる一定の傾向は認められず，全9ケース，すなわち，通常の車間距離，接近の車間距離，指定の車間距離の3条件について3通りの速度のいずれの場合も有意差は示されなかった（表7-6）．

4-4 車間距離の目測値の誤差割合の走行条件間の相関

昼間に普通乗用車同士で追従走行した場合の車間距離の目測値の誤差割合（実測値と目測値の差を実測値で除した値）（（実測値－目測値）／実測値）[注1]について，走行方法（車間距離の設定方法と走行速度）間の相関係数を表7-7に示す．いずれも相関係数は正で，危険

注1) 本章では実測値と目測値の大小関係を調べている．前章では目測誤差の大小のみを調べたため，目測値の誤差割合を絶対値で表した．

第 7 章　先行車別，昼夜別の距離感

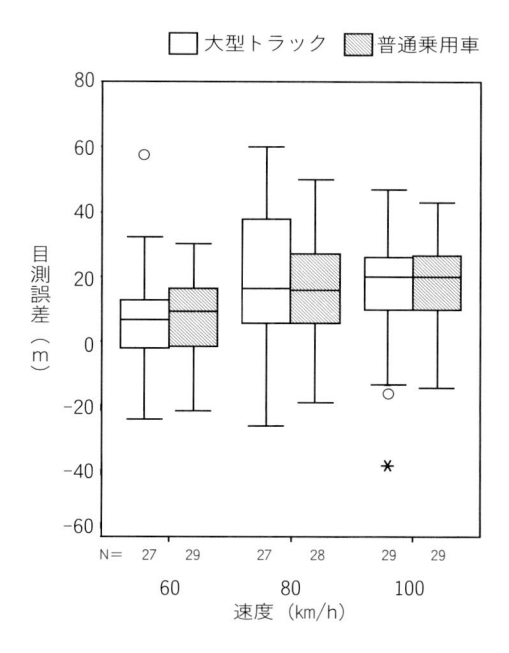

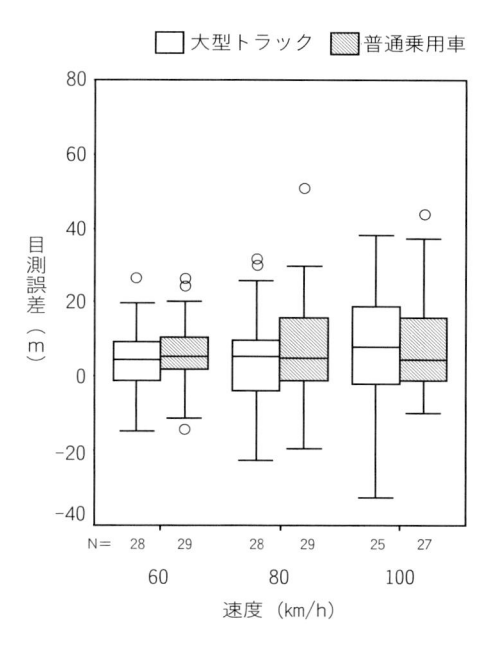

図 7-13　車間距離の目測誤差（実測値－目測値）の速度別先行車別分布（通常の車間距離）

図 7-14　車間距離の目測誤差（実測値－目測値）の速度別先行車別分布（接近の車間距離）

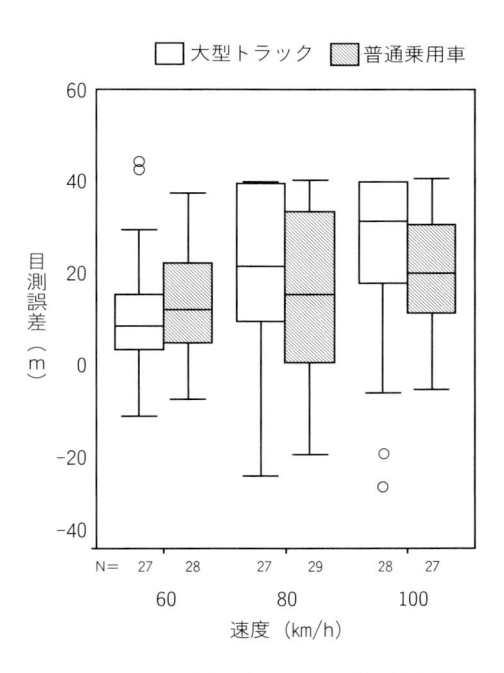

図 7-15　車間距離の目測誤差（実測値－目測値）の速度別先行車別分布（指定の車間距離）

表7-6 先行車が大型トラックの場合の目測誤差（実測値－目測値）と先行車が普通乗用車の場合の目測誤差の平均値の差の検定

	速度 (km/h)	目測誤差（実測値－目測値）の平均値（m）		N	有意確率 （両側）
		先　行　車			
		大型トラック	普通乗用車		
通常の車間距離	60	7.6	8.4	27	0.816
	80	17.9	16.1	26	0.564
	100	17.0	17.2	29	0.950
接近の車間距離	60	3.8	5.0	27	0.384
	80	4.2	7.5	28	0.142
	100	7.1	7.3	25	0.933
指定の車間距離	60	2.6	2.3	27	0.201
	80	3.9	3.5	27	0.413
	100	3.7	2.7	26	0.401

表7-7 昼間に普通乗用車同士で追従走行した場合の車間距離の目測値の誤差割合（(実測値－目測値)／実測値）の走行方法間の相関係数

各走行条件でN＝41

走行方法		通常の車間距離			接近の車間距離			指定の車間距離		
	速度 (km/h)	20	30	40	20	30	40	20	30	40
通常の車間距離	20									
	30	0.766								
	40	0.793	0.850							
接近の車間距離	20	0.875	0.841	0.784						
	30	0.841	0.891	0.866	0.864					
	40	0.778	0.879	0.906	0.836	0.931				
指定の車間距離	20	0.798	0.626	0.567	0.731	0.717	0.660			
	30	0.712	0.660	0.574	0.694	0.678	0.619	0.811		
	40	0.775	0.782	0.726	0.847	0.787	0.770	0.664	0.733	

すべて危険率1％以下で有意．

率1％以下で有意であった．また，大型トラックを追従車とした場合の走行条件（車間距離の設定方法と走行速度，車種の組み合わせ，昼夜の別）間の相関係数を表7-8に示す．相関係数は630通りのうち，82％の518通りで正であり，25％の155通り（154通りで相関係数は正）で有意であった．以上から，特定の条件で目測誤差の大きい人は，他の条件でも

第7章　先行車別，昼夜別の距離感　　125

表7-8　大型トラックを追従車とした場合の車間距離の目測値の誤差割合（(実測値－目測値)／実測値）の走行条件間の相関係数

相関係数が負のセルを×で示した。
濃い網掛けと太字は危険率1％以下で有意，薄い網掛けは危険率5％以下で有意。
走行条件の普大は，普通乗用車が先行車で大型トラックが追従車の場合を示す。他も同様。60，80，100は速度（km/h）。

大きくなる傾向があることがわかった．すなわち，目測誤差の大小は走行条件に依存しない運転者に固有な特性であると考えられる．

5. 本章で示した研究についての補足説明とまとめ

本章では，昼間に普通乗用車同士で追従走行した場合，昼間と夜間に大型トラックで大型トラックを追従走行した場合，大型トラックで普通乗用車を追従走行した場合のいずれも，実測値より目測値が短い側に分布していることを示した．すなわち，昼夜の違い，先行車の違いによらず，運転者が走行中の車間距離を実際より短く目測する場合が多いことが示された．この結果は，目測誤差が安全側であることを意味するが，目測誤差が安全側でない場合も少なくないため，目測誤差は安全上，無視できるものではなかった．

これまで，夜間は距離感が不正確になるため車間距離が短くなるとの可能性が指摘されてきた．しかし本章で示した研究の結果から，夜間は昼間より目測誤差は大きいものの，車間距離の目測値は実測値より短いことが示された．すなわち，夜間の目測誤差は，安全側に広がっていた．夜間は距離の手がかりが少なくなるため，目測誤差が大きくなるのは予想された結果である．夜間の方が昼間より距離が短く感じられるのは，夜間は物が見えにくく，先行車と自車の間に認識できるものが少なくなるため，先行車を近くに感じると考えられる．このことは，「夜間は距離感が不正確になるため車間距離が短くなる」とは言えないことを示したと考えられる．ただし，夜間は距離感が不正確になるため，距離の変化に気づくのが遅くなる可能性がある．その意味では，夜間は昼間以上の車間距離が必要であり，過渡的に車間距離が短くなっていく問題についての認識が必要である．

先行車の大きさの違いによる車間距離の距離感については，小さい車両は遠く感じられるため車間距離が短くなる可能性が指摘されてきた．また，夜間については逆に，大型車は尾灯の高さが高いため，遠く感じられるとの可能性も指摘されてきた．本章の研究の結果からは，先行車の大きさの違いと目測誤差の間に一定の傾向は認められなかった．このことは，「先行車が小さいため車間距離が長く感じられ，そのために実際の車間距離が短くなる」とは言えないことを示したと考えられる．距離を測るための手段としては，車両毎の実際の大きさに対する認識，あるいは，夜間であれば，尾灯の高さだけでなく，左右の幅の見え方や尾灯の大きさなど様々な知識や情報を活用できることも，先行車による違いが現れなかった理由として考えられる．こうした情報から総合的に状況を判断するためには一定の経験が必要であると考えられる．本研究の実験で先行車の違いに距離感が影響されなかったことは，プロドライバーを被験者としたことも関係している可能性がある．車間距離の変化については，先行車が小さい場合には視野角が小さいため，変化に気付くのが遅れ，過渡的に車間距離が短くなる状況が起こりやすくなる可能性があり，この点は夜間の場合と同様に認識が必要である．また，先行車が小さい場合で，追従する大型車が接近している時は，大型車の運

転者から見ると，先行車は視界の下に位置して視界から外れるため，見落とされる可能性も指摘されている．

　目測誤差が安全側でない場合も少なくなかったことから，目測誤差の大小や正負が運転者それぞれに固有な特性であるか否かは重要である．もし，目測誤差の大小が運転者の特性ならば，注意すべき運転者が限定されることになるためである．前述したように車間距離の目測値の誤差割合は，普通乗用車同士の昼間の追従走行では，すべての走行方法の組み合わせで相関は正でありかつ有意であった．また，昼夜に大型トラック同士の追従走行を行った場合と大型トラックで普通乗用車を追従した場合でも，大部分の組み合わせで相関は正であり，有意なものも多く示された．この結果から，目測誤差の大きい人は，いずれの走行条件の場合も目測誤差が大きくなる傾向があることがわかった．すなわち，目測誤差の大小は，運転者に固有な特性として考えることができる．前章で，車間距離の長さを正確に目測できる車間距離の目測の正確性が運転者に固有な特性であることを示したが，昼間と夜間の場合，先行車の車種が異なる場合も含めた本章での結論は，前章の結論を補強するものである．

　なお，本章で用いたデータは，筆者が調査研究課長として在籍中に自動車安全運転センターで実施した平成10年度の調査研究[4]に基づくものである．

文　献

1) Rockwell, T. : Skills, Judgment and Information Acquisition in Driving, Forbes, T. W., Human Factors in Highway Traffic Safety Research, pp. 133-164, John Wiley & Sons, Inc., New York, 1972
2) 大森正昭：車間距離判断についての実験的研究，日本心理学会第48回大会発表論文集，pp. 102-108, 1984
3) 交通統計，平成13年版，警察庁交通局，207 pgs., 2002
4) 高速道路における大型貨物自動車運転者の夜間運転行動等に関する調査研究，自動車安全運転センター，297pgs., 1999
5) 中島源雄，末永一男，鈴村昭弘，吉田浩二：視覚反応における後部燈火器の検討——特に夜間における接近現象について——, IATSS REVIEW, 5 (4), pp. 19-30, 1979
6) Leibowitz, H. W., Owens, D. A. and Tyrell, R. A. : The assured clear distance ahead rule : implications for nighttime traffic safety and the law, Accident Analysis and Prevention 30 (1), pp. 93-99, 1998
7) 加藤正章：運転視界の変化と運転感覚，交通科学研究資料第38集，pp. 51-54，日本交通科学協議会，1997

第 8 章　車間距離の維持に関する能力

1. 本章の位置づけ

本章は，車間距離の維持に関わる目測誤差と走行中の車間距離の変動を走行実験によって調べた筆者らの研究結果を示すものである．

第 6 章から本章までの章では，車間距離に関する運転者の特性について示している．第 6 章では車間距離の長短などの傾向が運転者に固有な特性であることを明らかにした．前章と本章では車間距離を維持して安定した走行を行うために必要な運転者の能力について示している．車間距離の維持には，距離を把握する能力である距離感と，車両を操作して距離を制御する能力が必要である．前章では，車間距離の距離感の問題を取り上げ，目測値と実測値の大小関係と距離感の昼夜による違い，先行車による違いについて運転者の定性的な特性を明らかにした．本章では，前章でも取り上げた距離感に対応する目測誤差と，距離を制御する能力に対応する運転中の車間距離の変動について，定量的な分析結果を示す．さらに，その結果に基づいて，一定の車間距離を維持するために必要な距離の余裕について考察する．

2. 本章の背景と目的

追突事故や前方不注意事故など，車間距離が十分であれば避けられたと考えられる事故は多い[1]．さらに近年は，カーナビゲーションシステムなどの車載機器が増加しているため，その面から車間距離について考える必要もある．すなわち，車載機器の操作や車載機器に対する視線の移動が，運転操作と車両挙動に与える影響を考慮し，車間距離のあり方を検討することも必要である．これまで適正な車間距離の基準として示されてきた値は，空走距離[2,3,4,5,6,7,8]と制動距離[9,10,11]の和である停止距離であった．これは，停止のために必要な距離を車間距離の基準値として示したものであるが，一般の運転者がその値を基準として運転した場合，運転中の車間距離の変動や目測誤差などにより，停止に必要な車間距離を維持し続けることは困難であった．第 7 章でも述べたように，一般道路では前の車両の見え方から目測で車間距離を設定するのが一般的であると考えられることから，一定の車間距離を維持

するためには，距離感や車間距離の変動の特性など，車間距離の維持に関する能力を考慮した運転が必要である．第6章でも述べたように，ACC装置（adaptive cruise control system, 車間距離制御システム）などに代表される，一定の車間距離を維持して自動走行するシステムも開発されているが，普及はこれからの状況である．また，そうした装置においても，運転者の操作を必要としない水準に達するのは将来のことであり，車間距離の維持に関する一般の運転者の特性を把握する必要性は高い．

車間距離に関する運転者の特性についての研究としては，運転者の意識・態度などの心理的な要素に関する研究[12,13,14]，車間距離形成のメカニズムを調べた研究[15,16]，車間距離の制御動作をモデル化した研究[17]，テストドライバーによる車間距離の知覚や変動に関する研究[18]，高齢運転者の車間距離の目測に関する研究[19]などがある．これらの研究の成果は，車間距離の維持に関する運転者の特性について重要な示唆を与えているが，車間距離の維持に関する一般の運転者の能力については明らかにされていなかった．本章では，幅広い年齢の運転者を被験者とした走行実験に基づき，追従走行中の車間距離の目測誤差と変動について明らかにする．

3. 本章の記述の基になっている車間距離の維持に関する実験の方法

車間距離の目測誤差と走行中の変動に関する記述に先立ち，本章で示す研究結果を得るために実施した実験の方法について述べる．実験は，研修用のコースで実施した普通乗用車同士による追従走行実験である．本章の普通乗用車による追従走行実験は第6章の車間距離計測実験と基本的に同じである．本章では簡単に被験者，車両，コース及び実験方法を示す．

3-1 被験者

被験者は公募した20歳から69歳の男性41人であり，年齢構成は20代12人，30代3人，40代9人，50代11人，60代6人である[注1]．計測データの分析においては，年齢による違いを見るため，20～24歳12人，32～54歳17人，56～69歳12人に被験者を分類した．この分類は，一般的な年齢層と対応していないが，便宜的に若年層，中年層，高齢層と呼ぶことにする．

3-2 実験車両

車両は前を走行させた車両（先行車と呼ぶ），追従させた車両（追従車と呼ぶ）ともオートマチックの2,000 ccのセダンである．

注1） 第4章の3-2で示した一般運転者と同一である．ただし前章と本章では，分析の目的上，路面表示の条件が目測値に影響を与えた可能性のある被験者のデータを除外した．

3-3 計測方法

レーダー式の車間距離計によって先行車と追従車の車間距離を計測した．また，走行中の直線区間において，車間距離の目測値を調べた．

3-4 実験コース

実験に用いたコースは，第6章の図6-2で示した模擬市街路外周（約1km）である．実験車両は図6-2のAから出発し矢印方向に周回した．

3-5 走行方法

各被験者41人に，以下に示す速度と車間距離の組み合わせの条件で，1回ずつ走行させた．

① 走行速度

追従走行の速度は，20 km/h, 30 km/h, 40 km/h の3種類とし，速度の順番は被験者毎に無作為に入れ替えた．速度の設定は，指定された速度で先行車を走行させることで行い，追従車（被験者運転の車両）は一定の間隔での走行に努めることとした．

② 車間距離の設定方法

車間距離は，各速度において以下の2通りの設定とした．
通常の車間距離：先行車に追従して走行する際の被験者の普段の車間距離．
指定の車間距離：20 mに指定した車間距離．目測などにより設定する．

4. 車間距離の目測誤差と走行中の変動

運転者は，ある車間距離を維持しようとした場合，その車間距離を目測で設定し，その際の見え方を目標として走行すると考えられる．従って，そこには2種類の誤差が生じる．一つは，車間距離の実際の値とその時の見え方に対して運転者が見積もった目測値との差である．この誤差を目測誤差と呼ぶことにする．2つ目は，走行中の変動のため，運転者が目測に基づいて設定した見え方（その見え方に対する車間距離）を維持できないことによって生じる誤差である．この誤差は制御誤差と呼ぶことができる．以下では，前述した実験の結果に基づき，車間距離の目測誤差と変動について示す．

4-1 追従走行中の車間距離の目測誤差

表8-1に走行方法（車間距離の設定方法と走行速度）別の車間距離の実測値と目測値，及び実測値と目測値の比（実測値／目測値）の平均値を示す．また，図8-1に年齢層別走行方法別の車間距離の実測値と目測値の比の分布を箱ひげ図で示す．実測値と目測値の比の平均値は，すべて1以上であったが，分布を見ると1未満の場合もあり，目測値より実測値

表 8-1 走行方法別の車間距離の実測値と目測値, 及び実測値と目測値の比
（実測値／目測値）の平均値　　　　　　　　　　　　　　　　　　N＝41

車間距離の設定方法	速度(km/h)	実測値 (m)	目測値 (m)	実測値/目測値
通常の車間距離	20	13.83	12.34	1.26
	30	19.89	17.29	1.32
	40	26.15	22.49	1.31
指定の車間距離 （20 m）	20	25.58	20	1.28
	30	23.64	20	1.18
	40	25.31	20	1.27

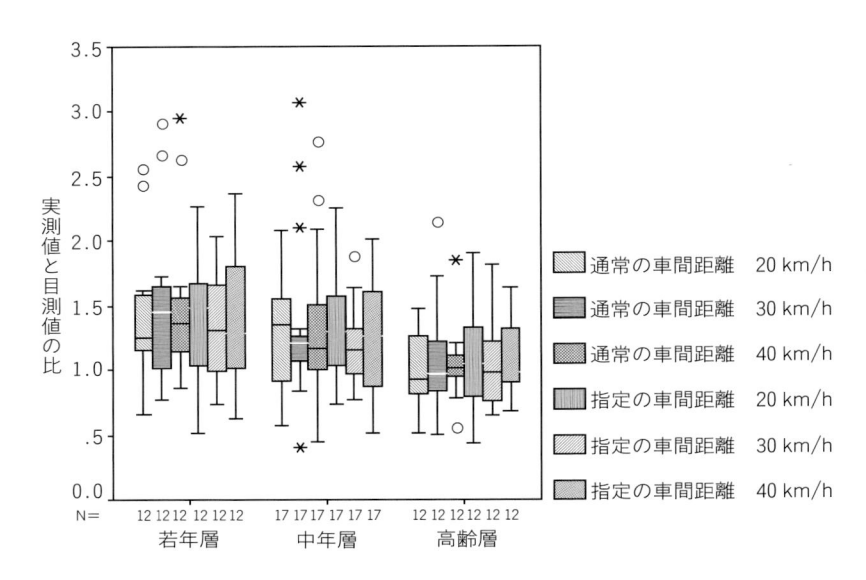

図 8-1 車間距離の実測値と目測値の比（実測値／目測値）の年齢層別走行方法別の分布

表 8-2 走行方法別の車間距離の実測値と目測値の比
の年齢層間の分散分析の結果

走　行　方　法		結　　果	
車間距離の設定方法	速度（km/h）	F 値	危険率
通常の車間距離	20	3.332	0.046
	30	1.401	0.259
	40	2.358	0.108
指定の車間距離 （20 m）	20	1.915	0.161
	30	1.708	0.195
	40	1.707	0.195

表 8-3 通常の車間距離で 20 km/h の場合の，年齢層間の平均値の差の検定結果（Tamhane の方法）

比較した年齢層		危険率
若年層	中年層	0.874
中年層	高齢層	0.091
高齢層	若年層	0.060

が小さい場合も見られた．加齢に伴い実測値と目測値の比が小さくなる傾向が認められ，高齢層は実測値が目測値より小さくなる場合が約半数であった．

車間距離の実測値と目測値の比（実測値／目測値）について，6種類の走行方法（車間距離の設定方法と走行速度）間の分散分析を行ったが，走行方法の主効果は認められなかった．次に，走行方法別に車間距離の実測値と目測値の比の年齢層間の分散分析を行った．通常の車間距離で速度が 20 km/h の場合だけ年齢層の主効果が認められた（$F(2, 38) = 3.332$, $P=0.046$）（表 8-2）．主効果が認められた通常の車間距離で 20 km/h の場合について，年齢層間の平均値の差の検定を行った結果，有意差は認められなかった（表 8-3）．ただし，高齢層と他の年齢層を比較した検定の危険率は比較的小さい値であった．

実測値と目測値の関係において運転上危険と考えられるのは，運転者が車間距離を過大に評価し，実測値が目測値より小さくなる場合である．したがって，実測値と目測値の比の下限が事故の防止上重要である．そこで，車間距離の実測値と目測値の比の下限として考えるべき値の代表値について検討する．図 8-2 は，実測値と目測値の比の分布を年齢層別にヒストグラムで示したものである．実測値と目測値の比に走行方法の主効果が認められなかったので，6種類の走行方法のデータを年齢層別にまとめてある．図に示したとおり，分布はいずれも正規分布に近い形状をしていたため，パーセンタイル値を代表値として用いることにした．パーセンタイル値を用いたのは，設計などの基準で用いられることが多く，外れ値の影響を受けにくいためである．自動車交通に関する人間の基準では，最大値として 95 パーセンタイル値，最小値として 5 パーセンタイル値が広く用いられている．そこで，本章でも 5 パーセンタイル値を下限として用いることにした．実測値と目測値の比の 5 パーセンタイル値は，若年層では 0.75，中年層では 0.63，高齢層では 0.53 であった．

4-2 追従走行中の車間距離の変動

図 8-3 は，車間距離が設定条件で安定したと被験者が判断した時を起点（この時の車間距離を開始値と呼ぶ）とした車間距離の推移の例である．また，図 8-4 は，41 人の被験者について推移を示したもので，速度 40 km/h で通常の車間距離と指定の車間距離の場合である．ただし，車間距離計の計測用ビームが前車から外れたなどのため一部データに欠損があ

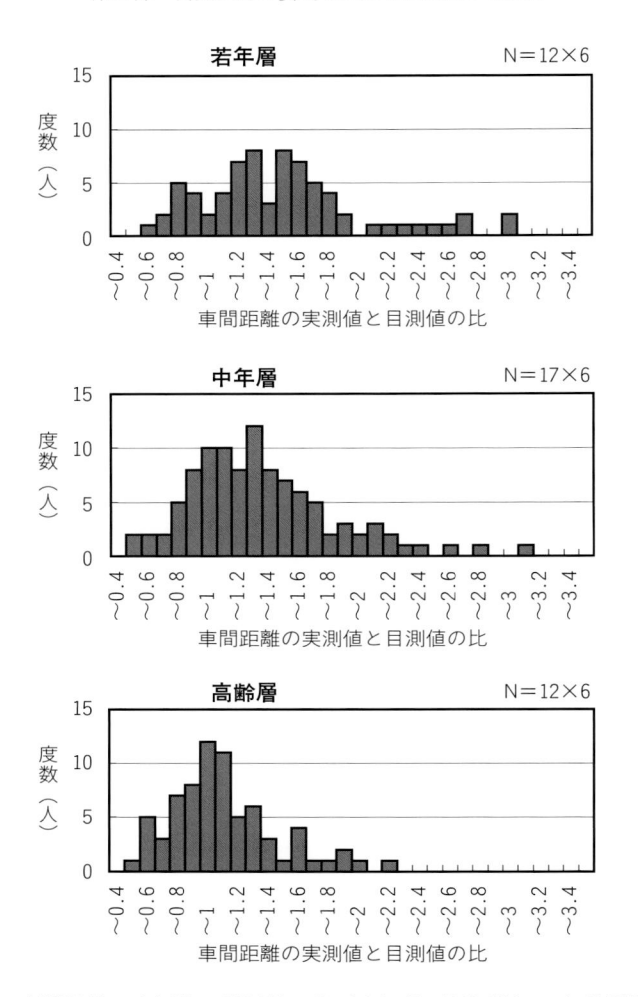

図8-2 車間距離の実測値と目測値の比（実測値／目測値）の年齢層別の分布

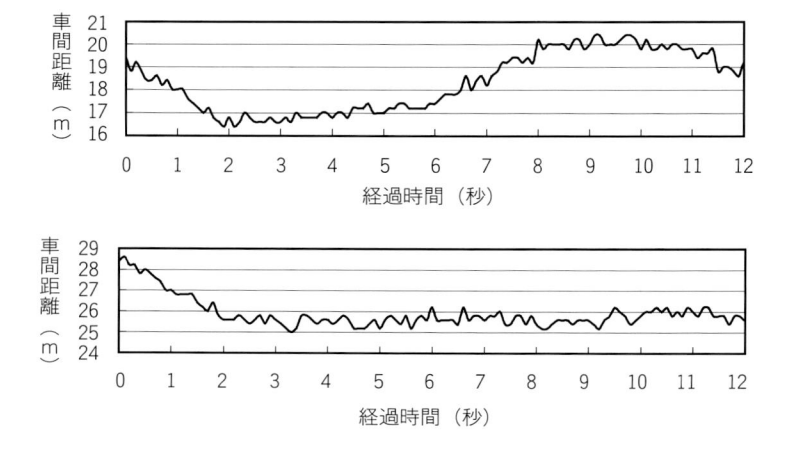

図8-3 車間距離の開始値からの推移（通常の車間距離，40 km/h）

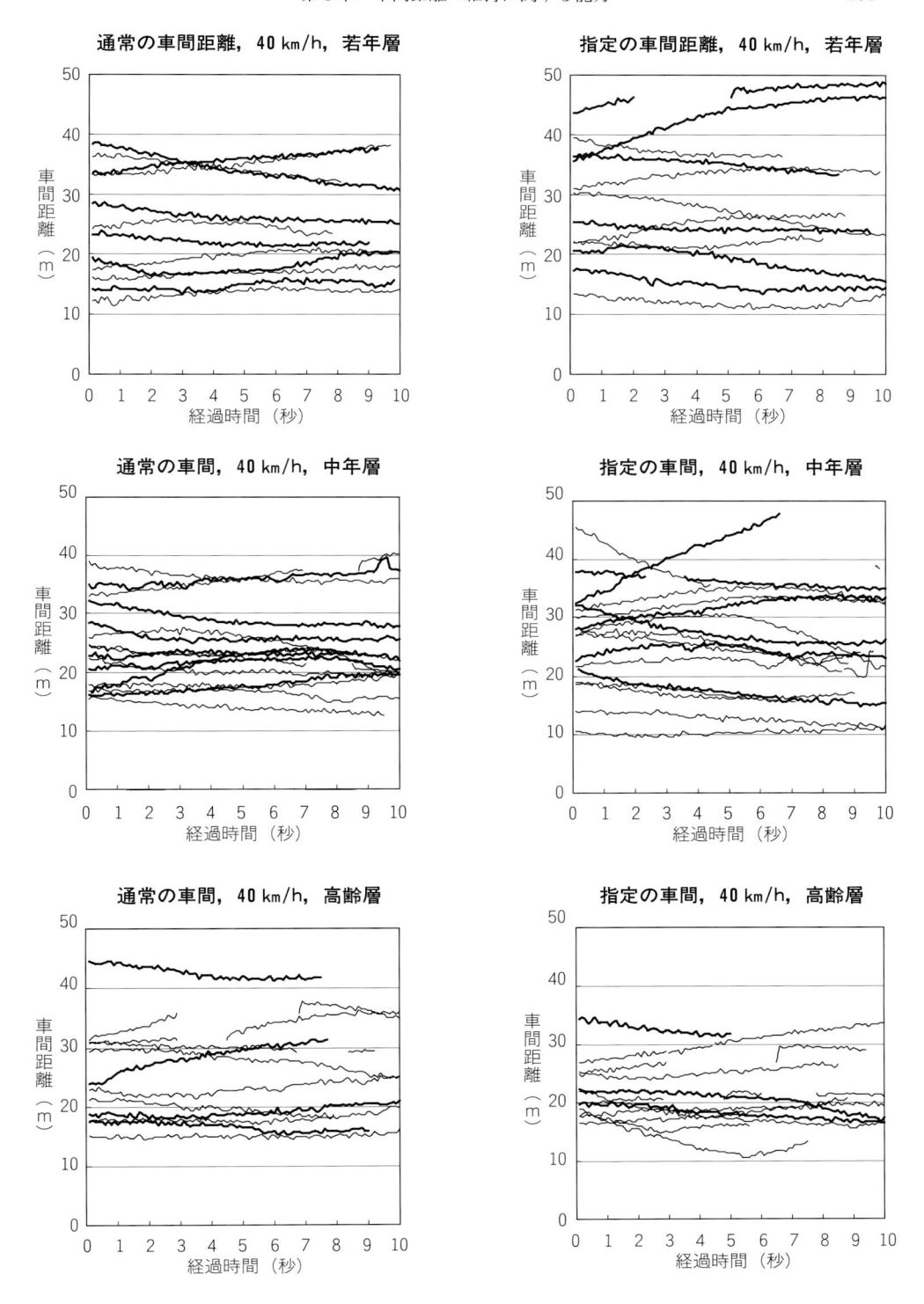

第 8 章　車間距離の維持に関する能力

図 8-4　車間距離の開始値からの推移（40 km/h）

る．車間距離が安定したと被験者が判断してからも，車間距離は緩やかに変化しており，状況は多様であった．このように，一定の車間距離での走行に努めても，走行時の道路形状や，運転技術，距離感などにより，車間距離は変化する．従って，一定の車間距離を維持するためには，適当な頻度で車間距離を意識的に見直し，設定した車間距離からのずれを修正することが必要である．

車間距離を修正すべき時間間隔として，運転中に運転以外のタスクを行うことが許容される時間を用いて検討する．運転以外のタスクを行っている時間中は車間距離の修正が困難なため，運転中に運転以外のタスクを行っている時間中の車間距離の変動を考慮することが車間距離の設定には必要であると考えられるからである．カーナビゲーション装置の利用に関する研究では，横方向の変位が一定範囲に収まるという意味で車両挙動に影響を及ぼさない同装置への総視認時間は8秒と報告されており，更に，この値から推定された同装置の総操作時間は，長い場合で10.1秒とされている[20]．この時間中の横方向変位に問題がないとしても，その間の車間距離の変動について，検討が必要である．ただし本章の実験では，被験者は運転以外のタスクを行っていない．しかし運転以外のタスクを行っている場合の車間距離の変動は，同じ時間に運転以外のタスクを行っていない場合の変動を上回ることが予測されるため，運転以外のタスクを行っていない場合の計測結果は，運転以外のタスクを行っている場合について考える際の基礎的知見になるものである．このように時間の長さを合わせておくことのメリットを考え，本章の実験では車間距離変動の範囲を調べるための計測時間を10秒とした．

図8-5は，計測開始から10秒間，0.1秒毎に計測した車間距離を開始値との比で表し，各被験者について平均値を求めたものを年齢層別走行方法別に箱ひげ図で示したものである．開始値との比で表した車間距離の平均値について，走行方法（車間距離の設定方法と走行速度）間の分散分析を行った結果，走行方法の主効果は認められなかった．次に，開始値との比で表した車間距離の平均値について，走行方法別に年齢層間の分散分析を行ったが，いずれの走行方法でも年齢層の主効果は認められなかった．

車間距離の変動において運転上危険と考えられるのは，車間距離の開始値と比較して車間距離が低下する場合である．そこで，開始値との比で表した車間距離の下限として考えるべき値の代表値について検討する．図8-6は開始値との比で表した0.1秒毎の車間距離の計測値の分布をヒストグラムで示したものである．開始値との比で表した車間距離の平均値に走行方法及び年齢層の主効果が認められなかったため，6種類の走行方法及び3分類の年齢層のデータをまとめてある．図に示したとおり，分布は正規分布に近い形状をしていた．車間距離の変動の下限とする代表値についても，実測値と目測値の比の場合と同様に，5パーセンタイル値を用いることにした．開始値との比で表した車間距離の5パーセンタイル値は0.81であった．

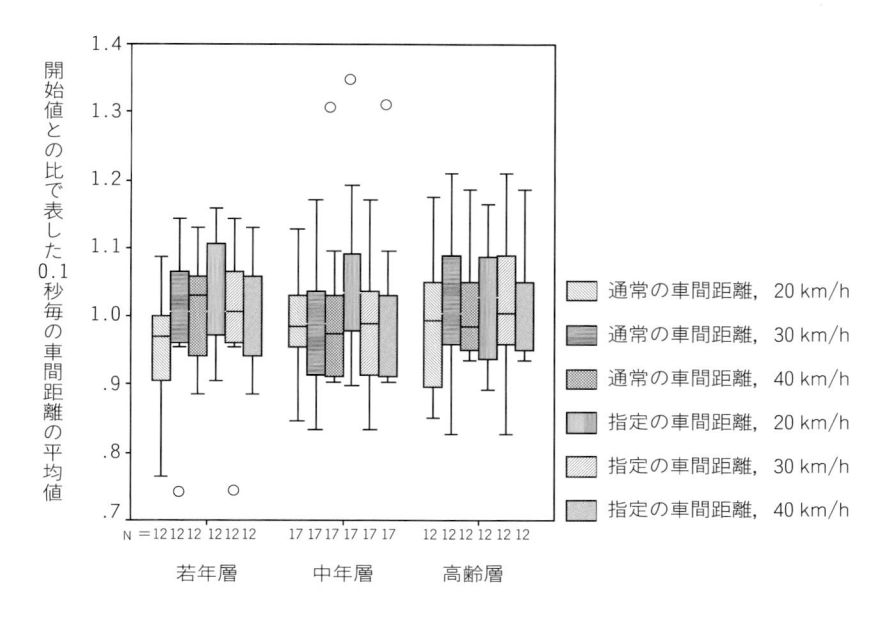

図 8-5 開始値との比で表した 0.1 秒毎の車間距離の平均値の
年齢層別走行方法別の分布（計測時間 10 秒）

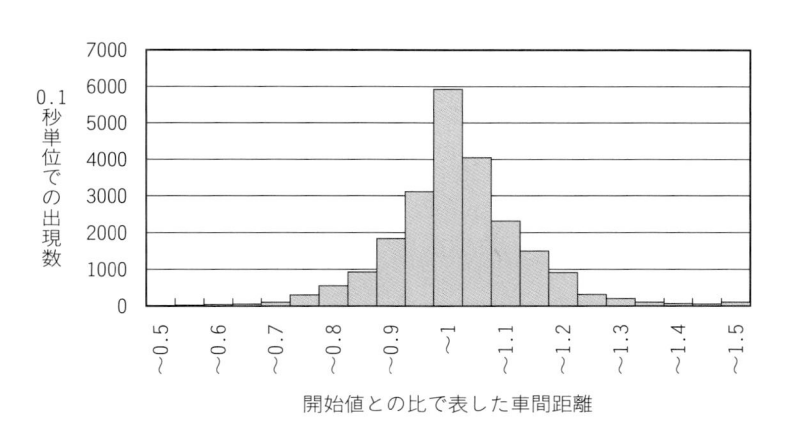

図 8-6 開始値との比で表した 0.1 秒毎の車間距離の計測値の分布（計測時間 10 秒）

4-3 追従走行中の車間距離の設定

車間距離を適当な値に設定して走行していても，車間距離が短くなることがあり，衝突を回避するために必要な車間距離（必要な車間距離と呼ぶ）を維持するためにはその点を考慮する必要のあることが示された．4-2 より，出現割合（時間帯の割合）95 パーセントの車間距離が必要な車間距離より長くなるためには，10 秒間隔で車間距離を修正する際に

車間距離の変動の下限
　　　＝修正された車間距離（車間距離の開始値）×0.81 ＞必要な車間距離

であることが求められた．これより，車間距離が走行中に変動することを考慮すると，

　　　修正された車間距離（車間距離の開始値）＞必要な車間距離／0.81　　………①

でなければならないことが分かる．

　また，目測で車間距離を設定する場合は，目測誤差により車間距離が短くなることがあるため，その点を考慮する必要のあることが示された．安全側で考えるため高齢層の値を用いると，出現割合（運転者数の割合）95パーセントの車間距離が設定しようとする車間距離より長くなるためには，

　　　車間距離の実測値の下限＝車間距離の目測値×0.53＞設定しようとする車間距離

であることが求められた．これより，目測誤差を考慮すると，

　　　車間距離の目測値＞設定しようとする車間距離／0.53　　　　　　　………②

でなければならないことが分かる．10秒毎に車間距離を目測で修正する場合は，②における「設定しようとする車間距離」が，①における「修正された車間距離（車間距離の開始値）」になる．①，②より，

　　　車間距離の目測値＞必要な車間距離／（0.81×0.53）＝必要な車間距離×2.3
　　　　　　　　　　　　　　　　　　　　　　　　　　　　　　　………③

となる．

5．本章で示した研究についての補足説明

　必要な車間距離を維持するためには，車間距離の目測などの際の見積もり誤差や走行中の変動による誤差に対応した余裕が必要になる．車間距離の見積もり誤差は，どのような方法で見積もるかによって異なる．車間距離に相当する時間として，例えば，4秒などという時間で車間距離を設定する場合は，比較的正確な車間距離の設定が可能になると考えられる．高速道路などの走行では，そのような車間距離の設定が行われる場合も少なくないと考えられるが，一般道路の走行では，混雑していることや，進路の変更を繰り返すなどのため，前の車両の見え方から，目測で車間距離が設定されていると考えられる．本章の研究で，車間距離がどの程度正確に目測できるかを距離の単位で調べたのはそのためである．

　実験の際の速度は，20 km/h，30 km/h，40 km/h の3種類とした．事故の際の危険認知速度は低下が続いており，中低速域の占める割合が高いためである[21]．前述したカーナビゲーションの利用時の事故は，人身事故全体よりは高速域での割合が高いが，それでも40 km/h以下で7割を超えている[21]．車間距離の維持に関する運転者の特性は，中低速域で比較的短い車間距離の場合に問題が多いと考えられる．

　実験に用いた道路は，沿道に建物など目印になる物のない模擬市街路であったため，実際の道路の方が，車間距離の目測は正確である可能性もある．また，実測値と目測値の比（実測値／目測値）の中央値は1より大きく，半数以上の運転者は目測値より実測値が長いの

で，目測誤差に対する余裕が必要というわけではない．しかし，目測誤差の大小は人により異なる[14]ため，事故防止のためには，目測値より実測値が短い運転者の安全を確保する必要がある．本章では，95パーセントの運転者の車間距離が，必要な車間距離に維持されるために目測値をどのような値にすべきかを示した．

　車間距離を適当な値に設定して走行していても，次第に距離が短くなることがある．高速道路などでは，車間距離の目測を助けるための設置物が置かれて車間距離の確認を促している．このように，走行中に適当な頻度で，車間距離を修正すれば，変動によって車間距離が一定水準以下に短くなることを防ぐことが可能である．車間距離の修正は，次の修正までに，車間距離がどれだけ変動するかを考慮して行う必要がある．高速道路などで，先行車が安定した速度で走行しているような場合は，長時間車間距離を安定させることもできると考えられる．しかし，一般道路では，道路の状況や先行車の挙動が頻繁に変化するため，意識的修正を行わずに走行を続けると，車間距離も大きく変動する．本章では，一般道路での走行を想定し，車間距離を運転者が安定させてから10秒間の車間距離の変動について示した．車間距離の変動の程度は人により異なり[14]状況も多様であるため，事故防止のためには，走行中に車間距離が短くなった時の安全を確保する必要がある．本章では，車間距離の変動についても，目測誤差と同様に，95パーセントの時間帯の車間距離が必要な車間距離に維持されるために車間距離をどのような値に設定すべきか（修正すべきか）を示した．車間距離を修正する頻度と修正すべき車間距離の値のあり方の組み合わせは絶対的なものではないが，ここで示した組み合わせは，一つの合理的な指針になりうると考えられる．

　運転者が目測で設定しようとする車間距離の目測値は，必要な車間距離の2.3倍の長さが必要であることを本章では示したが，これは，交通量の確保などとの関係で困難なこともあると考えられる．すなわち，実際にどのような車間距離で走行するかは，安全の問題とともに，円滑な交通についても考慮する必要があり簡単ではない．しかし，車間距離のあり方を考えるためには，事故を起こさないためにどのような車間距離の設定が必要であるかを把握しておくことが必要である．実際の車間距離が安全上十分ない場合は，リスクを伴ったものであることに留意し，車間距離以外の方法も組み合わせて安全の確保に努める必要があると考えられる．

　年齢層の違いは，被験者に高齢層が少なかったため，56歳以上を便宜的に高齢層とし，若年層，中年層とあわせて年齢層の違いを分析した．このために高齢者の特性が出にくかった面があると思われるが，高齢層は実測値と目測値の比が1に近く，結果として他の年齢層より目測値が危険側に現れる場合が多いという特性が示された．車間距離の変動に関しては，年齢層間の分散分析の結果から得られた危険率の数値は大きく，通常高齢者とされる年代の人を高齢層の被験者としても年齢層の主効果は示されないと考えられる．

6. まとめ

車間距離の設定に伴う目測誤差を，実測値と目測値の比（実測値／目測値）を用いて示した．また，運転者が車間距離を安定させてからの車間距離の変動を，車間距離を安定させてから10秒間の0.1秒毎の計測値と開始値との比（0.1秒毎の計測値／開始値）を用いて示した．本章の研究の結果は以下の通りである．

1. 車間距離の実測値は，被験者の平均では目測値より長く安全側であったが，高齢層では目測値が実測値より短くなる場合が約半数の被験者で見られた．
2. 実測値と目測値の比は，速度などの走行条件の主効果は認められなかったが，年齢層の主効果が認められる場合（通常の車間距離，20 km/h）があった．この場合，年齢層間の平均値の差に有意差は認められなかった．ただし，高齢層と他の年齢層を比較した検定の危険率は比較的小さい値であった．
3. 実測値が目測値より短くなる危険側の限界として，年齢層別に実測値と目測値の比の5パーセンタイル値を求めると，高齢層が最も小さく0.53であった．
4. 車間距離の0.1秒毎の計測値と開始値の比に，速度などの走行条件による主効果も，年齢層による主効果も認められなかった．
5. 変動によって車間距離が短くなる危険側の限界として，車間距離の0.1秒毎の計測値と開始値の比の5パーセンタイル値を求めると，0.81であった．
6. 10秒間隔で車間距離を目測によって修正する場合，10秒の間に車間距離が必要な車間距離を下回らないためには，設定しようとする（修正しようとする）車間距離の目測値は，必要な車間距離の2.3倍にしなければならないことが示された．

なお，本章で用いたデータは，筆者が調査研究課長として在籍中に自動車安全運転センターで実施した平成10年度の調査研究[22]に基づくものである．

文　献

1) Makishita, H., Mutoh, M.: Accidents caused by distracted driving in Japan, Safety Science Monitor, Special Edition, 3, pp. 1-12, 1999
2) 宇野宏，平松金雄：緊急状況における余裕時間とドライバの操舵回避との関係，人間工学，35（4），pp. 219-227, 1999
3) 大山正：反応時間の歴史と現状，人間工学，21（24），pp. 57-64, 1985
4) Johansson, G., Rumour, K.: Drivers' Reaction Times, Human Factors, 13（1），pp. 23-27, 1971
5) 近藤政市，渋川侃二：自動車を制御する際の空走時間の測定結果，日本機械学会誌，57（424），pp. 311-316, 1954
6) 小野田光之，安藤和彦：実車による制動停止距離の測定実験，土木技術資料，21（12），pp. 27-31, 1979

7) Olson, Paul L., Silvak, M. : Perception-Response Time to Unexpected Roadway Hazards, Human Factors, 28 (1), pp. 91-96, 1986
8) 牧下寛, 松永勝也：自動車運転中の突然の危険に対する制動反応の時間, 人間工学, 38 (6), pp. 11-19, 2002
9) 市原薫：路面の滑り抵抗に関する研究 (1), 土木研究所報告, 135 (3), 146pgs., 1969
10) 小笠原晋二, 渡辺英樹：路面供試体を用いた摩擦係数の測定結果, 自動車研究, 5 (11), pp. 438-445, 1983
11) 牧下寛, 松永勝也：普通乗用車運転者の緊急時の制動動作と制動距離, 人間工学, 37 (5), pp. 219-227, 2001
12) Rajalin, S., Hassel, S. and Summala, H. : Close-following drivers on two-lane highway. Accident Analysis and Prevention, 29 (6), pp. 723-729, 1997
13) 国際交通安全学会316プロジェクトチーム：ドライバーの行動と意見, IATSS REVIEW, 5 (4), pp. 255-266, 1979
14) 牧下寛, 松永勝也：運転者の属性と車間距離の関係, IATSS Review, 26 (1), pp. 57-66, 2000
15) Allen, R. W., Magdaleno, R. E., Serafin, C., Eckert, S. and Sieja, T. : Driver car following behavior under test truck and open road driving condition, SAE Paper 970170. Society of Automobile Engineers, Warrendale, PA, pp. 7-17, 1997
16) 山田稔, 鈴木徹：街路の追従走行における速度と車間距離の変動に関する研究, 土木計画学研究・論文集, No. 9, pp. 87-94 1992
17) 澤田東一, 小口泰平：車間距離制御における運転者の動作特性, 人間工学, 33 (6), pp. 363-370, 1997
18) Rockwell, T. : Skills, Judgment and Information Acquisition in Driving, Forbes, T. W., Human Factors in Highway Traffic Safety Research, pp. 133-164, John Wiley & Sons, Inc., New York, 1972
19) 松浦常夫, 菅原磯雄：高齢運転者の追従走行時の運転行動, pp. 23-29, 科学警察研究所報告交通編, 1992
20) 麻生勤, 宇野宏, 野口昌弘, 川崎由美子：運転中のナビ視認時間に関する台上試験の検討, 自動車研究, 24 (4), pp. 11-14, 2002
21) 木平真, 田久保宣晃, 星範夫, 小島幸夫：カーナビゲーション装置が関連した交通事故の特徴, pp. 44-50, 科学警察研究所報告交通編, 2002
22) 運転行動計測機を活用にした安全運転教育手法に関する調査研究, 自動車安全運転センター, 291pgs., 1999

第II部のまとめ

① 制動のエキスパートによって得られた緊急時の理想的な制動の制動距離は路面の摩擦係数に基づいて計算した理論値に近似していたが，一般運転者の緊急時の制動の制動距離は，理論値より長い側に大きくばらついていた．一般運転者の制動距離と理想制動の制動距離の比の95パーセンタイル値は約2であった．

② 危険の発生からブレーキを踏み始めるまでの反応時間を示した．危険の発生として設定したのは，人の飛び出しと，先行車の制動であるが，両者とも，各被験者の反応時間は大きくばらついていた．20代，40代，50代の各年齢層とも反応時間の最大値は約2秒であった．特に高齢層では，ほとんどの被験者で反応時間が通常のばらつきの範囲を大きくはみ出す外れ値が見られた．これは，高齢者の視線配分の頻度が低いことに現れている情報処理能力の低下のためであると考えられた．反応時間の平均的な値は，第3章の4で述べたように，違反・事故との関係は認められなかったが，反応時間の外れ値は危険回避を大きく遅らせるため，事故に結びつく可能性が高い．

③ 車間距離に関する特性として，車間距離が短くなることを示す接近傾向，車間距離の長さを正確に目測できることを示す車間距離の目測の正確性，車間距離が変動することを示す車間距離の不安定性の3つの指標を提案し，いずれも運転者に固有な特性と言えることを示した．

④ 昼夜の違い，先行車の違いによらず，車間距離の目測値は，実際の車間距離より短い場合が多いことを示した．昼夜の比較では，夜間は昼間より目測誤差が大きいが，目測値が実測値より短い安全側の誤差であった．また，先行車が小さい場合と大きい場合とで，車間距離の目測誤差に違いは認められなかった．

⑤ 車間距離の目測誤差については，車間距離の実測値が目測値より短くなる危険側の限界として，年齢層別に実測値と目測値の比の5パーセンタイル値を求めると，高齢層が最も小さく0.53であり，実測値は目測値の約1/2になることがあった．車間距離の変動については，車間距離が走行中に変動して短くなる危険側の限界として，0.1秒毎の計測値と計測開始値の比の5パーセンタイル値を求めると0.81であり，車間距離は開始値の約8割にまで低下することがあった．車間距離の目測誤差と走行中の変動を考えると，10秒間隔で車間距離を目測によって修正する場合，車間距離が衝突を回避するために必要な値を下回らないためには，設定しようとする（修正しようとする）車間距離の目測値は，必要な車間距離の2.3倍にしなければならないことが示された．

第III部

車間距離の実態

第Ⅰ部では，統計的に見た交通事故の実態を示し，事故防止のための車間距離の重要性について述べた．続く第Ⅱ部では，ほとんどの運転者が衝突を回避することのできる安全側の車間距離を求めるための基礎として，運転の基本的な能力である危険回避と安定した走行に関係する運転者の能力について述べた．第Ⅲ部（第9章及び第10章）では，事故事例の分析と交通状況の観測に基づいて，車間距離の実態を明らかにする．第9章では，一般道路の事故事例の調査に基づいて，危険を認知したときの車間距離と速度の関係を分析し，認知の遅れ時間などについて示す．第10章では，高速道路の観測に基づいて車間距離と速度の関係，車群の状況などを調べ，急制動の際の衝突発生の可能性について示すとともに，交通状況の危険度を評価する指標について提案する．

第9章　危険認知時の速度と車間距離

1．本章の位置づけ

　本章は，一般道路の事故事例の調査に基づいて実施した危険認知時の速度と車間距離に関する筆者らの研究結果を示すものである．

　これまでの章では，統計的に見た交通事故の実態や，それに関連した運転者の能力の特性を明らかにしてきた．運転者の能力では，緊急停止の能力と車間距離の維持に関する能力について示したが，これは，事故（衝突）が発生するのは，車間距離が停止距離より短い場合であることを念頭に検討したものである．

　危険を認知した時を起点とするならば，事故（衝突）が発生する条件は，危険を認知した時に衝突する可能性のある対象（以下，危険対象と呼ぶ）との距離が認知してから停止するまでの距離より短い場合であると言うことができる．危険を認知した時，停止に必要な距離はその時の速度で定まるため，危険を認知した時の速度（以下，危険認知速度と呼ぶ）とその時の危険対象との距離（以下，危険認知距離と呼ぶ）の関係が衝突回避の上で重要である．

　本章では，事例調査に基づいて，実際に発生した事故における危険認知速度と危険認知距離の関係を示す．本章では，危険認知距離と停止に必要な距離を比較するため，危険を認知してから停止するまでに走行する距離を停止距離として定義する．この定義は他の章の定義（危険の発生から停止するまでに走行する距離）とは異なる[注1]．この停止距離の定義に伴い，反応時間についても，危険を認知してからブレーキを踏み始めるまでの時間を反応時間として定義する．この定義も，他の章の反応時間の定義（危険の発生からブレーキを踏み始めるまでの時間）とは異なる[注2]．

注1）　本書では本章を除き，危険発生から停止までの走行距離を停止距離としている．第4章の注1参照．
注2）　第5章の「1．本章の位置づけ」参照．

2. 本章の背景と目的

危険の認知が遅れた場合でも，危険対象との距離が十分であれば，衝突を避けることは可能であり，安全確保のためには，常に十分な車間距離を維持して運転することが求められる．十分な車間距離があれば避けられる事故の代表は前方不注意事故である．前方不注意は，事故に至って初めて認定されるという性格が強く，前方不注意とされた運転者の行為が多様なこともあり，事故に至らなければ運転者には違反をしたという認識が乏しい．従って，事故防止のためには前方不注意をしないように指導するだけでは，十分な効果が期待できない．前方不注意は，漫然運転と脇見運転の総称であり，2001年の交通事故統計によれば，全事故[注3]では違反別事故件数の2番目であり，死亡事故では最多である．従って，この事故を防止することは，交通事故全体の防止効果も高い．そこで，本章では，前方不注意事故を取り上げ，危険認知速度と危険認知距離の関係を分析し，事故防止のための速度と車間距離のあり方について考察する．

表9-1 事故の違反別件数

第1当事者の運転者の違反	1995			2001		
	順位	件　数	構成割合（％）	順位	件　数	構成割合（％）
前方不注意	1	179,991	24.9	2	215,115	23.8
漫然運転		44,071	6.1		58,568	6.5
脇見運転		135,920	18.8		156,547	17.3
安全不確認	2	158,029	21.8	1	247,795	27.4
全事故		723,687	100.0		903,113	100.0

表9-2 死亡事故の違反別件数

第1当事者の運転者の違反	1995			2001		
	順位	件　数	構成割合（％）	順位	件　数	構成割合（％）
前方不注意	1	2,129	23.1	1	1,933	25.1
漫然運転		974	10.6		955	12.4
脇見運転		1,155	12.5		978	12.7
最高速度違反	2	1,965	21.3	2	1,167	15.1
全死亡事故		9,227	100.0		7,714	100.0

注3）　本書で扱っている事故は交通事故の中の人身事故であり，事故は人身事故を意味する．第1章の注1参照．

3. 前方不注意事故の概要

　本章は1995（平成7）年に東京都内で発生した前方不注意事故の事例データに基づいている．事故事例を検討した1995年と2001年について，自動車等の運転者が第1当事者であった事故の違反別件数1位と2位のものを表9-1に，死亡事故の違反別件数1位と2位のものを表9-2に示す[1,2]．ただし，表中の漫然運転の中には，居眠りが含まれている．1995年と2001年で前方不注意事故の占める割合にほとんど変化はなく，1位あるいは2位になっている．全国と東京都で，1995（平成7）年の前方不注意事故の割合を比較すると，全国では24.9％，東京都では19.2％となっており，東京都での構成割合が若干低かった[3]．

　前方不注意事故の中には，携帯電話の操作のように不注意の原因となったものが比較的明らかで，その原因行為を規制することが可能なものと，単に「ぼんやりしていた」，「考え事をしていた」等のように原因が外部からは見えにくく，本人もその時は認識していなかったため，あるいは他の車の状況を見ていた等のようにその行為自体に相当の理由がある等のため，原因行為を規制することが技術的に困難であると考えられるものがある．そこで，前方不注意事故を次の3グループに分類した．この分類は，通常の漫然運転と脇見運転の分類とは異なっている．また，交通事故統計では前方不注意の中の漫然運転に居眠りが含まれるが，この分類では居眠りは除外した．

　グループ1：運転に不必要な行為のため，前方不注意事故を起こした場合．例えば，電話
　　　　　　での会話，テレビを見ていた，ラジオを操作していたなど．
　グループ2：前方不注意の原因が明確でない場合，あるいは，規制などが困難な行為の場
　　　　　　合．ぼんやりしていた，考え事をしていたなどが主なもの．風景を見ていた
　　　　　　なども含める．

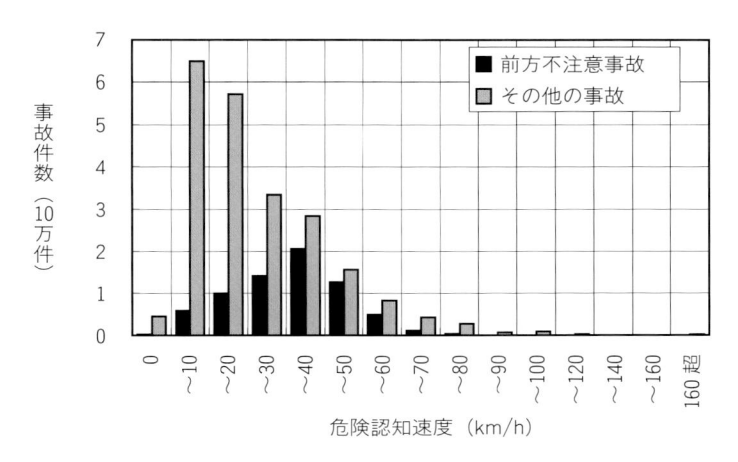

図9-1 前方不注意事故とその他の事故の危険認知速度の分布

グループ3：運転上必要なものを見ていたことが，結果的に前方不注意事故の原因になった場合．標識や歩行者を見ていたなど．

以上3グループは，1995年の交通事故統計によると，全国でグループ1が39,744件（3グループ中の22.3％），グループ2が83,000件（46.5％），グループ3が55,577件（31.2％）であった．

図9-1は，1990年から1994年までの全国の交通事故を累積し，前方不注意事故とそれ以外の事故について，運転者が危険を認知したときの速度（危険認知速度）の分布を示したものである．前方不注意事故は，他の事故と比較して危険認知速度が高い側に分布していた．

表9-3 収集事例のグループ別件数

	グループ	原因		件数	構成率(％)
対象外とした前方不注意事故	グループ1	運転に不必要な行為	ラジオの操作，雑誌を見ていた等	76	21.1
分析の対象とした前方不注意事故	グループ2	原因が具体的でない	漫然…ぼんやりしていた	81	22.4
			漫然…考え事をしていた	13	3.6
			脇見…一般的でない動作をしていた	109	30.2
	グループ3	原因に相当の理由がある	脇見…他の車，歩行者の動静を見ていた	68	18.8
			脇見…道，案内標識を見ていた	14	3.9
			グループ2と3の計	285	78.9
			合計	361	100.0

表9-4 グループ2と3に分類された収集事例の内容別件数

道路形状	交差点	単路	踏切	計
	137	147	1	285

行動類型	発進	直進			進路変更右	左折	右折・専用車線	右折・その他	横断	その他	計
		加速	等速	減速							
	6	23	204	12	2	1	11	22	1	3	285

車種	政令大型車(貨物)	大型車(貨物)	普通車(貨物)	軽自動車(貨物)	普通車(乗用)	軽自動車(乗用)	自動二輪401～750cc	自動二輪251～400cc	軽二輪126～250cc	原付二種51～125cc	原付自転車	その他	計
	7	11	40	21	120	4	2	20	16	4	37	3	285

4. 本章の記述の基になっている分析の対象事例

　本章で分析の対象としたのは，前述したように，東京都内で1995（平成7）年に発生した交通事故で，第1当事者の事故原因が前方不注意とされた死亡，重傷事故361件である．一般に被害が重くなると，事故の内容に関する資料の記述が詳細になるため，死亡，重傷事故に限定して事例の収集を行った．

　前述した前方不注意事故の分類で，グループ1の前方不注意は，運転者が運転に必要のない行為を避けることで防止が可能であり，そのような行為をする場合でも交通状況に配慮することができる．一方，グループ2と3は，前方不注意を防ぐために運転者が何をすべきかが明確でないものであり，十分な車間距離の維持が，事故防止のために，より必要とされるケースである．そこで，本章の研究では，グループ2と3を対象にして，危険認知速度と危険認知距離を調べた．前述した361件の事故について，グループ別に分類したものを表9-3に示す．対象事故は285件で，前方不注意事故361件の79％に当たり，前述した全国統計とほぼ等しかった．285件を内容別に分類したものを表9-4に示す．道路形状別では，交差点が137件，単路が147件，踏み切りが1件であった．第1当事者の行動類型では，等速直進中が204件で，加速，減速の直進中と合わせて239件であった．第1当事者の車種別では，普通乗用車が120件で，政令大型車以外の四輪車の合計は196件であった．事故の状況は道路形状や，行動類型，車種によって大きく異なるため，主なカテゴリーを含む一定の範囲に対象事故を限定して分析することとした．道路形状を単路，行動類型を加速・等速・減速で直進中，車種を大型車・普通車・軽自動車に限定すると，該当する事故は51件であった．

5. 危険認知速度と危険認知距離

　調査対象とした51件の収集事例について，第1当事者側の危険認知速度と危険認知距離を調べた．ただし，速度と距離は，事故現場の道路形状，車体の変形量，路面の制動痕及び事故当事者の供述等に基づいて，事故処理に当たった警察官が作成した調書から得たものである．値が得られた43件について危険認知速度の分布を図9-2に，危険認知距離の分布を図9-3に示す．また，危険認知距離をその時の危険認知速度で除した危険認知距離の時間換算値の分布を図9-4に示す．危険認知速度の分布は，図9-1に示した1990年から1994年までを累積した全国の前方不注意事故の分布と類似していた．

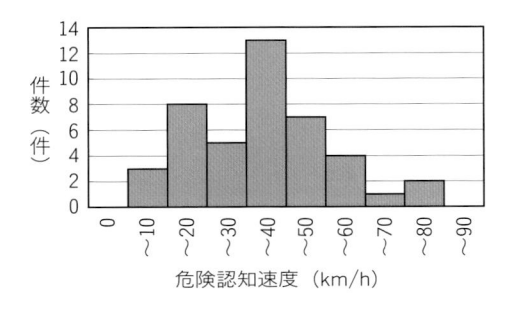

図 9-2　危険認知速度の分布

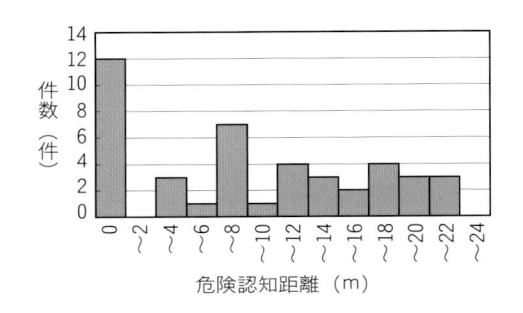

図 9-3　危険認知距離の分布

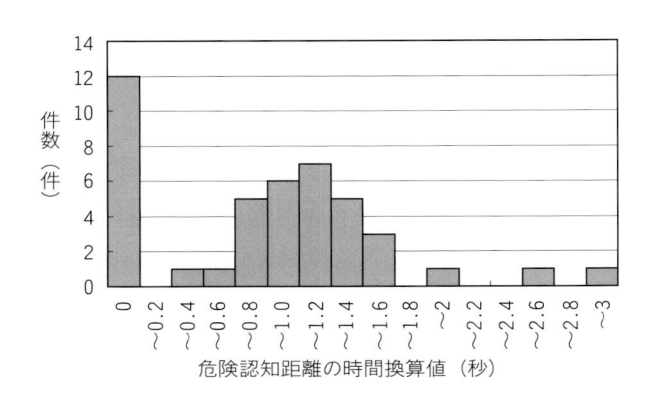

図 9-4　危険認知距離の時間換算値の分布

6. 衝突回避の可能性

　衝突を避けなければならない相手は，対向車，前を走行している車両，横から飛び出してくる人や車両など，事故の状況により様々である．前を走行している車両は，急制動した場合でも，一定距離を走行した後に停止するため，前を走行している車両の停止前に危険を認知すれば，衝突回避の可能性は高くなるが，一般道路では，そのようなケースが一般的とは言えなかった．本章では，回避すべき対象が認知した場所に停止すると仮定し，衝突の回避が困難な場合における速度と車間距離のあり方を検討することとした．（次章の高速道路の追突の検討では，危険の発生から停止するまでの走行距離を停止距離とし，前を走行している車両は，危険の発生から一定距離の走行の後に停止するとして分析する．）

6-1　制動による回避
　危険を認知して制動で衝突を回避しようとしたとき，危険対象に衝突しないためには，危険の認知から停止するまでの走行距離（停止距離）が危険対象までの距離（危険認知距離）より短くなければならない．回避の条件は以下の式①である．

$$s_{\text{stop}} < s \quad \cdots\cdots\cdots ①$$

$s_{\text{stop}} = v_0^2/2\mu g + v_0 t_a$：停止距離

$v_0^2/2\mu g$：制動距離

s　　：危険認知距離

v_0　：危険認知速度

μ　　：路面の摩擦係数

g　　：重力の加速度

t_a　：危険認知からブレーキが効き始めるまでの空走時間[注4]（本章での空走時間の定義は，他の章と異なる．）

　路面の摩擦係数は，舗装の種類，湿潤・乾燥などの状態，車両速度などにより変化するが[4,5,6]，本章の計算では，第4章の一般運転者を対象とした緊急時の制動に関する乾燥路面での実験結果に基づき，危険側の値として5パーセンタイル値の0.5を用いることとした[7],[注5]．空走時間は運転者の反応時間に相当するものであり，運転条件により変化する[8,9,10]．本章では，第5章の実験結果とOlsonら[11]の反応実験で計測された踏み替え時間を踏まえ，危険認知からブレーキが効き始めるまでの空走時間として，0.8秒を用いることとし，1.2秒とした場合も併せて検討することとした[注6]．

注4）　ブレーキが効き始めるのは，ブレーキを踏み始めるのと同時としている．

注5）　路面の摩擦係数 μ の値の調査結果は少なくないが，実際の制動距離を求める場合には，路面の性能だけではなく，運転者がどのような制動をするかに基づいて制動距離を決める必要がある．一般運転者71人を対象に緊急時を想定した制動の実験を乾燥路面で実施した結果，制動時の平均加速度の危険側の値として5パーセンタイル値を取ると，0.5 G（0.5×9.8 m/s²）であった（第4章の表4-3　強い制動の時の平均減速度0.45）．この下限の減速度に相当する摩擦係数 μ の値として0.5を用いることにした．

注6）　反応時間の研究は古くから行われており[9]，刺激の種類，強度，反応動作の種類など条件によって反応時間は異なることが知られている．自動車の運転に関する反応時間の計測でも実験条件は様々であり，結果も異なっている[10,11]．

　　本章では，危険認知距離の問題を扱っているため，危険認知時からブレーキを踏み始めるまでの時間を反応時間とした．この定義は，危険の発生からブレーキを踏み始めるまでの時間を反応時間とした他の章とは異なっている．

　　第5章の研究で，計測値の中央値を各被験者の代表値として95パーセンタイル値を求めると，ブレーキランプ（制動灯）に対する反応時間は，1.2（1.17）秒，飛び出しに対する反応時間は0.8（0.79）秒であった（第5章の表5-5）．第5章の検討では，危険を認知するまでに要する時間も反応時間の中に含まれているため，この値より本章の定義の反応時間は短いと考えられる．一方，Johansson[10]らは，音声に対するブレーキ反応の実験を基に，予期していないときの反応時間は予期しているときの1.35倍であったとしているが，危険発生から危険認知までの時間を含まない本章の反応時間では，予期の有無による影響は小さいと考えられる．

　　Olsonら[11]の実験では，反応時間を①危険発生からアクセルペダルを離すまでの時間（認知時間）と②アクセルペダルを離してからブレーキを踏み始めるまでの時間（踏み替え時間）に分けて計測している．危険の認知は，アクセルペダルから足を離すより前であると考えられるから，Olsonらの実験の踏み替え時間より本章での反応時間は長いと考えられる．

　　Olsonらが実施した，先行車のボンネットに取り付けたランプに対する踏み替え時間の計測では，18～40歳のグループの上限は0.4～0.5秒の間であり，95パーセンタイル値は0.3秒であったことを示した．同様の実験で，50～84歳のグループでは，95パーセンタイル値は0.3～0.5秒が示された．

6-2 ハンドルによる回避

ハンドルのみで回避しようとした場合，衝突しないためには，方向を変える動作中に危険対象まで走行しないことが必要である．回避条件は以下の式②である[13]．

$$s > v_0 t \qquad \cdots\cdots\cdots ②$$

 s ：危険認知距離
 v_0 ：危険認知速度
 t ：ハンドルによる回避に必要な時間

方向を変える動作に必要な時間は，宇野らの実験[14]を基に，3秒とした[注7]．

6-3 収集事例の分布

図9-5は，制動による衝突回避に必要な距離（停止距離）及びハンドルによる衝突回避に必要な距離とともに，収集した43件の危険認知速度に対する危険認知距離をプロットしたものである．制動による衝突回避に必要な距離（停止距離）は，空走時間が0.8秒の場合とともに，0秒の場合と1.2秒の場合についても示した．制動による場合も，ハンドルによる場合も，線の左上側が回避可能な領域である．プロットされた危険認知距離のばらつきは，危険認知時の車間距離の違いを反映している．また，図9-6は制動による衝突回避に必要な時間（停止距離の時間換算値）及びハンドルによる衝突回避に必要な時間とともに，収集した43件の危険認知距離を各事例の危険認知速度で除して危険認知距離の時間換算値を求め，危険認知速度に対してプロットしたものである．速度が高い場合は，停止距離がハンドルによる衝突回避に必要な距離を上回るが，この収集事例では，制動による衝突回避が不可能で，ハンドルによる衝突回避が可能な例はみられなかった．図9-5から，速度が高くなるほど，危険認知距離と衝突回避に必要な距離（停止距離）の差が大きかったことが分かる．また，図9-6から，速度が高くなるほど，危険認知距離の時間換算値と衝突回避に必要な時間（停止距離の時間換算値）の差が大きかったことが分かる．反応時間を0秒と仮定した場合でも高速になると事故は回避できない．すなわち，高速では反応時間の短いこと

  また，Olsonらは，道路上に予期することなく不意に見えてくる対象に対する踏み替え時間についても調べており，18～40歳のグループの95パーセンタイル値は，0.7～0.8秒，50～84歳のグループでは，0.5秒を得ている．
 本章の検討では，第5章の飛び出しに対する実験で，中央値を各被験者の代表値として求めた95パーセンタイル値に基づいて，反応時間は0.8秒を用いることにした．前述したように本章の反応時間は危険認知からの時間であるため，0.8秒より短いと考えるべきである．しかし，この0.8秒は，Olsonらの実験で示された不意に見えてくる対象に対する踏み替え時間の18～40歳のグループの95パーセンタイル値ともほぼ一致しており，その意味では，0.8秒が長すぎるとは言えない．第5章のブレーキランプ（制動灯）に対する実験で，中央値を各被験者の代表値として求めた95パーセンタイル値に基づいて，反応時間を1.2秒とした検討も一部併せて行う．
 注7） 宇野ら[14]はドライビングシミュレータを用いた実験により，静止障害物が現れたときのハンドルによる回避について調べている．この結果，障害物の出現を予期していた場合には，危険発生から3.0秒以上の時間でハンドルによる回避が可能との結論を得ている．

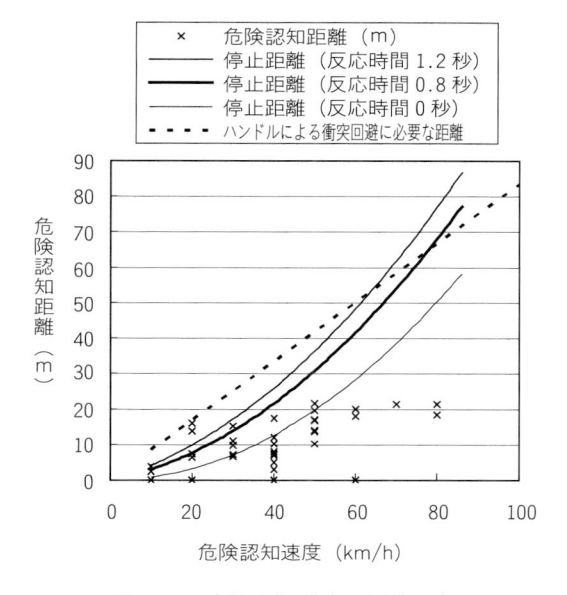

図 9-5 危険認知速度に対する危険認知距離

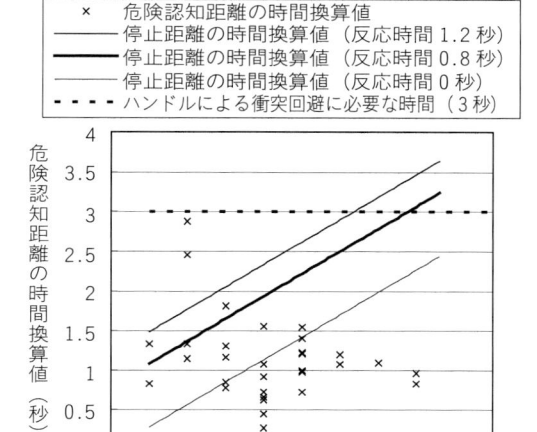

図 9-6 危険認知速度に対する危険認知距離の時間換算値

による効果は小さく，車間距離の不足を補うことはできない．

6-4 車間距離の不足，認知の遅れ，速度の出し過ぎ

収集事例について，車間距離の不足，認知の遅れ，速度の出し過ぎを調べる．危険を認知してから制動が行われるため，危険認知速度は通常の走行をしていたときの速度と考えることができる．そこで，通常の走行をしていたとき，緊急時の停止距離がどのような値であったかは，危険認知速度から求めることができる．停止距離が危険認知距離より長く危険認知距離が不足していたとき，車間距離の不足あるいは認知の遅れがあったと考えることができる．危険認知距離の不足量すなわち危険を認知したときの車間距離の不足量は，危険認知距離が停止距離よりどれだけ短いかを示す距離であり，停止距離と危険認知距離の差である．危険認知距離の不足は，危険認知が遅れたため，もとの速度のまま減速することなく走行したためであると考えれば，認知の遅れと考えることもできる．危険認知距離の不足量を危険認知速度で除すことで，認知の遅れ時間が求められる．認知の遅れ時間は，その時間の分だけ早く危険を認知していれば衝突を回避できたと考えられる時間である．見方を変えるなら，危険を認知したとき，この時間に相当する距離の分だけ危険対象に近づきすぎていた量である．危険認知距離の不足量は以下の式③で，認知の遅れ時間は式④で示すことができる．

$$\delta s = s_{\text{stop}} - s \quad \cdots\cdots\cdots ③$$

$$t_{\text{delay}} = (s_{\text{stop}} - s)/v_0 \quad \cdots\cdots\cdots ④$$

δs ：危険認知距離の不足量
t_{delay} ：認知の遅れ時間
s_{stop} ：停止距離
s ：危険認知距離
v_0 ：危険認知速度

危険認知距離で停止できる危険認知速度は，以下の式⑤の解として，⑥式で求められる．

$$s_{stop} = s \qquad \cdots\cdots\cdots ⑤$$

$s_{stop} = v_0^2/2\mu g + v_0 t_a$：停止距離（6-1 参照）
s：危険認知距離

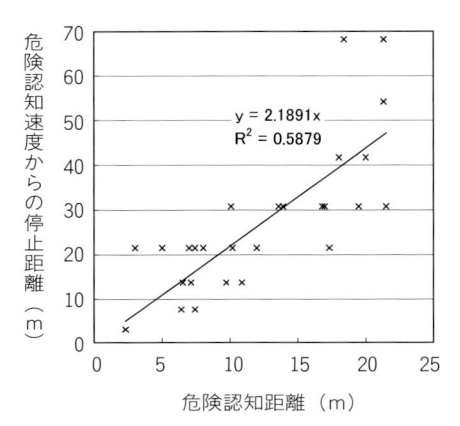

図 9-7 危険認知距離に対する危険認知速度からの停止距離（空走時間 0.8 秒の場合）

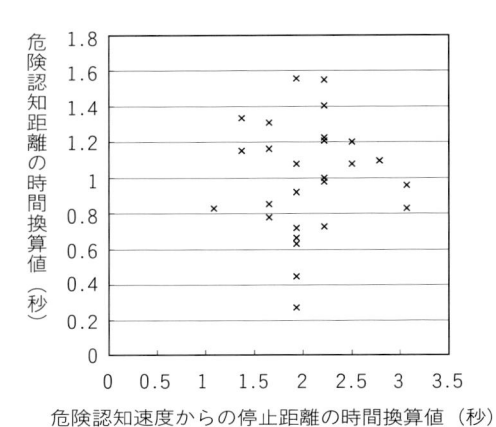

図 9-8 危険認知速度からの停止距離の時間換算値に対する危険認知距離の時間換算値

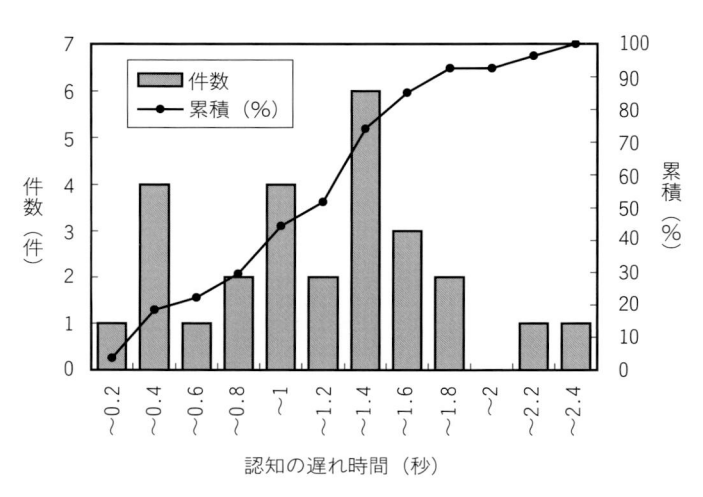

最小＝0.03，平均＝1.05，最大＝2.24（秒）

図 9-9 認知の遅れ時間の分布

第9章　危険認知時の速度と車間距離

図9-10 危険認知速度に対する危険認知距離の不足（空走時間0.8秒の場合）

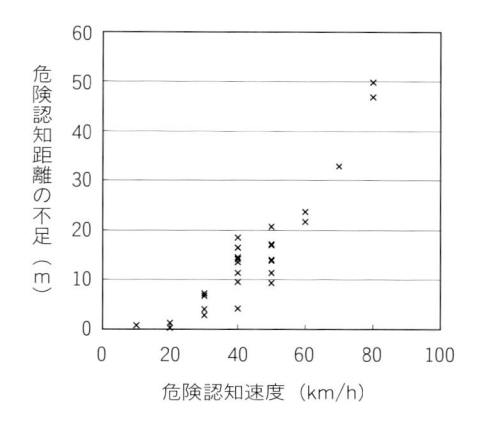

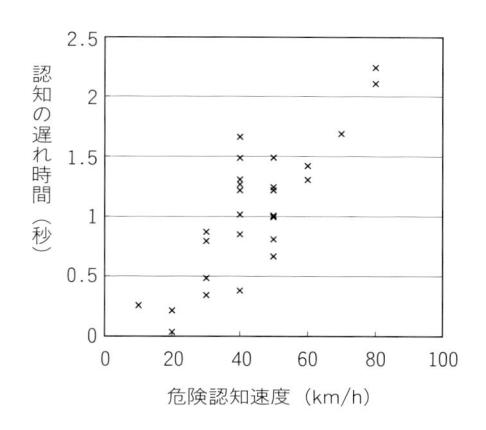

図9-11 危険認知速度に対する認知の遅れ時間（空走時間0.8秒の場合）

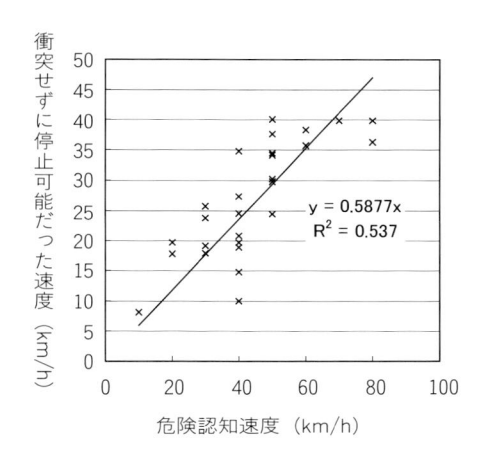

図9-12 実際の危険認知速度に対する衝突せずに停止可能だった速度（空走時間0.8秒の場合）

$$v_0 = (-t_a + \sqrt{t_a^2 + 2s/\mu g})\mu g \qquad \cdots\cdots\cdots ⑥$$

　収集事例43件中の12件は，危険を認知したときには衝突していたケースであった．また，4件の危険認知距離は衝突回避が可能と考えられる値であった．

　残りの27件について危険認知速度からの停止距離（停止に必要だった距離）を求め，当該事例の危険認知距離との関係を見たものを図9-7に示す．停止距離は，危険認知距離の2倍前後であった．27件について危険認知距離を危険認知速度で除したもの（危険認知距離の時間換算値）と危険認知速度からの停止距離を危険認知速度で除したもの（停止距離の時間換算値）との関係を図9-8に示す．図9-6と意味するところは同じであり，危険認知距離の時間換算値は停止距離の時間換算値とはほとんど無関係に分布していた．27件につい

て，認知の遅れ時間の分布を図9-9に示す．認知の遅れ時間の平均は1.1秒，最大が2.2秒であった．速度が高くなるほど，危険認知距離と衝突回避に必要な距離の差が大きくなることを前述したが，27件について，危険認知距離の不足と危険認知速度の関係を図9-10に，危険認知距離の不足を危険認知速度で除した認知の遅れ時間と危険認知速度の関係を図9-11に示す．図9-5に示したように，速度が高くなっても危険認知距離の増加は小さいため，速度が高くなるほど，停止距離が増加する分だけ危険認知距離の不足が大きくなることがわかる．危険を認知していれば衝突が避けられた時点からどれくらい遅れて危険を認知したかを示す認知の遅れ時間は，速度にほぼ比例して大きくなっていた．27件について危険認知距離が停止距離と等しくなる速度（衝突せずに停止可能だった速度）を求め，当該事例の実際の危険認知速度との関係をみたものを図9-12に示す．この図は，事故を避けるためには，どのような速度で走行しているべきだったかを実際の速度と比較したものである．衝突せずに停止可能だった速度は，実際の速度の約6割であったことが分かる．

7. まとめ

本章では，前方不注意事故の中でも原因行為を規制することが困難であると考えられた事故について検討した．収集した事例について，危険認知速度と危険認知距離を調べ，車間距離の不足，認知の遅れ，速度の出し過ぎの3つの観点から検討した．危険認知速度からの停止距離は，危険認知距離の2倍前後であった．危険認知距離を危険認知速度で除した時間換算値は，停止距離の時間換算値とはほとんど無関係に分布していた．衝突回避可能な時点からどのくらい遅れて危険を認知したかを示す認知の遅れ時間は，平均で約1秒，最大で約2秒であった．速度が高くなるほど，事故を回避するために危険認知距離が長くなければならないが，事故事例では速度が高くなっても危険認知距離はほとんど変化しておらず，衝突回避のために必要な距離と時間は，速度が高くなるほど不足していた．速度の抑制という観点で見ると，実際の速度の約6割まで下げた速度が，事故を回避することができる速度であった．以上からも分かるように，前方不注意事故は，車間距離の不足や認知の遅れ，速度の出し過ぎに関係していると言うことができる．十分な車間距離の維持，あるいは車間距離に見合った速度で走行することが事故防止のために必要である．

文　献

1) 交通統計，平成7年版，警察庁交通局，175 pgs., 1996
2) 交通統計，平成13年版，警察庁交通局，207 pgs., 2002
3) 警視庁交通年鑑，平成7年版，警視庁交通部，431 pgs., 1996
4) Ichihara, K.: Studies of Skidding Resistance on Road Surfaces (1) Ordinary Road Surface, Journal of Research PWRI (Public Works Research Institute), 146 pgs., 1969
5) 市原薫：路面の滑り抵抗に関する研究 (1), 土木研究所報告，146 pgs., 1969

6) 小笠原晋二，渡辺英樹：路面供試体を用いた摩擦係数の測定結果，自動車研究，5（11），pp. 438-445
7) 牧下寛，松永勝也：緊急時の制動動作と制動距離，人間工学，37（5），pp. 219-227, 2001
8) Stannard Baker, J. : Traffic Accident Investigation Manual, The Traffic Institute, Northwestern University, 333 pgs., 1979
9) 大山正：反応時間の歴史と現状，人間工学，21（24），pp. 57-64, 1985
10) Johansson, G., Rumour, K. : Drivers' Brake Reaction Times, Human Factors, 13（1），pp. 23-27, 1971
11) Olson, Paul L., Silvak M. : Perception-Response Time to Unexpected Roadway Hazawards, Human Factors, 28（1），pp. 91-96, 1986
12) 牧下寛，松永勝也：自動車運転中の突然の危険に対する制動反応の時間，人間工学，38（6），pp. 324-332, 2002
13) 交通事故調査・分析報告書（平成7年度報告書），㈶交通事故総合分析センター，231 pgs., 1996
14) 宇野宏，平松金尾：緊急状況における余裕時間とドライバーの操舵回避との関係，人間工学，35（4），pp. 219-227, 1999
15) Makishita, H., Mutoh, M. : Accidents Caused by Distracted Driving in Japan, Safety Science Monitor, Special Edition 1999, Vol. 3, 1999
16) 牧下寛，別部鑛雄，武藤美紀：前方不注意事故における速度と事故回避の可能性の関連，科学警察研究所報告交通編，38（1），pp. 10-19, 1997

第10章 交通流の中の速度と車間距離

1. 本章の位置づけ

　本章は，高速道路の観測結果に基づいて実施した速度と車間距離に関する筆者らの研究結果を示すものである．
　前章では，一般道路の事故事例の調査に基づき，危険を認知したときの速度（危険認知速度）とその時の危険対象との距離（危険認知距離）の関係を分析した．その結果，事故に至った場合について，衝突した相手との間で不足していた距離，認知の遅れ時間などを明らかにした．本章では，高速道路の観測結果を基に，速度と車間距離，交通量などの1日の推移を示す．また速度と車間距離の関係及び車群の構成状況から，交通状況の危険の程度を評価する方法を提案し，提案した方法を観測結果に適用して，現状の交通流に潜む危険について論じる．

2. 本章の背景と目的

　車間距離が不十分なために発生したと考えられる事故は多く[1]，特に，前方不注意による追突事故はその傾向が強い．さらに，車群を作って走行している場合は，多重衝突につながる可能性も高い．1999（平成11）年に自動車等の運転者が第1当事者となった事故を違反別にみると，前方不注意事故が最も多く24.3％を占めていた．高速道路では，前方不注意事故の割合はさらに高く，事故の42.6％であった．事故類型別にみると，高速道路では，追突事故は事故の57.5％で，走行車に対する追突事故に限定しても19.9％を占めた[2]．また，高速道路での事故は一般道路と同様に，昼間の割合が高く約6割を占めるが，死亡重傷事故に限定すると夜間の割合が5割に近い．特に大型トラックでは，高速道路での死亡重傷事故は夜間の割合が昼間より高く約6割を占めるなどの特徴もある．したがって，昼夜別車種別に走行状況を明らかにすることも必要である．中島ら[3]は，東名高速道路で，一定間隔で走行を続けている場合を車間距離として計測し，最頻値をもとに，夜間は大型車，小型車ともに車間距離が短くなる車両が増加すると述べている．一方，谷口[4]は，東名高速道路と

東北自動車道路において，同様の定義で車間距離を計測し，中央値，最頻値をもとに，車間距離が短くなる時間帯は昼間に多く，長くなる時間帯は夜間に多いことを示した．結論として，車間距離は交通量と密接な関わりがあると述べている．江上ら[5]の一般道路の調査では，一定以下の車間距離の車両を追従走行と見なして比較し，車間距離の平均値は夜間の方が長く，大型車の方が小型車よりも車間距離は長かったとの結論を得ている．このように，昼夜の車間距離に関しては，いくつかの調査結果が示されているが，意見は分かれており，必ずしも実態は明らかでなかった．車種別では大型車の車間距離は小型車より長いとの結論が多いが，車間距離のとらえ方については，考えが統一されていない．すなわち，走行が安定している状態で考えるべきであるとする意見や，過渡的な状態も含めて考えるべきであるとする意見などがあり，交通状況を表すための平均的な車間距離の算出方法は統一されていない．これは，算出された車間距離を，目的に応じて評価する方法が定まっていないことに一つの理由があると考えられる．本章の研究は，事故防止の観点から交通状況の危険の程度を評価することが目的であり，車間距離をその評価に結びつける方法を検討する．車間距離による危険の程度の評価では，事故を回避できるか否かが最も重要であり，事故があらゆる状況で起こりうる以上，過渡的な場合を含めて車間距離を扱うのが妥当であると考えられる．そこで本章では，過渡的な場合を含めて車間距離を扱うこととする．車間距離とともに速度，交通量，車群[注1)]の大きさなどを危険の程度の評価に反映させるため，いずれかの車両が急制動[注2)]した時，追突される可能性に加え，その追突事故に巻き込まれて当事者となることが予測される車両台数を調べる．これにより，個々の車両の走行状況とともに，車群の状況の危険の程度を明らかにする．

3．本章の記述の基になっている観測と分析の方法

3-1 観測方法

観測調査は，東名高速道路の3地点で実施した（図10-1，表10-1）．各実施地点は，平坦部（地点1），下り坂（地点2），登り坂（地点3）である．ただし，地点2，3は同一場所で，上下の車線を観測したものである．いずれも，緩やかなカーブを繰り返す区間（図10-2）の中の大きな曲線半径の場所であり，走行時の体感では直線部と変わりなかった．3地点とも規制速度は，100 km/hで，車線数は片側2車線，往復4車線であった（図10-3，図10-4）．

注1) 100 km/hの走行では，停止距離から考えて，維持すべき車間距離は100 mが一つの目安とされていることから，本章の研究では，2台の車両の車間距離がお互いに100 m以内の時を追従走行とし，追従走行が連続している状態の先頭から最後尾までの車両を車群と呼ぶことにした．

注2) 急制動は，急な速度の低下，急な加速度の変化をもたらす制動のことであり，本章では，緊急時に急停止の必要が生じたときの制動の意味で用いている．加速度の変化，制動距離などの定量的な値は個人により異なるが，平均値や分布についての実験値が得られている[6]．

第10章　交通流の中の速度と車間距離

表10-1　観測地点の概要

	車線	勾配	曲線半径（m）	直近のキロポスト
地点1	下り車線	平坦	3,500	222
地点2	上り車線	下り坂（勾配2.3%）	1,500	117
地点3	下り車線	登り坂（勾配2.3%）	1,500	

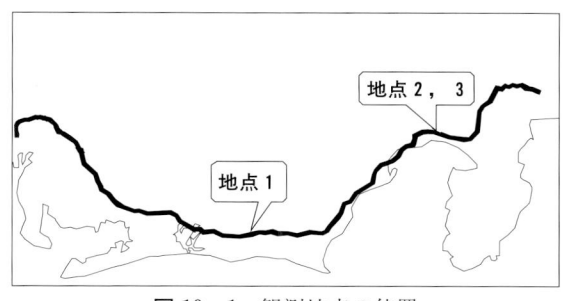

図10-1　観測地点の位置

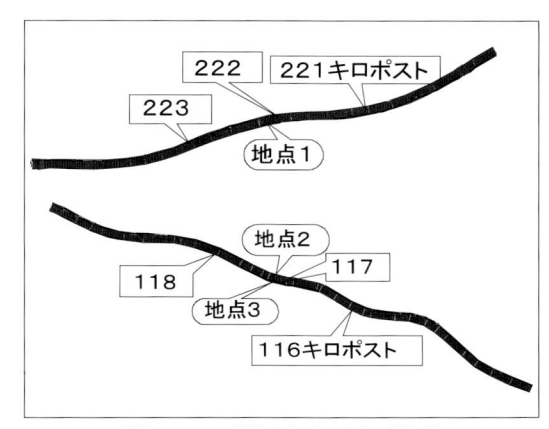

図10-2　観測地点の平面線形

図10-3　地点1（右側）の状況

図10-4　地点2（右側），地点3（左側）の状況

観測では，20分間のビデオ撮影を40分の間をおいて24回行い，1日の推移を記録した．撮影は，オーバーブリッジから行い，通過車両毎に，長さ80mの設定区間への入出時刻を調べた．高速道路の事故は1999（平成11）年では，普通乗用車，普通トラック，大型トラックで92.7％を占めていること，それ以外の車両の中でバスと二輪車は大きさが著しく異なることを考慮し，観測車両は，普通乗用車，普通トラック，大型トラック，バス，二輪車，その他に分類した．大型トラックは，車両総重量が8トン以上または最大積載量が5トン以上の貨物自動車であるが，速度表示装置がある場合に大型トラックとして分類した．また，大型トラック以外の貨物自動車は普通トラックに分類した．バスは乗車定員30人以上の政令大型自動車に属する乗用車とし，マイクロバスは普通乗用車に分類した．観測による正確な車種の識別は困難であるが，後述するように，普通乗用車，普通トラック，大型トラック以外の車両は交通量も極めて少なく，調査全体に与える誤差の影響は軽微であると考えられる．分析結果を示す際には，普通乗用車，普通トラック，大型トラック以外の車両をその他として示した．車両の速度は，前述の区間長を車両の入出の時間差で除すことで求めた．車頭間隔は続いて走行している2台の車両が区間から出た時間の差に2台のうちの前の車両の速度を乗じて求めた．車間距離は車頭間隔から前を走行している車両の車種の平均車長を減じることで求めた．この場合の車種は，観測車両の分類と同じである．各車種の平均車長はカタログにより複数のメーカーの車両を平均して求め，普通乗用車4.4m，普通トラック6.9m，大型トラック10.3m，バス10.0m，二輪車2.0m，その他6.9mとした．道路構造令に示す設計車両の諸元（小型自動車4.7m，普通自動車12m，セミトレーラ連結車16.5m）[7]より小さい値である．各車種の交通量を考え，普通乗用車の平均を求める際にはマイクロバスや軽乗用車は含めなかった．同様に，普通トラックの平均では，軽トラックは含めなかった．その他は工事用の車両が大部分であり，普通トラックと同じ値を用いることにした．

3-2 追突するか否かの判定方法

前を走行している車両（先行車と呼ぶ）が急制動した時に，続いて走行している車両（追従車と呼ぶ）が追突するか否かを次の方法で判定した．以下，「追突する」，「追突事故になる」などと述べているのは，いずれも，この方法で追突すると判定されたことを意味している．

車両1の運転者が何らかの危険を認知して急制動するものとする．車両1に対する危険の発生からt秒後までに車両1が走行する距離l_1は式①で求められる．式②は，車両1に対する危険の発生からt秒後の車両1の速度vを示しており，速度vが正の値であることが満たすべき条件である．

$$l_1 = v_1 \cdot t - 1/2 \cdot \mu \cdot g \cdot (t-t_{01})^2 \qquad \cdots\cdots\cdots ①$$

$$v = v_1 - \mu \cdot g \cdot (t-t_{01}) \geq 0 \qquad \cdots\cdots\cdots ②$$

l_1 ：車両1に対する危険の発生から，t 秒後までに車両1が走行する距離

v_1 ：ブレーキが効き始める前の車両1の速度

t ：車両1に対する危険が発生してからの経過時間

t_{01} ：車両1に対する危険が発生してから，ブレーキが効き始めるまでの空走時間

μ ：路面の摩擦係数

g ：重力加速度

同様に，車両1に追従する車両2は，車両1の急制動という車両2に対する危険の発生に対応して急制動するものとする．車両1のブレーキが効き始めた時（制動灯の点灯時）を車両2に対する危険の発生時点として，車両1に対する危険の発生から t 秒後までに車両2が走行する距離 l_2 を式③で求める．式④は，車両2の速度 v が満たすべき条件である．

$$l_2 = v_2 \cdot t - 1/2 \cdot \mu \cdot g \cdot (t - t_{01} - t_{02})^2 \qquad \cdots\cdots\cdots ③$$

$$v = v_2 - \mu \cdot g \cdot (t - t_{01} - t_{02}) \geq 0 \qquad \cdots\cdots\cdots ④$$

l_2 ：車両1に対する危険の発生から，t 秒後までに車両2が走行する距離

v_2 ：ブレーキが効き始める前の車両2の速度

t ：車両1に対する危険が発生してからの経過時間

t_{02} ：車両2に対する危険の発生である車両1のブレーキが効き始めてから，車両2のブレーキが効き始めるまでの空走時間．

l_{1-2} を，車両1に対する危険が発生した時の車両1と車両2の車間距離として，車両2が停止する前に，車両1に追いつき，$l_2 \geq l_1 + l_{1-2}$ になる場合，車両2は車両1に追突すると判定する．さらに，車両2に追従する車両3は，車両2の急制動に対応して急制動するとし，車両3が停止する前に車両2に追いつく場合，追突すると判定する．このようにして，車両1の急制動による追従車への影響を順次計算する．路面の摩擦係数は，舗装の種類，湿潤・乾燥などの状態，車両速度などにより変化するが[8]，ここでの計算には，第4章の一般運転者を対象とした緊急時の制動に関する乾燥路面での実験結果に基づき，危険側の値として5パーセンタイル値の 0.5 を用いることとした[6],[注3]．空走時間は運転者の反応時間に相当するものであり，運転条件により変化するが[9,10,11]，本章では，第5章の実験結果と Olson ら[12] の実験を踏まえ，危険発生からブレーキが効き始める[注4] までの空走時間として1秒を用いることとした[注5]．摩擦係数，空走時間とも，追突の可能性を高く評価する側の値を用いたものである．また，縦断勾配が計算に与える影響は，今回の観測地点の勾配が軽微なため，式には含めないことにした．

注3） 第9章注5参照

注4） ブレーキが効き始めるのは，ブレーキを踏み始めるのと同時としている．

4. 車間距離の現状と危険の程度

4-1 交通量と速度の時間推移

観測時間20分×24回の間に観測地点を通過した全車両を分析対象にした．全観測時間での車種別の交通量（観測地点を通過した車両の台数）を表10-2に示す．交通量の1日の推移を図10-5に，平均速度の推移を図10-6に示す．交通量の推移は3地点で類似しており，いずれも，普通乗用車の台数は夜間に減少し，大型トラックの台数は夜間に増加していた．また，走行車線は追越車線に比べ大型トラックの割合が高かった．速度は，地点1，2では，追越車線は走行車線に比べ，1日を通して10～20 km/h高かったが，地点3では，車線間の速度差が小さかった．図10-7は，普通乗用車と大型トラックについて，速度域別の車間距離の構成割合を観測地点別車線別に示したものである．3地点の傾向は類似しており，追越車線は，走行車線に比べ，いずれの速度域でも車間距離の短い車両の割合が高かった．車種別では，大型トラックの方が普通乗用車より車間距離の長い車両の割合が高いが，高速域では普通乗用車は車間距離の長い車両の割合が高くなり，大型トラックと同程度であった．

4-2 追突車両台数の車種別割合

前述した交通量，速度，車間距離の実態から危険の程度を評価するための検討を行った．はじめに，運転者の立場から見て，自車が急制動したときに，追突されるか否かを検討した．観測地点を通過したそれぞれの車両iについて，車両iが急制動したとき，追従車に追突される場合の数（追突される車両iの台数）を，車両iの車線別車種別の交通量で除して，追突される車両の割合を求めた．図10-8は，その結果を観測地点別に示したもので，

注5) 第9章注6と一部重複．反応時間の研究は古くから行われており[10]，刺激の種類，強度，反応動作の種類など条件によって反応時間は異なることが知られている．自動車の運転に関する反応時間の計測でも，実験条件は様々であり，結果も異なっている[11,12]．

第5章の研究で，ブレーキランプ（制動灯）に対する反応時間は，計測値の中央値を各被験者の代表値として年齢層別に95パーセンタイル値を求めると，20代では1.0秒，40～50代では1.1秒，60代では1.2秒であった（第5章の表5-5）．また，Olsonら[12]は，ボンネットに取り付けたランプに対する反応の計測を行っており，18～40歳のグループの反応時間は，95パーセンタイルでは0.8秒，上限では1秒であったことを示した．同様にOlsonらの実験で50～84歳の95パーセンタイル値は1秒であった．

先行車のブレーキランプ（制動灯）に対する反応についての本章の検討では，Olsonらが示した18～40歳の95パーセンタイル値の0.8秒，50～84歳の1秒，第5章で示した20代の1.0秒，40～50代の1.1秒，60代の1.2秒を基に，反応時間として1秒を用いることにした．道路構造令で示す2.5秒は，道路の視距を確保することが目的であり，視界の中に今まで見えていなかった障害物が予期することなく突然現れる場合を想定した反応時間であるため，本章で想定しているブレーキランプの点灯などの反応時間より長くなると考えられる．

表10-2 車種別の交通量（観測時間20分×24回の間に観測地点を通過した車両台数）

	地点1		地点2		地点3	
	走行車線（台）	追越車線（台）	走行車線（台）	追越車線（台）	走行車線（台）	追越車線（台）
普通乗用車	1,740	3,173	1,702	2,996	1,848	2,999
普通トラック	1,121	651	1,076	748	1,160	689
大型トラック	3,042	1,403	2,785	1,318	2,770	1,274
その他	227	74	274	87	237	58
全車種合計	6,130	5,301	5,837	5,149	6,015	5,020

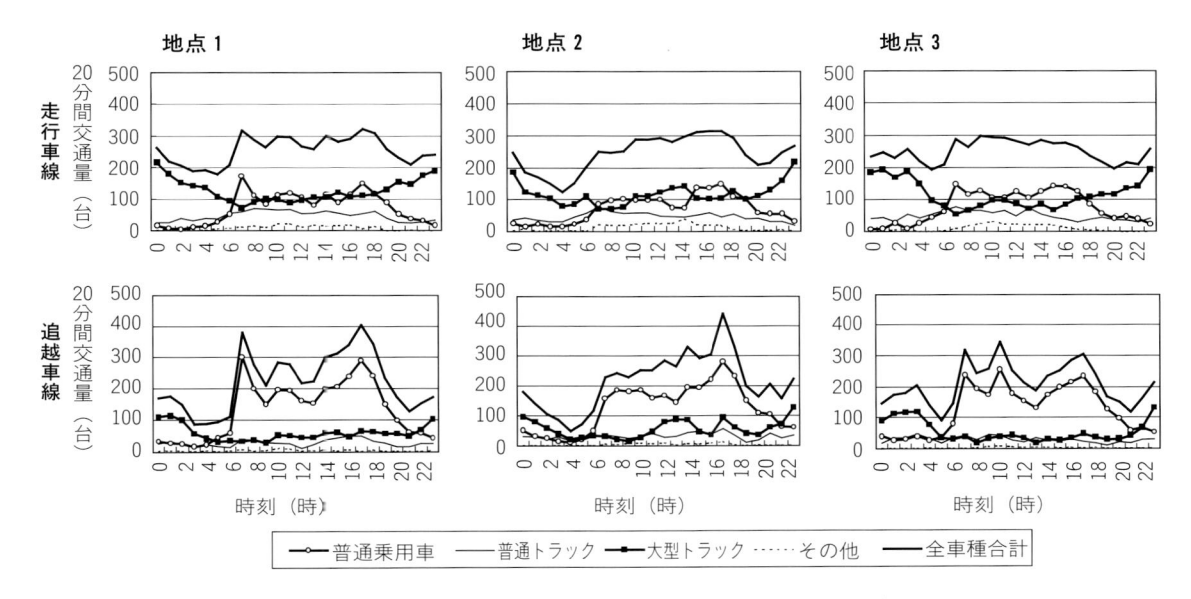

図10-5 交通量の1日の推移（各時刻の20分間交通量）

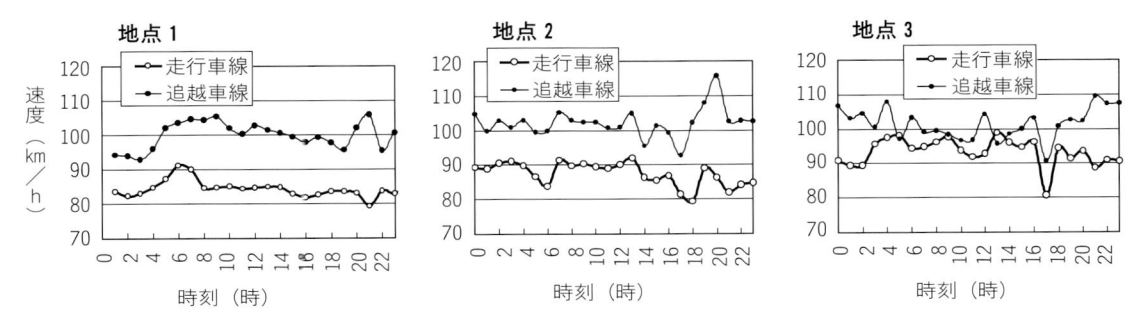

図10-6 平均速度の1日の推移（各時刻の20分間交通）

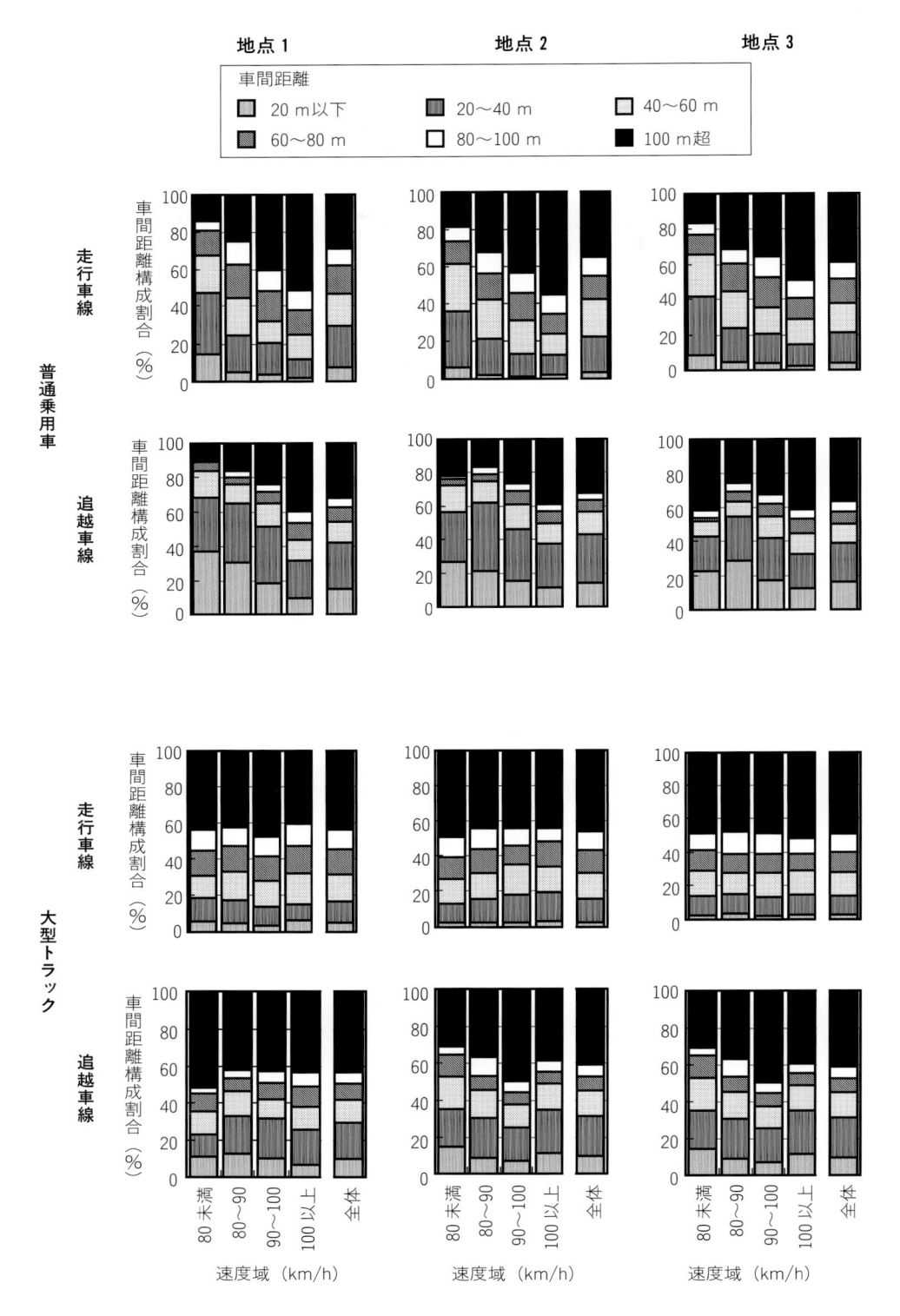

166　　第III部　車間距離の実態

図10-7　普通乗用車と大型トラックの速度域別の車間距離構成割合（観測地点別車線別）

第10章 交通流の中の速度と車間距離

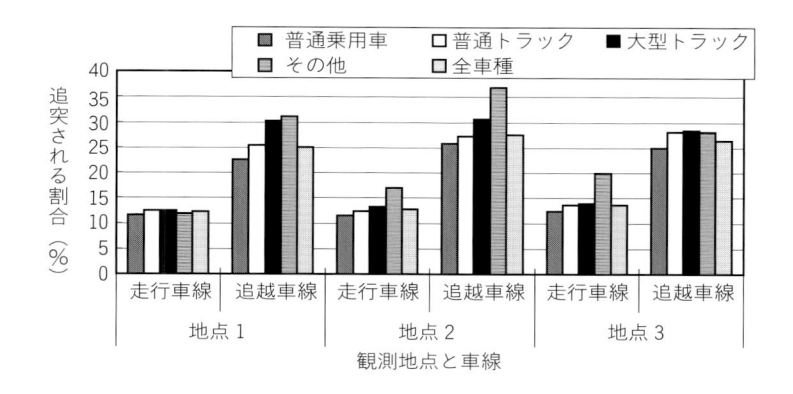

図10-8 急制動したときに追突される車両の割合（観測地点別車線別車種別）

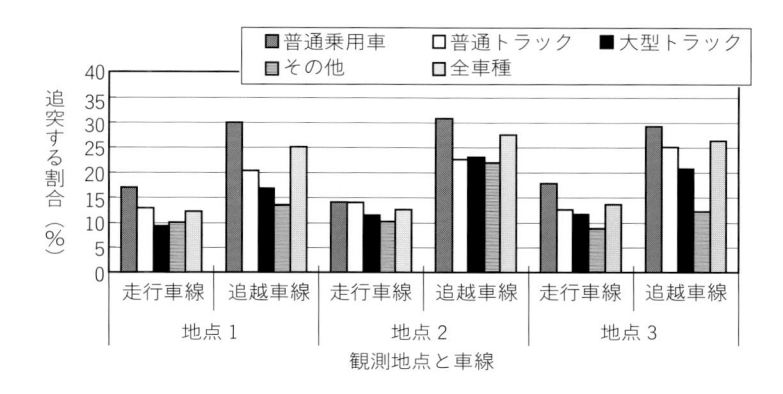

図10-9 先行車が急制動したときに追突する車両の割合（観測地点別車線別車種別）

各車種の車両iが急制動したときに追従車に追突される割合を示している．いずれの観測地点でも，追越車線は走行車線より追突される割合が高かった．車種による差は大きくないが，大型トラックが急制動したときに追突される割合は普通乗用車より高かった．全車種でみると，追越車線で急制動したとき，追突される割合は約25％であり，走行車線では約13％であった．

次に，運転者の立場から見て，自車の前を走行している車両が急制動したとき，自車が追突することになるか否かを検討した．観測地点を通過したそれぞれの車両jについて，先行車が急制動したとき，追従している車両jが追突する場合の数（追突する車両jの台数）を，車両jの車線別車種別の交通量で除して，追突する車両の割合を求めた．図10-9は，その結果を観測地点別に示したもので，各車種の車両jの先行車が急制動したときに車両jが追突する割合を示している．いずれの観測地点でも，追越車線は走行車線より追突する割合が高かった．車種については，走行車線，追越車線ともに，先行車が急制動したとき，普

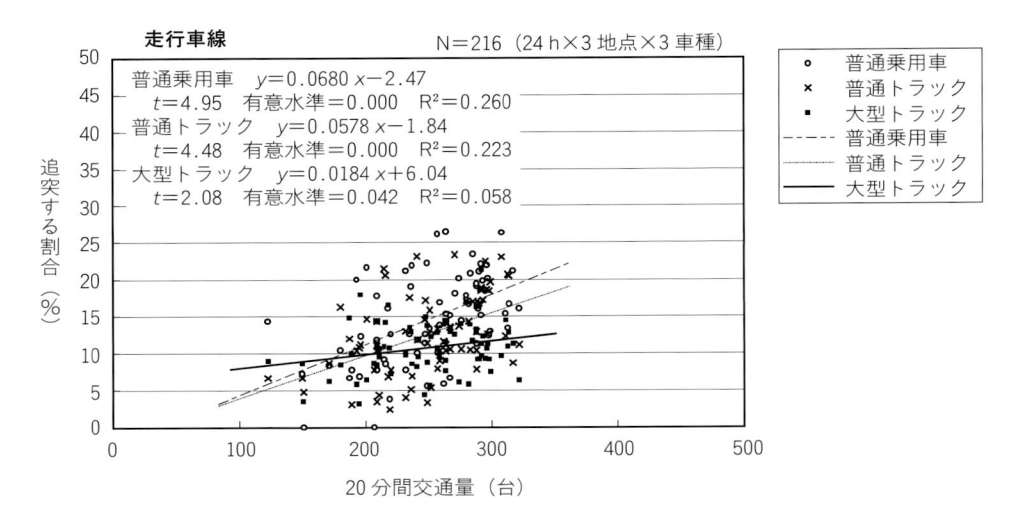

図 10 - 10 走行車線の全車種合計の 20 分間交通量に対する先行車が急制動したときに追突する車両の車種別割合の分布（地点 1 ～ 3）

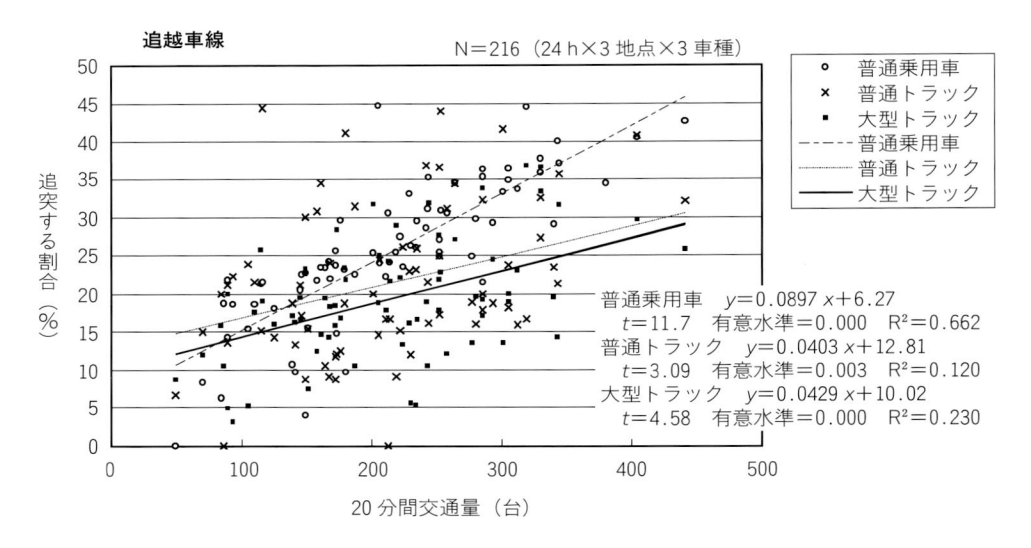

図 10 - 11 追越車線の全車種合計の 20 分間交通量に対する先行車が急制動したときに追突する車両の車種別割合の分布（地点 1 ～ 3）

通乗用車は追突する割合が高かった．特に，追越車線では普通乗用車が追突する割合は約30％であり，不十分な車間距離で走行している普通乗用車の多いことが示された．

3地点を比較すると，図 10 - 8，図 10 - 9 に示したように，追突事故になる割合は観測した3地点で類似していた．速度は，地点1，2と地点3で，異なる特徴が示された（図10 - 6）が，追突するか否かは，速度と車間距離の関係で決まるため，追突事故になる割合が3地点で類似していたのは，速度域別の車間距離構成割合が3地点で類似していた（図10 - 7）

4-3 交通量と追突車両の割合の関係

交通量の増加に伴う各車種の車両の車間距離の変化を，追突事故を回避できるか否かの観点で把握するため，走行車線と追越車線それぞれについて，先行車が急制動した時に追突する車両の車種別割合と各車線の全車種合計の20分間交通量の関係を求めた．これは，運転者の立場から見ると，自車の前を走行している車両が急制動した時，自車が追突すると判定される割合が，交通量の変化とともに，どのように変化するかということである．

4-1，4-2に示したように，3地点で交通量の推移，追突事故になる割合は類似しており，このことからも推測できるように，追突する車両の割合と交通量の関係も3地点で類似していた．そこで，ここでは，3地点をまとめて分析することとした．分析結果は，走行車線を図10-10に，追越車線を図10-11に示す．図には，車種別に，追突する車両の割合 y と各車線での全車種合計の交通量 x との関係を表す回帰直線を示した．追突する車両の割合は，いずれの車線，車種の場合も交通量と有意な相関があるが，全体として交通量の説明力は弱く，決定係数 R^2 の値は大きくなかった．

観測地点1について，各車線で車種別に追従走行している車両の割合（以下，追従走行割合と呼ぶ）を求め，当該車線の全車種合計の20分間交通量との関係を示したものが図10-12である．また，観測地点1について，車線別の全車種の平均速度と当該車線の全車種合計の20分間交通量の関係を示したものが図10-13である．追従走行していない場合も含めた車線別車種別平均車間距離及び追従走行の場合の車線別車種別平均車間距離と当該車線の全車種合計の20分間交通量の関係を示したものが図10-14である．追従走行割合は，交通

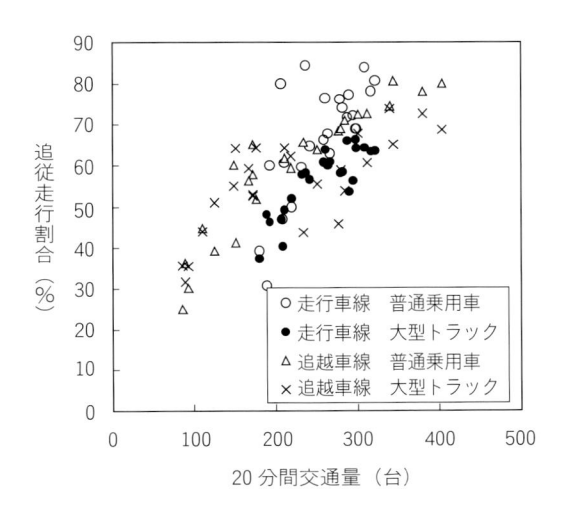

図 10-12　各車線の全車種合計の20分間交通量に対する車種別の追従走行割合の分布（地点1）

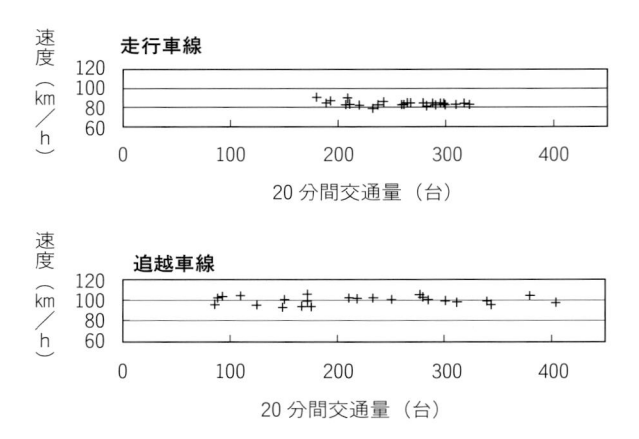

図 10−13　各車線の全車種合計の 20 分間交通量に対する全車種の平均速度の分布（地点 1）

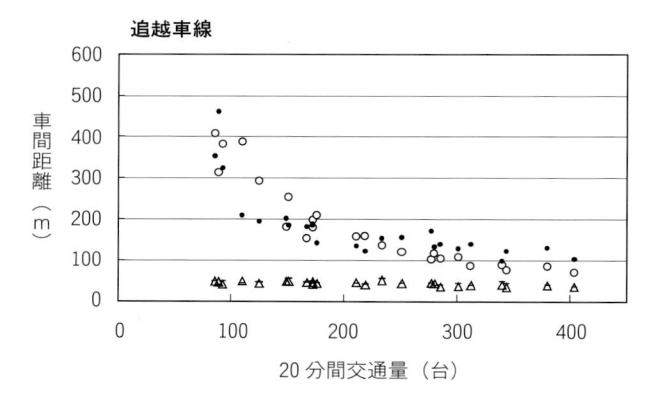

図 10−14　各車線の全車種合計の 20 分間交通量に対する，追従走行していない場合も含めた車種別車間距離及び追従走行の場合の車種別車間距離の分布（地点 1）

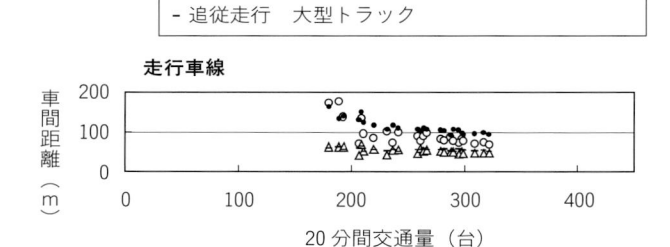

量とともに増加するが，平均速度は，ほとんど変化していない．平均速度がほとんど変化しないため，交通量の増加とともに交通密度が高くなり，追従走行していない場合も含めた車間距離の平均値は短くなる．しかし，追従走行している車両の車間距離は，交通量が少ない場合も短いため，交通量の増加に伴う変化は小さい．交通量が多くなると，追従走行割合は高くなるが，速度の変化も追従走行している場合の車間距離の変化も小さいため，追突する割合に対する交通量の説明力は強くなかったと考えられる．本分析では，先行車が制動を開始してから停止するまでに進む距離を考慮して追突の計算を行っており，先行車，追従車ともに 100 km/h の場合を例にとると，空走時間に相当する約 28 m（1 秒）の車間距離で事故は回避できることになる．追従走行していない場合も含めた平均車間距離は，追突すると判定される場合の車間距離よりはるかに長く，交通密度には十分な余裕があったと言える．

4-4 交通状況に潜在する危険の程度の評価

以上では，各車両の走行状況に潜在する危険の程度を，その車両自身が急制動したときに追突されるか否か，その車両の先行車が急制動したときにその車両が追突するか否かの観点から検討した．これらはいずれも，事故が起こるか否かだけの判定であったが，以下では，多重衝突になる場合の考察を加えて，車両それぞれの走行状況と車群全体での交通状況を評価する．運転者の立場から見ると，自車の前を走行している車両が急制動したときに発生する追突事故の当事者になる車両台数を知るための検討である．車両 j の先行車が急制動したとき，車両 j は追突を避けるために急制動するとして，車両 j の急制動によって，さらに後ろを走行する車両 k が車両 j に追突するか否かを調べた．このようにして，後ろに続く車両が，その先行車に追突するか否かを順次調べ，事故の当事者になる車両の台数を求めた．さ

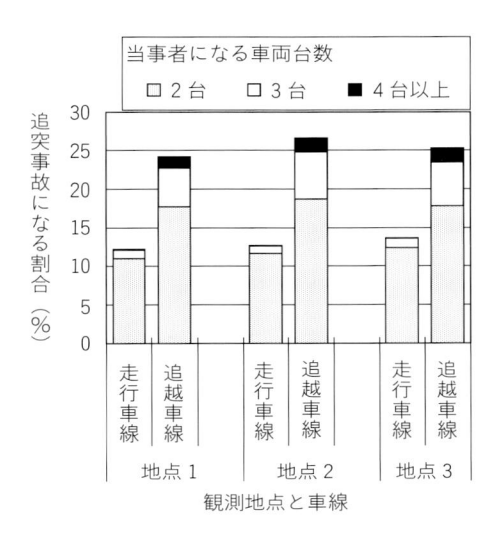

図 10-15 先行車が急制動したときに追突事故になる割合の当事者になる車両台数別の内訳

らに，何台の車両が関係する追突事故がどの程度起こり得るかを見るために，当事者になる車両台数別の追突事故件数を車線別に求め，当該車線の全車種合計の交通量で除して，追突事故になる割合を求めたものを図10-15に示す．先行車が急制動した時に，3台の多重衝突になる割合は，3地点で類似しており，走行車線で約1％，追越車線では約5％であった．4台以上の多重衝突になる割合は，追越車線では1～2％であった．このようにして，車群を作って走行していることに潜在している危険の程度を評価した．

車両jの前を走行している車両が急制動したときに発生する追突事故の当事者になる車両の台数をM_jとする．M_jは，車両jに潜在する危険の程度を評価する尺度として用いることができる．車両jの前を走行している車両が急制動しても追突事故が起きない場合は，$M_j = 0$である．車線別に，観測時刻毎の20分間に通過した各車両jに対するM_jを求め，M_jを累積して以下の総和（以下，当事者車両累積台数と呼ぶ）を求めた．

$$AN = \sum_{j=1}^{N}(M_j)$$

　　　M_j：車両jの前を走行している車両が急制動したときに発生する追突事故の当
　　　　　事者になる車両の台数
　　　N　：各時刻の20分間交通量

当事者車両累積台数は以下のように考えることができる．車両jの先行車が（さらにその先行車の急制動以外の理由で）急制動しなければならない事態の発生する確率α_jが既知であれば，いずれかの車両が急制動して発生する事故の当事者になる車両の台数の期待値は以下の式で求められる．

$$EN = \sum_{j=1}^{N}(\alpha_j \cdot M_j)$$

当事者車両累積台数 AN は $\alpha_j = 1$ とした時の EN に相当する．AN は EN に代わるものとして，その時刻のその場所における交通状況に潜在する危険の程度を評価する尺度として用いることができる[注5]．

観測時間20分間での当事者車両累積台数をその20分間の車線別の交通量で除して，交通量当たり当事者車両累積台数を求めた．交通量当たり当事者車両累積台数は，先行車が急制動したとき，追突事故になる割合に，当事者になる車両台数別の内訳に基づいた重み付けをしたものに相当する．交通量当たり当事者車両累積台数は，その時刻のその場所における車両1台当たりに潜在する危険の程度を評価する尺度として用いることができる．図10-16は，交通量当たり当事者車両累積台数の1日の推移を観測地点別車線別に示したものである．図10-16の右端には，全日での交通量当たり当事者車両累積台数を示した．交通量当たり当事者車両累積台数の1日の推移は，観測地点間で大きな差はなかった．追越車線の交

注5）　当事者車両累積台数は，車群を作って走行していることの危険性の程度を評価するため，各車両が当事者になる可能性のある事故をすべて累積している．例えば，3台の連続した走行では，最後尾の車両は，先頭車両の急制動による事故の当事者になる可能性だけでなく2台目の車両の急制動による事故の当事者になる可能性もカウントされる．この結果，車群の状況によっては，当事者車両累積台数は交通量を上回る値を示すことになる．

第10章　交通流の中の速度と車間距離

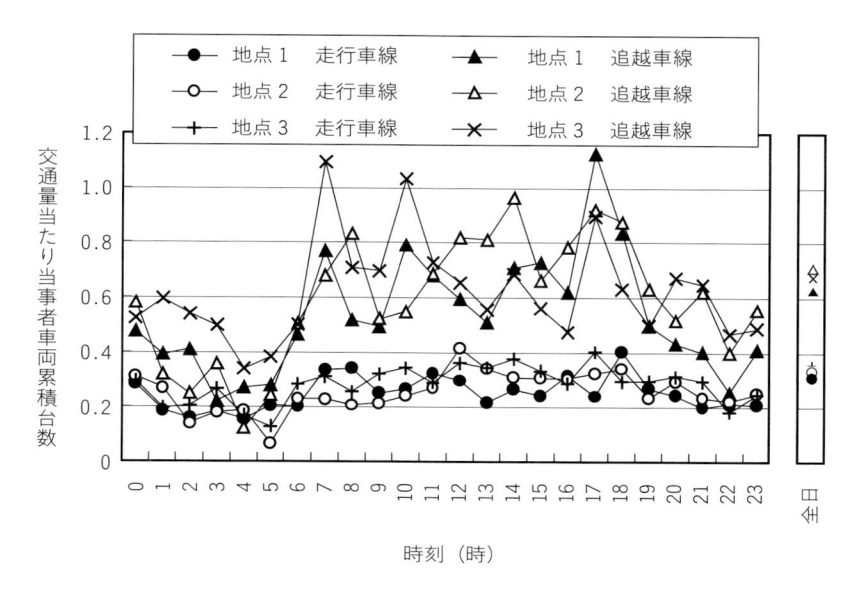

図 10 - 16　交通量当たり当事者車両累積台数の 1 日の推移

通量当たり当事者車両累積台数は，全日で見ると走行車線の 2 倍以上であった．交通量当たり当事者車両累積台数は，走行車線では，1 日を通して比較的安定していたが，追越車線では，昼夜の差が大きく，昼間に高い値を示した．

　図 10 - 17 は観測地点 1 の追従走行割合の 1 日の推移である．交通量当たり当事者車両累積台数は，追越車線で昼間に高くなり，走行車線ではほとんど変化していなかったが，追従走行割合の 1 日の推移は，追越車線と走行車線で類似していた．図 10 - 18 は 2 ～ 4 台で構成された小さい車群に属する車両の割合と，8 台以上の大きな車群に属する車両の割合と交通量との関係を観測地点 1 について車線別に示したものである．交通量の増加とともに大きな車群に属する車両の割合が高くなることが分かる．追越車線では，交通量の多い昼間の時間帯に交通量当たり当事者車両累積台数が大きかったが，交通量が多くなると追従走行割合と大きな車群に属する車両の割合が高くなるためと考えられる．一方，走行車線では，交通量当たり当事者車両累積台数はほとんど変化していない．走行車線では，速度がそれほど高くないため，交通量の多い時間帯でも，速度に対する停止距離が車間距離より短い場合が多いためであると考えられる．

　次に，交通量当たり当事者車両累積台数と交通量の関係について調べる．前述したように，交通量当たり当事者車両累積台数の 1 日の推移は 3 地点で類似しており，このことからも推測できるように，交通量当たり当事者車両累積台数と交通量の関係も 3 地点で類似していた．そこで，ここでは，3 地点をまとめて分析することとした．その結果を図 10 - 19 に示す．交通量当たり当事者車両累積台数は交通量と有意な相関があり，追越車線では，説明

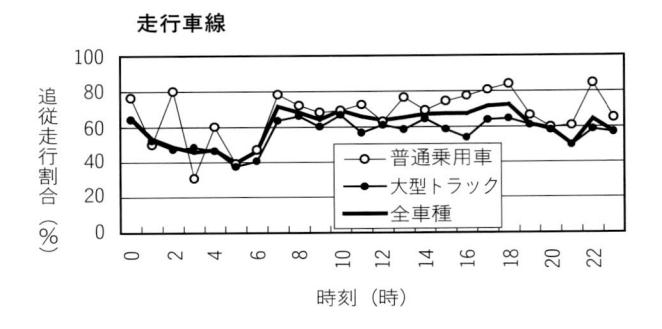

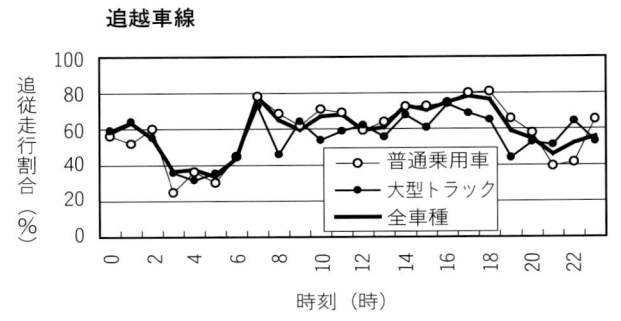

図10-17　追従走行割合の1日の推移（地点1）

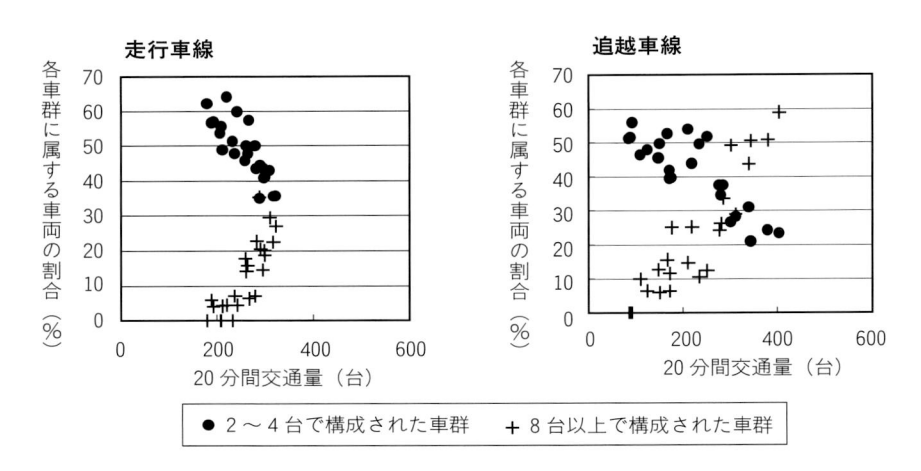

図10-18　各車線の20分間交通量に対する各車群に属している車両の割合の分布（地点1）

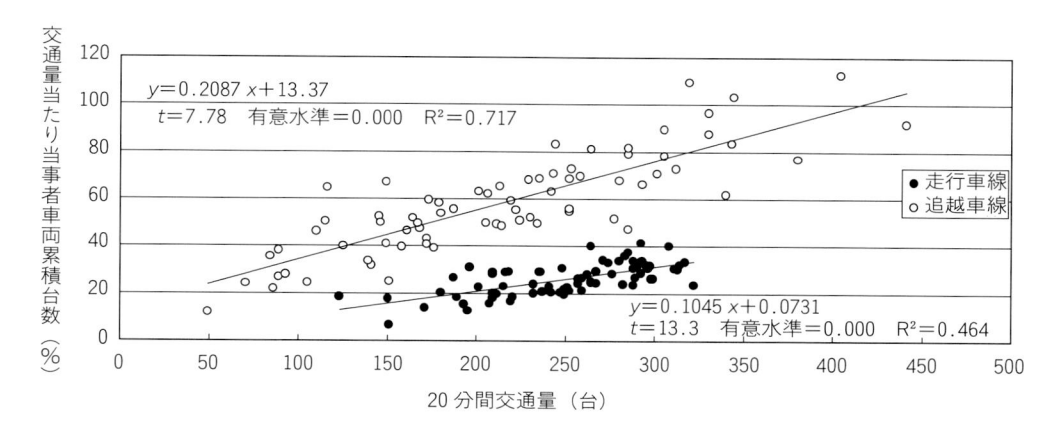

図 10-19　各車線の 20 分間交通量に対する交通量当たり当事者車両累積台数の分布（地点 1 ～ 3）

力も高かった．ただし，交通量当たり当事者車両累積台数は，ばらつきも小さい値ではなく，同じ交通量でも，走行の仕方によって危険の程度が大きく変化することに留意すべきである．

5．まとめ

　高速道路の車間距離の状況は，追越車線では，大型トラックは車間距離が 20 m 以下の場合が約 1 割であり，普通乗用車は 2 割に近かった．

　特に高速道路においては，原因別では前方不注意による事故が，形態別では追突事故の割合が高く，速度と車間距離を関連させた追突事故発生の可能性の評価は，交通状況に潜在する危険の程度を車両毎に評価する一つの尺度として適当であると考えられる．先行車が急制動したときに追突すると判定される車両の割合を求めると，全車種では追越車線で約 25 ％であった．車種別に調べると，追越車線では，普通乗用車は先行車が急制動したときに追突する割合が約 30 ％であった．不十分な車間距離で走行している車両が多く，特に普通乗用車にその傾向が強いことが示された．

　先行車が急制動した時に追突事故が発生すると判定される場合の当事者になる車両台数を累積したものを当事者車両累積台数と定義し，交通状況に潜在する危険の程度を評価する尺度として用いることを提案した．また，車両 1 台当たりに潜在する危険の程度を評価するため，交通量当たり当事者車両累積台数を尺度として用いることを提案した．当事者車両累積台数と交通量当たり当事者車両累積台数は，それぞれの時間帯や場所において，交通状況の危険の程度を評価する尺度となるものである．東名高速道路での観測結果に基づいて，交通量当たり当事者車両累積台数を求めると，昼間の追越車線は危険の程度が高いことが定量的に示され，速度に見合った車間距離が確保されていない現状が明らかになった．

なお，本章で用いたデータは，筆者が調査研究課長として在籍中に自動車安全運転センターで実施した平成10年度の調査研究[12]に基づくものである．

文献

1) Makishita, H., Mutoh, M.: Accidents Caused by Distracted Driving in Japan, Safety Science Monitor, Special Edition, Vol. 3, pp. 1-12, 1999
2) 交通統計，平成11年版，(財)交通事故総合分析センター，242 pgs., 2000
3) 中島源雄，末永一男，鈴村昭弘，吉田浩二：視覚反応における後部燈火器の検討―特に夜間における接近現象について―, IATSS REVIEW, 5 (4), pp. 19-30, 1979
4) 谷口実：高速道路の車間距離，自動車技術，37 (5), pp. 518-523, 1983
5) 江上嘉実，北村文昭，松永勝也，志堂寺和則：一般道路における車間距離，日本交通心理学会52回大会発表論文集，1995
6) 牧下寛，松永勝也：緊急時の制動動作と制動距離，人間工学，37 (5), pp. 219-227, 2001
7) (社) 交通工学研究会：交通工学ハンドブック (1984), p. 489, 1217 pgs., 技報堂出版株式会社，東京，1984
8) Ichihara, K.: Studies of Skidding Resistance on Road Surfaces (1) Ordinary Road Surface, Journal of Research PWRI (Public Works Research Institute), pp. 1-146, 1969
9) Stannard Baker, J.: Traffic Accident Investigation Manual, The Traffic Institute, Northwestern University, 333 pgs., 1979
10) 大山正：反応時間の歴史と現状，人間工学，21 (24), pp. 57-64, 1985
11) Johansson, G. and Rumour, K.: Drivers' Brake Reaction Times, Human Factors, 13 (1), pp. 23-27, 1971
12) Olson, Paul L. and Silvak, M.: Perception-Response Time to Unexpected Roadway Hazards, Human Factors, 28 (1), pp. 91-96, 1986.
13) 高速道路における大型貨物自動車運転者の夜間運転行動等に関する調査研究報告書，自動車安全運転センター，297 pgs., 1999

第III部のまとめ

① 一般道路の事故について，車間距離の不足，認知の遅れ，速度の出し過ぎの3つの観点から検討した結果は以下の通りであった．衝突を避けるために必要な距離（危険認知速度からの停止距離）は，危険認知距離の2倍前後であった．危険認知距離を危険認知速度で除した時間換算値は，衝突を避けるために必要な距離（停止距離）の時間換算値とはほとんど無関係に分布していた．衝突回避可能な時点からどれくらい遅れて危険を認知したかを示す認知の遅れ時間は，平均で約1秒，最大で約2秒であった．速度で見ると，実際の速度の約6割まで下げた速度が，事故を回避することができる速度であった．

② 高速道路の車間距離の状況は，追越車線では，大型トラックは車間距離が20m以下の場合が約1割であり，普通乗用車は2割近かった．同じく追越車線では，先行車が急制動したときに追突すると判定された車両の割合は約25％であった．先行車が急制動した時，追突事故が発生する場合の当事者になる車両台数を累積したものを，当事者車両累積台数と定義し，交通状況に潜在する危険の程度を評価する尺度として提案した．また車両1台当たりに潜在する危険の程度を評価するため，交通量当たり当事者車両累積台数を尺度として提案した．この尺度で評価すると，昼間の追越車線は危険の程度が高いことが定量的に示され，速度に見合った車間距離が確保されていない現状が明らかになった．

終章　車間距離のあり方と事故防止対策の位置づけ

1. 本章の位置づけ

　これまでの章では，統計分析，事故事例の調査，道路の観測などにより，事故防止のために車間距離が重要であること，衝突を回避するために必要な車間距離を維持していない車両の多いことを示した．また，走行実験，視力検査，アンケート調査などにより，事故発生に深い関わりを持つ停止距離と車間距離に関係する運転者の特性を明らかにしてきた．本章では，これらの運転者に関する知見を具体的に活用するための考察を行い，ほとんどの運転者が衝突を回避することができるという意味で安全側の車間距離（安全側の車間距離と呼ぶ）を提示する．また，現実の交通へ安全側の車間距離を適用する場合の問題について論じる．車間距離は運転者の能力のばらつきを補う効果をもつものであるが，他の交通事故防止対策にも同様の効果が期待できる．本章では，交通事故防止対策，特に今後一層の発展が期待される運転支援機器を，運転者の能力のばらつきを補うものとして位置づけ，車間距離のもつ効果と比較する．これにより，交通事故防止対策の定量的効果を車間距離に置きかえて評価し，各対策の効果が，安全側の車間距離の要件の緩和をもたらす可能性を示す．

2. 安全側の車間距離の決定

　適正な車間距離は，危険の認知から停止までが理想的に行われた場合にのみ衝突回避が可能な最低限の車間距離から，ほとんどの運転者が衝突を回避することができる安全側の車間距離まで，広い範囲が考えられる．本節では，後者の安全側の車間距離について考察する．
　安全側の車間距離を決定するために必要な情報の流れを図終-1に示す．図において，左の列に安全側の車間距離を決めるために必要な情報の流れを示した．制動距離と空走距離から停止距離が定まり，そこから制動で衝突を回避するために必要な車間距離が求められる（停止距離に基づく設定）．次に，運転中の変動のため車間距離が変化した場合でも制動で衝突を回避するために必要な距離が維持されるように車間距離が設定される（変動を考慮した設定）．続いて，車間距離は走行中に通常目測で設定されることから，目測誤差を含んだ場

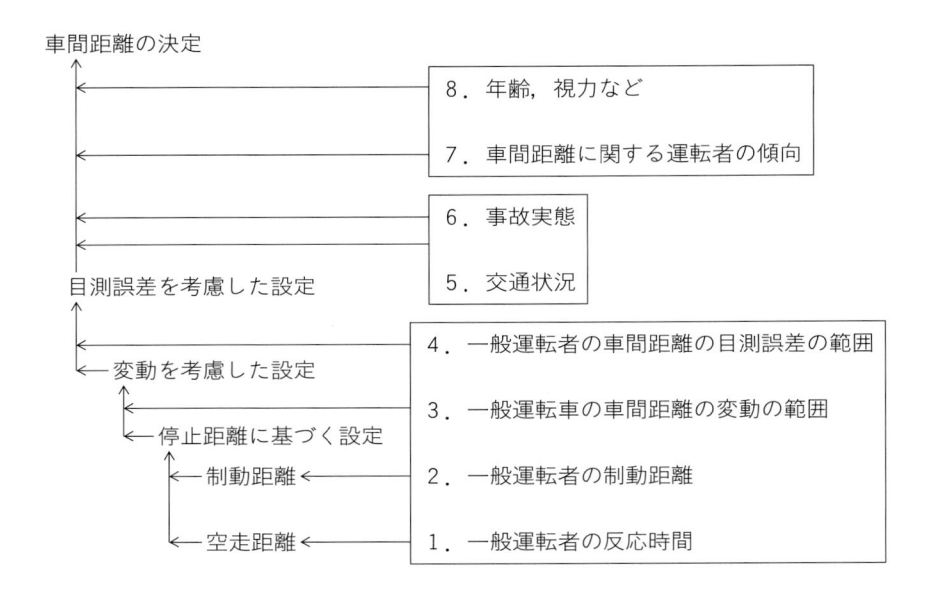

```
車間距離の決定
    ┌─────────────── 8．年齢，視力など
    ├─────────────── 7．車間距離に関する運転者の傾向
    ├─────────────── 6．事故実態
目測誤差を考慮した設定
    ├─────────────── 5．交通状況
    ├─────────────── 4．一般運転者の車間距離の目測誤差の範囲
変動を考慮した設定
    ├─────────────── 3．一般運転車の車間距離の変動の範囲
停止距離に基づく設定
    ├─ 制動距離 ←── 2．一般運転者の制動距離
    └─ 空走距離 ←── 1．一般運転者の反応時間
```

図 終-1 安全側の車間距離を決めるための情報の流れ

合でも制動で衝突を回避するために必要な距離が維持されるように車間距離を求める（目測誤差を考慮した設定）．これが，車間距離の変動や目測誤差があっても，ほとんどの運転者が衝突を回避することができる安全側の車間距離である．この値をもとに，交通の実態，交通事故の発生状況などを考慮して実務的な車間距離を定めることも必要であると考えられる．また，個人個人の年齢，視力などの特性が分かるならばそれに応じた車間距離の調整があり得る．図終-1で，1～4で示した項目は，本書の各章で示した運転者の基礎データである一般運転者のデータの項目である．5～8で示した項目は，車間距離を設定する際に考慮されるその他の項目であり，これについても本書の中で車間距離との関わりを示した．

2-1 停止距離

2-1-1 制動距離

制動距離については，第4章で論じている．その中で，路面の摩擦係数が制動中に一定であるとして求めた制動距離の理論値と，エキスパートが行った理想制動の制動距離は，ほぼ一致していることを示した．また，一般運転者及び制動の研修を受けた人の制動距離の分布を示した．

理論値は以下の式で与えられる．

$L = V^2/(2\mu g)$

V：速度（m/sec）

μ：路面の摩擦係数（第4章では，実験を行った路面の値として $\mu=0.8$ を用いた）

g：重力の加速度

理想制動の計測値からは，以下の回帰曲線が得られている．ただし，この式は，$\mu=0.8$ の路面で得られたものである．

$l_{ff} = 0.0036554 V^2 + 3.84786$ （決定係数　$R^2 = 0.9857$）

l_{ff}：理想制動の制動距離（m）

V：制動開始速度（km/h）

注）目的変数の添え字の ff は FF 車を示す．

　一般運転者の値は，理想制動との比によって制動距離の長さを示した．上限として 95 パーセンタイル値を用いると，一般運転者の制動距離は理想制動の制動距離の約 2 倍 (2.03，第 4 章の表 4-4) であった．図終-2 は，以上の結果に基づいて，理想制動の制動距離，一般運転者の制動距離の中央値と 95 パーセンタイル値を理論値とともに示したものである．一般運転者の値は理想制動の制動距離に，第 4 章の表 4-4 で示した一般運転者の制動距離と理想制動の制動距離の比（2.03…95 パーセンタイル値，1.25…中央値）を乗じたものである．制動距離は年齢による差は認められなかったため，年齢別に扱うことはしていない．一方，制動距離は訓練によって短くなり，ばらつきも小さくなることが示されているため，訓練を受けた人の制動距離は一般運転者の制動距離と理想制動の制動距離の間の値になる．

　前述の検討で用いた値は，路面の摩擦係数が 0.8 の場所での実験結果に基づいているが，異なる摩擦係数の場所では制動距離も異なる．理想制動の制動距離は，路面の摩擦係数を一定として計算した制動距離の理論値と近似していたため，理論値は実際に実現可能な制動距

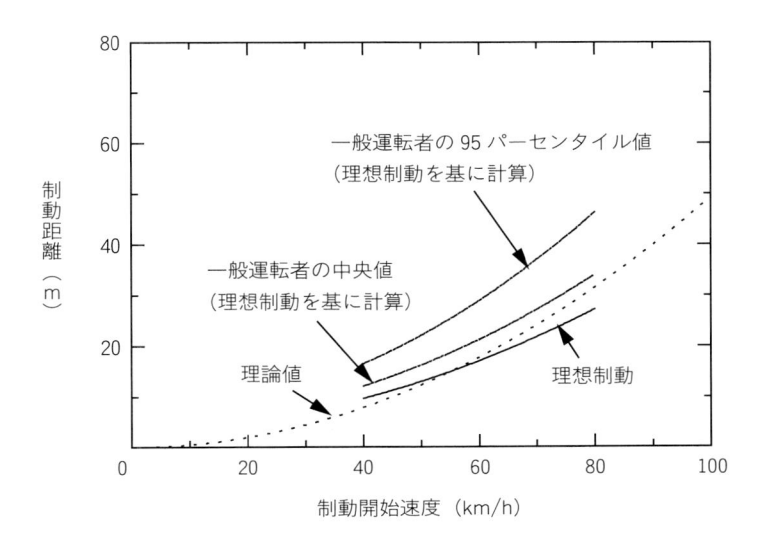

図 終-2　理想制動の制動距離と一般運転者の制動距離
　　　　（$\mu = 0.8$ の路面における実験による）

離と考えることができる．したがって，一般運転者の制動距離は，理想制動の制動距離の代わりに制動距離の理論値を用い，制動距離の理論値に，表4-4で示した一般運転者の制動距離と理想制動の制動距離の比を乗じて求めるのが実用的である．走行中の道路での制動距離を求めようとするとき，リアルタイムで一定の区間の摩擦係数を計測しながら走行するようなシステムが車両にあれば理想的であるが，道路毎に摩擦係数の値を車両に提供するような方法も考えられる．また，乾燥，湿潤，アスファルト，コンクリートなど一定の選択肢から運転者が選択するような方法も考えられる．市原[3]は，我が国の道路が満たすべき摩擦係数の限界値として，係数値が小さくなる湿潤時の0.4を提案している．この値は，我が国の道路の現状，事故との関係，諸外国の事情などを考慮して提案されたものであり，この値に基づいて計算した制動距離を安全側の代表値とすることも一つの方法である．ただし，市原の報告にも，湿潤路面の摩擦係数の計測値では0.3前後の値も示されており，乾燥路面とは別に，湿潤路面の摩擦係数の下限値として0.3を用いることも考えられる．乾燥路面の場合は0.5を下回る値は少なく，乾燥路面では摩擦係数の下限値として0.5を用いることが適当であると考えられる．

以上より，安全側の車間距離を見積もるための制動距離は，一般運転者の制動距離の95パーセンタイル値を用いて以下の式で計算することを提案したい．

$$L_b = a \times V^2 / (2\mu g)$$

L_b：制動距離（m）
V：制動開始速度（m/sec）
g：重力の加速度
$\mu = 0.3$……湿潤路面
$\mu = 0.5$……乾燥路面
a：一般運転者の制動距離と理想制動の制動距離の比（2…95パーセンタイル値，2.03を丸めたもの，湿潤路面ではこの値は得られていないが，乾燥路面で求めた値を適用することにする．）

図終-3は，以上の式に基づき，一般運転者が乾燥路面で制動した場合の制動距離の95パーセンタイル値を示したものである．同様に図終-4は一般運転者が湿潤路面で制動した場合の制動距離の95パーセンタイル値を示したものである．ただし図終-3，図終-4には，参考に一般運転者の中央値も併せて示した．

2-1-2 空走距離

空走距離については，第5章で論じている．その中で，高齢者の反応時間は他の年齢層と比較して，平均値と標準偏差が大きいこと，一部のケースでは他の年齢層と平均値に有意差

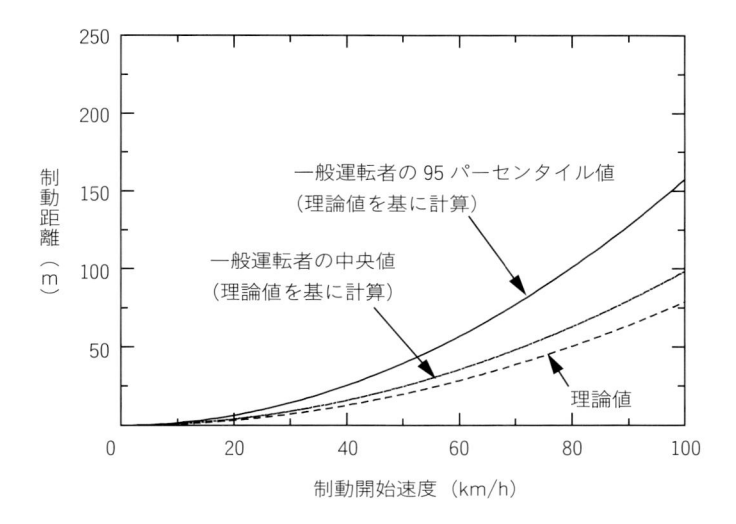

図 終-3 一般運転者の制動距離（乾燥路面 $\mu=0.5$ として計算）

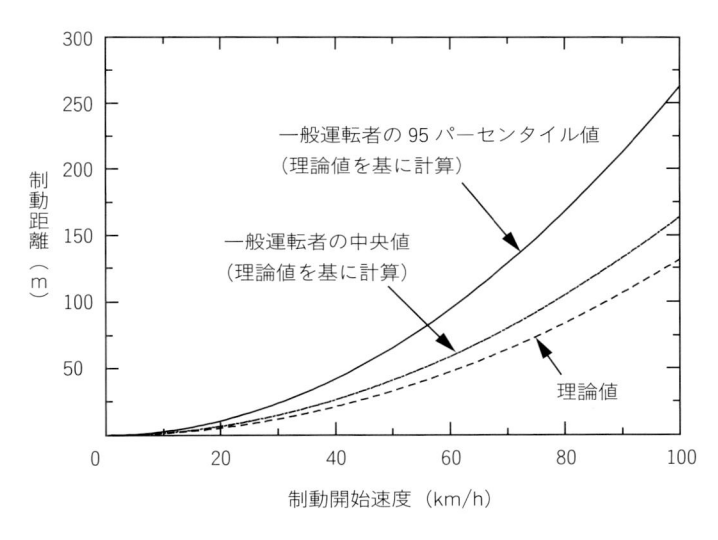

図 終-4 一般運転者の制動距離（湿潤路面 $\mu=0.3$ として計算）

があることを示した．また，反応時間は，分布の状況が制動距離とは異なっていた．すなわち，制動距離の分布が比較的連続的であるのに対し，反応時間の分布では，大きく外れた値が時折現れた．制動距離は訓練によって短くすることが可能であるが，反応時間の大きく外れた値は，危険を認知するのが遅れたためであると考えられ，訓練で短くすることは期待できない．認知の遅れは事故の大きな要因の一つであると考えられるため，事故防止のためには，こうした外れ値が現れることを前提に車間距離をとる必要がある．したがって，安全側の車間距離について検討するための空走距離には，最大値を用いることが適当である．ま

た，反応時間の最大値及び最大値のばらつきは加齢とともに大きくなることが示された．この点を考慮すると，空走距離を見積もる際には，年齢層別に反応時間の最大値を用いることが適当であると考えられる．

以上より，安全側の車間距離を見積もるための空走距離は，第5章で得られた年齢層別の最大反応時間（第5章，表5-5）を用いて，以下の式で計算することを提案したい．

$L_r = V \times t_{\text{reaction}}$

L_r：空走距離（m）

V：危険発生時の速度（m/sec）

　　走行速度が変化するのは制動開始後であるため，危険発生時の速度は制動開始速度と等しい．

$t_{\text{reaction}} = 1.8$……20代

$t_{\text{reaction}} = 1.9$……30〜50代

$t_{\text{reaction}} = 2.3$……60代

　　いずれも表5-5に示された飛び出し反応と制動灯反応の結果を比較し，大きい方の値とした．

以上の式に基づく空走距離を図終-5に示す．

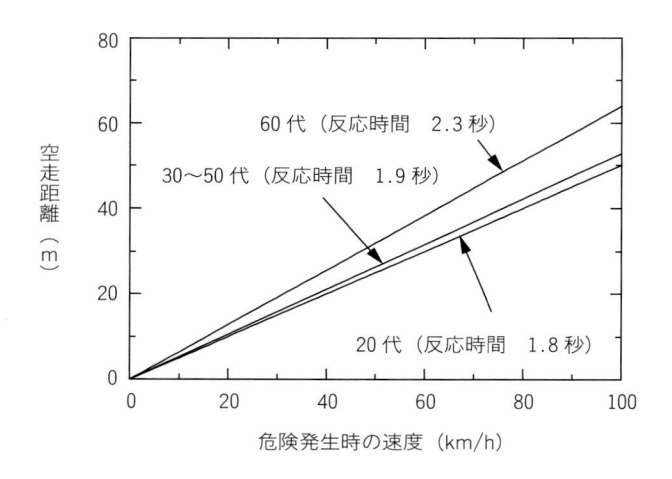

図終-5　年齢層別の空走距離

2-1-3　停止距離

以上の2-1-1，2-1-2から停止距離として，$L = L_b + L_r$が得られる．

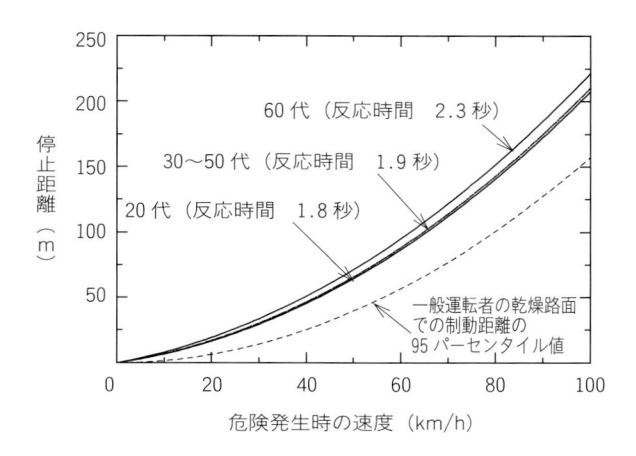

図 終-6 年齢層別の停止距離（乾燥路面）

$$L = L_b + L_r$$
L：停止距離（m）
L_b：制動距離（m）
L_r：空走距離（m）

　この停止距離が制動で衝突を回避するために必要な車間距離である．制動距離 L_b（一般運転者の乾燥路面での制動距離の 95 パーセンタイル値）と空走距離 L_r（年齢層別の反応時間の最大値に基づく空走距離）の和を求め，乾燥路面での一般運転者の停止距離を求めたものを図終-6 に示す．図終-6 には，参考に一般運転者の乾燥路面での制動距離の 95 パーセンタイル値も併せて示した．ここで示した停止距離は 100 km/h の場合で 7〜8 秒に，50 km/h では 4〜5 秒に相当し，一般に推奨されている値よりかなり大きな値である．これは，制動距離の値を計算するために，乾燥路面の摩擦係数として，下限値 0.5 を用い，さらに一般運転者の制動距離を理想制動の制動距離の 2 倍としたことによる．この停止距離に相当する車間距離は，多くの運転者にとっては余裕が大きいが，ほとんどの運転者が衝突を回避することができる車間距離である．

2-2　制御誤差と目測誤差

2-2-1　制御誤差（車間距離の変動）

　以上より制動で衝突を回避するために必要な車間距離に相当する停止距離が求められた．次にこの車間距離の維持に関わる運転者の能力の問題について検討する．第 6 章で示したように，走行中の車間距離は変動しており，その傾向の大小は運転者によって異なる．一定の

車間距離を維持するように努めても，このような変動が避けられない以上，変動を前提にした安全率が車間距離には求められる．第8章で述べたように，走行中の車間距離の変動を考慮すると

> 変動を考慮した車間距離の設定値＞停止距離／0.81（＝停止距離×1.23）

（第8章4-3の式①，車間距離が走行中に変動することを考慮して，一定時間毎に車間距離を修正する必要があるため，上の式の変動を考慮した車間距離の設定値」を「修正された車間距離」と第8章では表現した．また上の式の「停止距離」を「必要な車間距離」と第8章では表現した．）

とする必要がある．すなわち，車間距離の変動を考慮すると，車間距離の設定値は停止距離の約1.2倍にすることが必要である．この車間距離は車間距離の変動があっても，ほとんどの運転者が衝突を回避することができる車間距離である．

2-2-2 目測誤差

第6章で示したように運転者の車間距離の目測値には誤差があり，その傾向の大小は人によって異なる．走行中に目測で車間距離を設定する場合には，目測誤差を前提にした安全率が車間距離には求められる．第8章で述べたように，走行中の目測誤差を考慮すると

> 車間距離の目測値＞変動を考慮した車間距離の設定値／0.53
> （＝変動を考慮した車間距離の設定値×1.89）

（第8章4-3の式②，上の式における「変動を考慮した車間距離の設定値」が第8章の式における「設定しようとする車間距離」である．）

とする必要がある．すなわち，目測誤差を考慮すると，車間距離の目測値は変動を考慮した車間距離のさらに約1.9倍にすることが必要である．ただし車間距離の目測値とは目測で車間距離を設定するときの値である．

2-2-3 車間距離の維持に関する運転者の能力を考慮した車間距離

以上の2-2-1，2-2-2から，

> 車間距離の目測値＞停止距離／(0.81×0.53)＝停止距離×2.3

が得られる．この値，停止距離×2.3は，車間距離の変動や目測誤差があっても，ほとんどの運転者が衝突を回避することができる車間距離である．

2-3 提案した車間距離と実際の交通状況との比較

ここまでの検討で求めた安全側の車間距離は，交通安全教本などで指導されてきた車間距離よりかなり大きな値である．これまで指導されてきた車間距離は，理想的な運転を前提としたものであった．しかし，運転中には反応時間の遅れや車間距離の変動などが発生し，制動距離や目測の能力においても個人差や個人内のばらつきは大きい．そのため，ほとんどの運転者が衝突を回避することができる車間距離として設定すべき値は大きくなる．これまでは，運転者の特性についての配慮が不足していたと考えられる．本章で示した車間距離は，運転者の能力の個人差や個人内のバラつきを前提にしたものである．運転者の高齢化が進み，特性の差が拡大していく実態があり，そのような実態を前提とした車間距離を基本の車間距離とすることには，必然性がある．その上で，運転者の能力や運転の仕方によって，基本の車間距離より短い車間距離を認めるという考え方が安全の上から好ましい．

一方，目測誤差や車間距離の変動に対する安全率を含んだ車間距離の確保は，交通の実態から困難な場合も少なくないと考えられる．十分な車間距離の確保が困難な状況下では，車載機器の操作などは避け，車間距離の修正をまめに行うことで，車間距離の変動を抑えることが求められる．目測誤差についても，日常の場で目測の練習をすることが可能であると考えられる．制動技術の改善も，訓練の場を必要とするため，それほど容易ではないが，可能であることが示されている．反応時間については情報処理の能力と関わるため改善は困難であると考えられる．

以下では，求めた車間距離と現実の交通に関する計測データを比較することで，安全側の車間距離を実際の交通場面に適用する場合の問題点について検討する．車間距離の目測誤差と変動については，そのための安全率の確保が困難な場面も多く，その場合は前述したように目測誤差と車間距離の変動を抑えて運転することが必要である．ここでは，制動距離と反応時間のばらつきを考慮した車間距離について考える．

○首都高速道路

図終-7は首都高速道路1号線の追越車線で観測された，交通量に対する平均速度の分布である[1]．ただし，本図では表示を簡略化し，観測データが集中して分布している部分を黒く塗りつぶして表している．これより，交通量が700台／時の時，速度は約83 km/hである．この交通量の時，3,600秒／700台＝5.14秒が車頭間隔の時間である．車間距離が停止距離に等しいとき，以下の式が成り立つ．

車間距離＝速度×車頭間隔の時間－車長＝空走距離　＋制動距離

（　$V \times 5.14$　－車長＝$V \times t_{\text{reaction}}$＋制動距離）

はじめに，この交通量において制動距離と反応時間に安全側の十分大きな値をとった場合の検討を行う．反応時間は2-1-2で示した値を平均して，$t_{\text{reaction}} = 2$秒とすれば，

$V \times (5.14 - 2)$　－車長＝制動距離

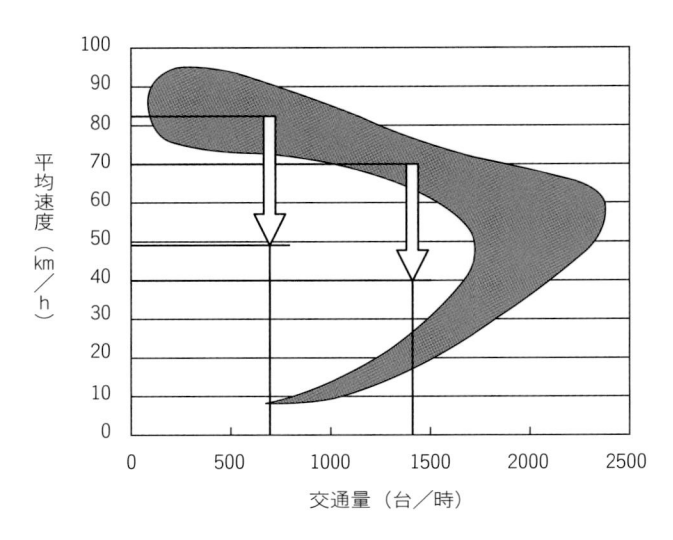

図 終-7 交通量に対する平均速度の分布（首都高速1号線）[1]
（交通量の図は簡略化して示している）

となる．2-1-1で示した制動距離の計算では，制動距離は $L=a×V^2/2\mu g$（a：一般運転者の制動距離と理想制動の制動距離との比）であり，これを代入すると，

$$V×(5.14-2)-車長=a×V^2/2\mu g$$

となる．$g=9.8$，$\mu=0.5$，$a=2$，車長$=5$mとすれば，速度は，$V=13.6$m／秒$=49$ km/hとなり，車間距離が停止距離より長くなるためには，速度はこれより低くなければならない．観測では，83 km/hであり，かなり速度を下げる必要がある．このとき，台／時で表される交通量は低下しないが，速度が低下するため台キロの概念での交通量は低下する．

次に，反応時間と制動距離の値を他の条件で計算する．反応時間において，大きく外れた値を除外し，通常のばらつきの範囲で考えると，約1.5秒が上限値であった（第5章の4-1-1）．そこで，反応時間を1.5秒とする．また，制動においては，上限として75パーセンタイルを用い，理想制動との比を約$a=1.5$とする（第4章の表4-4）．この場合，車間距離が停止距離より長くなるためには，速度の上限は$V=80$ km/hであり，この値は観測値とほぼ等しい．すなわち，一定の交通量の中で，どこまでの安全側を考えるかによって，速度の値は異なる．

最後に，交通量がさらに多い場合について考察する．例として，1,400台／時を考えると，図終-7から，速度は約70 km/hである．車頭間隔の時間を計算すると2.6秒であり，長い反応時間を仮定することはできない．そこで，反応時間を1秒とし，制動距離についても理想的な制動を行うと仮定して$a=1$とする．この場合，車間距離が停止距離より長くなるためには，速度の上限は40 km/hになる．この交通量の場合，反応時間や制動距離に，

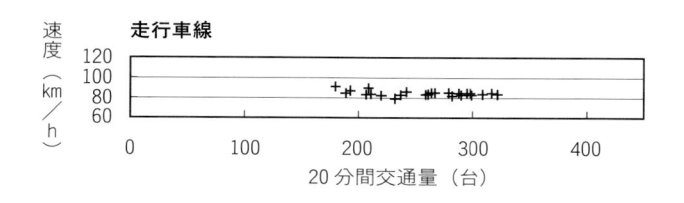

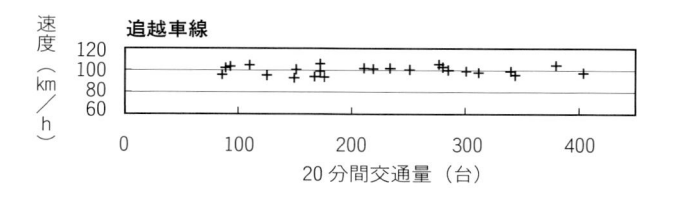

図 終-8 交通量に対する平均速度の分布（東名高速道路）
（図 10-13 の再掲）

相当高い水準を仮定しても，速度を観測値より相当下げて 40 km/h にする必要がある．

○東名高速道路

図終-8 は，東名高速道路の観察で得られた，交通量に対する平均速度の分布である．図は，横軸が 20 分間交通量なので，3 倍して時間当たりに換算して考える．追越車線では，時間当たりの交通量は 300 台／時から 1,200 台／時の間で，速度は 100 km/h でほとんど変化しない．この場合は，首都高速 1 号線よりさらに速度は高い．

交通量が低く，450 台／時（150 台／20 分）の時，制動距離と反応時間に安全側の十分大きな値（$t_{\text{reaction}}=2$ 秒，$\mu=0.5$，$a=2$）を設定し，車長 = 5 m とすれば，速度の上限は，$V=28.5$m／秒 = 102 km/h となり，追越車線の観測値とほぼ等しい．すなわち，

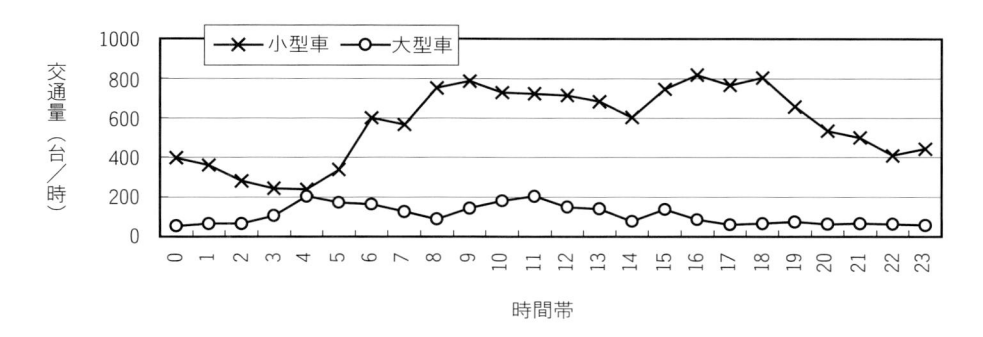

図 終-9 交通量の 1 日の推移
（青戸 4 丁目　平成 15 年 2 月 26 日　国道 6 号　第 2 車線　上り）

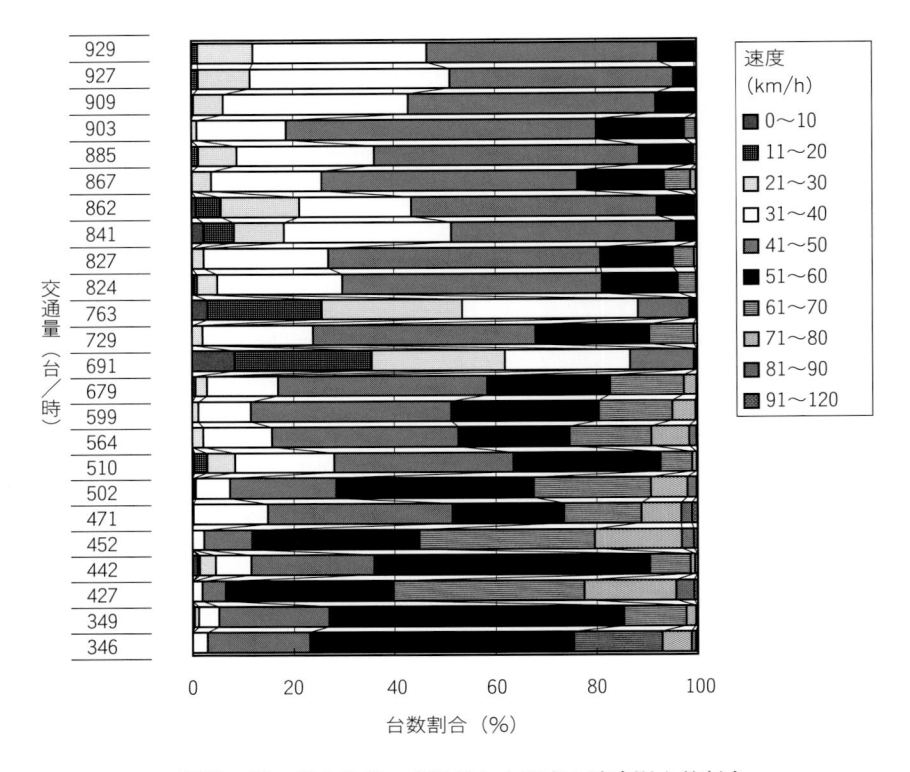

図終-10 第2車線の交通量と小型車の速度別台数割合
（青戸4丁目　平成15年2月26日　国道6号　第2車線　上り）

表終-1 第2車線の交通量と車間距離が停止距離より長くなるための上限の速度

交通量 （台／時）	速度 （km/h）	交通量 （台／時）	速度 （km/h）
929	—	691	50
927	—	679	52
909	—	599	66
903	—	564	73
885	22	510	86
867	26	502	88
862	26	471	96
841	29	452	102
827	31	442	105
824	32	427	111
763	40	349	144
729	45	346	146

450 台／時より交通量が少ないときは，速度を低下させなくても，車間距離が停止距離より長くなるための条件は満たされる．これ以上の交通量の場合は，速度を下げるか，あるいは，反応時間や制動距離に求める水準を上げる必要がある．

○東京都内の一般幹線道路

図終-9は，国道6号線上り第2車線で観測した交通量の1日の推移である．図終-9で示した全車種の交通量に対する小型車の速度別台数割合を図終-10に示す．制動距離と反応時間に安全側の十分大きな値（$t_{reaction}=2$秒，$\mu=0.5$，$a=2$）を設定し，観測された交通量に対して，車間距離が停止距離より長くなるための上限の速度を計算した．この結果を表終-1に示す．この表終-1に示すように，600台／時付近では，約70 km/hが上限の速度であり，図終-10に示すように観測された大多数の車両はこの速度を超えることはなかった．600台／時付近以下の交通量では，車間距離が停止距離より長くなるための速度の上限はさらに高くなり，観測された速度はほとんどそれより低かった．交通量が増加すると，車間距離が停止距離より長くなるための上限の速度は急激に低下する．実際に観測された速度はそれほど低下しないため，次第に上限の速度を超える車両が増加する．交通量が800台／時に近づくと，上限の速度は40 km/hより低くなる．速度が40 km/h以下の車両は少なく，車間距離が停止距離より長い状況を確保するためには，反応時間や制動距離に求める水準を上げる必要がある．

3. 事故防止対策の位置づけ

以上では，停止距離と車間距離に関する前章までの研究結果に基づいて，ほとんどの運転者が衝突を回避することができる車間距離を求めた．また，求めた車間距離を現実の計測データと比較し，実際の交通場面に安全側の車間距離を適用する際の問題を検討した．本節では，様々な事故防止対策について，対象項目を停止距離と車間距離との関連で分類し，それぞれの対策の内容が運転者の情報処理に関してどのような水準に当たるかを検討する．表終-2は対象項目と情報処理に関する水準で事故防止対策を位置づけした結果を示している．表頭は，事故防止対策の内容の情報処理に関する水準を示し，表側は事故防止対策の対象項目を示している．以下，表終-2に示されている事故防止対策の情報処理に関する水準の意味について述べる．

3-1 能力の把握と運転傾向の認識

（衝突回避のために必要な反応時間や制動距離の能力，車間距離を維持して走行するための能力を把握して，能力に見合う運転を指導する．また，車間距離が短くなる傾向などの運転傾向を認識させて，改善のための指導をする．）

表 終-2 (a)　対象項目と情報処理に関する水準に基づく事故防止対策の位置づけ

対象項目 \ 情報処理に関する水準	能力の把握と運転傾向の認識	能力の向上	能力の補助			
			情報収集の支援	情報収集の代行	情報活用と操作の支援	情報活用の代行
制動距離	能力に応じた速度・車間距離の指導など／能力を認識させる指導・教育など	緊急制動の訓練など	湿潤・凍結などの路面情報の提供など	湿潤・凍結の検知，摩擦係数の計測などの路面情報の収集など	路面情報に基づく減速の指示，停止の指示など／ABS，ブレーキアシストなど	路面情報に基づく減速，停止など
反応時間			視認性の向上を助ける反射材の使用，前照灯の改良など	危険の検知など	危険の検知に基づく減速の指示，停止の指示など	危険の検知に基づく減速，停止など
車間距離の変動		車両制御の訓練など	車間距離の変動の把握を助ける路面表示，反射材の使用など	車間距離の計測と車内表示など	車間距離の計測に基づく変動の警告，減速の指示，車間距離の指示など	車間距離の計測に基づく減速，車間距離の調節など
距離感		目測の訓練など				
車間距離に関する運転者の特性	接近傾向などの特性の自覚を促す指導・教育など					

　本章における車間距離は，運転者の一般的能力に基づいて，安全側で設定したが，個々の運転者の能力を車間距離の設定に反映できれば，運転者の個人差に由来する不必要な余裕を含まない車間距離の設定が可能になる．運転者が自分の能力を過信しないためにも，運転者それぞれに自分の能力を把握する機会を設けることは有効である．本書の第5章でも示したように，高齢者は反応時間が他の世代に比べて長くなる傾向が見られるなど，加齢に伴う能力の低下がみられる．さらに，高齢者は個人差も大きいことが認められており，2-1-2で示した空走距離の値に，運転者それぞれの反応時間に基づく値を適用することは有効であ

終章　車間距離のあり方と事故防止対策の位置づけ

表 終-2（b）　事故防止対策の対象項目と情報処理に関する水準に基づく事故防止対策の位置づけ

情報処理に関する水準＼対象項目	能力と意識・態度の認識	能力の向上	能力の補助			
			情報収集の支援	情報収集の代行	情報活用と操作の支援	情報活用の代行
交通状況			混雑，速度など走行の判断材料になる交通情報の提供など	混雑，速度など走行の判断材料になる交通情報の収集など	混雑，速度，車間距離などの交通状況の情報に基づく速度の指示，車間距離の指示など	混雑，速度，車間距離などの交通状況の情報に基づく速度の制御，車間距離の制御など
事故状況			当該場所周辺の交通事故発生情報の提供など	当該場所周辺の交通事故発生情報の収集など	当該場所周辺の交通事故の発生情報，あるいは事故事例の分析に基づく速度の指示，車間距離の指示など	当該場所周辺の交通事故の発生情報，あるいは事故事例の分析に基づく速度の制御，車間距離の制御など

る．また，第6章で示したように，それぞれの運転者に固有な特性として，接近傾向，目測の正確性，車間距離の不安定性がある．接近傾向を示す運転者に対しては，車間距離を意識して長くとるように指導することが考えられる．正確性，不安定性については，自分の特性と能力を定量的に把握することで，2-2-1で示した車間距離の変動，2-2-2で示した車間距離の目測誤差を過不足のない値に設定することが可能になる．

3-2　能力の向上

（運転者の能力を向上させるための訓練などを行う．）

それぞれの運転者の能力を向上させることができれば，同じ車間距離でも衝突を回避するための余裕が生まれる．本書の第5章で示したように，緊急時の制動距離は訓練によって短くすることができるため，2-1-1で示した制動距離より短い値を設定することができる．第6章で示した目測の正確性，車間距離の不安定性も，訓練によって改善できると考えられ

る．すなわち，2-2-1で示した車間距離の変動，2-2-2で示した目測誤差を運転者の能力の向上に応じた値に設定することが可能になる．

3-3 能力の補助
3-3-1 情報収集の支援
　運転者が必要な情報を得ようとしたときに，それを容易に行えるようにすることは，運転者の能力の補助の基礎的なものである．情報収集の支援には，視認性の向上，路面表示による距離感の向上などが考えられる．また，車外をモニターするためのカメラの装備，交通情報収集のための通信機器の装備も情報収集を支援するものである．視認性の向上によって危険の認知が早まれば，同じ車間距離でも余裕が生まれる．また距離感の向上によって正確な車間距離を設定できれば，目測誤差を考慮した車間距離の余裕を小さくすることが可能になる．

3-3-2 情報収集の代行
　運転に必要な情報を収集して運転者に提供することで，運転を助けることができる．路面情報の収集は制動を助けるものである．運転者は路面の摩擦係数などを把握して適切な制動をすることが可能になる．危険を検知して運転者に知らせる装置は反応時間の短縮を可能にし，同じ車間距離でも余裕が生まれる．車間距離を計測して知らせる装置は，安定した車間距離の維持を可能にする．また，交通情報を収集して運転者に知らせる装置は，状況に応じた車間距離の設定を可能にする．

3-3-3 情報活用と操作の支援
　情報の収集だけでなく，装置が情報の意味を判断することができれば，収集した情報に基づいて指導や警告を行うことができる．運転者が何をすべきかの指示は，情報を処理する段階での運転者の能力不足を補うことになる．車間距離が短くなった場合の警告などがこれに当たる．ブレーキアシストは情報活用とは異なるが操作の支援に当たる．

3-3-4 情報活用の代行
　装置が情報の意味を判断して指導や警告を行うだけでなく，操作まで行う形態も考えられる．これは，装置が運転者の判断を待たずに，自ら行動を起こすことである．危険を感知したときの緊急停止，車間距離が短くなったときの減速などがあげられる．

4．事故防止対策の定量的効果について

　第3節では，対策の内容が，運転者の情報処理に関してどのような水準に当たるかに基づ

いて，事故防止対策の位置づけを行った．本節では，事故防止対策を，情報処理に関する水準に当てはめることで，その対策が車間距離として設定すべき値に与える影響を検討する．この影響の大きさは車間距離の値として求めることができるため，この値の変化を用いて，対策の効果を定量的に示すことができる．

すなわち，車間距離として設定すべき値は，制動距離や反応時間，走行時の安定性など運転者の能力と路面の状況などの環境によって定まるが，事故防止対策の効果により，車間距離に必要な要件を緩和することができる．この要件の緩和が事故防止対策の効果に相当する．緩和について検討するための基礎は2-1～2-2で示した安全側の車間距離（ほとんどの運転者が衝突を回避することができる車間距離）である．安全側の車間距離は，以下の式で表すことができる．この式に基づき，4-1～4-3で事故防止対策の効果について検討する．

$L_e = e \times d \times (L_b + L_r)$

L_e：安全側の車間距離（目測で車間距離を設定するときの値）

$L_b = a \times V^2/(2\mu g)$：制動距離（m）

$L_r = V \times t_{\text{reaction}}$ ：空走距離（m）

$e = 1.9$……車間距離の目測誤差を考慮した値，1.89を丸めたもの

$d = 1.2$……車間距離の変動を考慮した値，1.23を丸めたもの

$a = 2$ ……制動距離のばらつきを考慮した値，2.03を丸めたもの

V：危険発生時の速度（m/sec）

g：重力の加速度

$\mu = 0.3$……湿潤路面……路面の摩擦係数のばらつきを考慮した値

$\mu = 0.5$……乾燥路面……路面の摩擦係数のばらつきを考慮した値

$t_{\text{reaction}} = 1.8$……20代……反応時間のばらつきを考慮した値

$t_{\text{reaction}} = 1.9$……30～50代……反応時間のばらつきを考慮した値

$t_{\text{reaction}} = 2.3$……60代……反応時間のばらつきを考慮した値

4-1 能力の把握と運転傾向の認識

2-1～2-2では，運転者の一般的な能力に基づいて，ほとんどの運転者が衝突を回避することができる安全側の車間距離を示した．しかし，運転者一般の能力ではなく，個人個人の能力が把握できれば，それぞれの運転者にとって過不足のない車間距離が設定できる．安全側の車間距離は大きな安全率を含んでいるため，それぞれの運転者に求められる車間距離は，通常はこれより短い値である．

$L_e = e \times d \times (a \times V^2/(2\mu g) + V \times t_{\text{reaction}})$

において，a, e, d, t_{reaction} の各値に特定の運転者の値を用いたときの L_e ともとの L_e との差が個人の能力を把握することの定量的効果である．

　道路の空間に余裕がある場合は，設定すべき車間距離が短くなることによって事故防止の効果が現れることはないが，混雑した道路の場合は，不必要な余裕をなくすることで他の車両に余裕が生まれるため事故防止上の効果もある．

> 個人の能力を把握することの定量的効果：$E = L_{eg} - L_{es}$
> 　L_{eg}：一般的に設定すべき車間距離（安全側の車間距離）
> 　L_{es}：特定の運転者が設定すべき車間距離

　運転者に運転傾向を認識させることは，心理的な面での事故防止対策であり，対策の定量的効果は，設定すべき車間距離の変化としては現れない．心理的対策の定量的効果は，実際の車間距離の変化としてとらえるものである．

> 運転傾向を認識させることの定量的効果：$E = L_{as} - L_{bs}$
> 　L_{bs}：特定の運転者の従来の車間距離
> 　L_{as}：特定の運転者が自分の運転傾向を認識した後の車間距離

4-2　能力の向上

　訓練などにより運転者の制動の能力が向上すれば，制動距離が短くなる．また，距離感が高まれば，車間距離の目測誤差が小さくなる．このため，車間距離として設定すべき値は小さくなる．この場合

$$L_e = e \times d \times (a \times V^2/(2\mu g) + V \times t_{\text{reaction}})$$

において，e, d, a の各値に特定の運転者の能力向上後の値を与えたときの L_e と能力向上前の値を与えたときの L_e との差が能力を向上させたことの定量的効果である．

> 能力の向上の定量的効果：$E = L_{e1} - L_{e2}$
> 　L_{e1}：特定の運転者の能力向上前の設定すべき車間距離
> 　L_{e2}：特定の運転者の能力向上後の設定すべき車間距離

4-3　能力の補助

① 情報収集の支援

　危険の発見などの情報収集が，照明の改善などで容易になれば，反応時間が短縮されるた

め，設定すべき車間距離も短くなる．この場合は，

$$L_e = e \times d \times (a \times V^2/(2\mu g) + V \times t_{\text{reaction}})$$

において，反応時間 t_{reaction} を小さい値に設定することができる．短縮した反応時間に基づく L_e ともとの L_e との差が情報収集を支援したことの定量的意味である．

> 情報収集の支援の定量的効果：$E = L_{e1} - L_{e2} = e \times d \times (V \times (t_{\text{reaction1}} - t_{\text{reaction2}}))$
> L_{e1}：従来の設定すべき車間距離
> L_{e2}：情報収集の支援による短縮した反応時間に基づいて設定すべき車間距離
> $t_{\text{reaction1}}$：従来の反応時間
> $t_{\text{reaction2}}$：短縮した反応時間

② 情報収集の代行

装置が車間距離などを計測して運転者に提示する場合は，運転者の目測誤差を考慮する必要がなくなる．危険を検知して運転者に知らせるなどの場合は，発見のための時間が不要になるため，反応時間が短くなる．このように，支援装置が情報収集を運転者に代わって行う場合は，その分だけ車間距離を短くすることができる．

○装置が車間距離を計測する場合は，目測誤差を考慮する必要がない．

$$L_e = e \times d \times (a \times V^2/(2\mu g) + V \times t_{\text{reaction}})$$

において，車間距離の目測誤差から決定した e の値1.9が，装置の計測誤差から決定される値 e_s になる．

> 装置が車間距離を計測することの定量的効果：
> $E = L_{e1} - L_{e2} = (1.9 - e_s) \times d \times (a \times V^2/(2\mu g) + V \times t_{\text{reaction}})$
> L_{e1}：従来の設定すべき車間距離
> L_{e2}：装置が車間距離を計測する場合に設定すべき車間距離
> e_s：装置の計測誤差から決定される値

○装置が危険を検知して運転者に知らせる場合は，反応時間が短くなることが期待される．

$$L_e = e \times d \times (a \times V^2/(2\mu g) + V \times t_{\text{reaction}})$$

において，反応時間 t_{reaction} を小さい値に設定することができる．定量的効果を表す式は 4-3① で示したものと同様である．

> 装置が危険を検知することの定量的効果：
> $E = L_{e1} - L_{e2} = e \times d \times (V \times (t_{\text{reaction1}} - t_{\text{reaction2}}))$

> L_{e1}：従来設定すべきだった車間距離
> L_{e2}：装置からの危険通知により反応時間が短縮する場合に設定すべき車間距離
> $t_{\text{reaction1}}$：従来の反応時間
> $t_{\text{reaction2}}$：短縮した反応時間

③ 情報活用と操作の支援

収集した情報に基づいて，装置が運転者にどのように行動すべきかを指導・警告する場合は，運転者の情報処理に要する時間が短縮される．従って，反応時間が短くなり，設定すべき車間距離も短くなる．

$$L_e = e \times d \times (a \times V^2/(2\mu g) + V \times t_{\text{reaction}})$$

において，反応時間 t_{reaction} を小さい値に設定することができる．定量的効果を表す式は，4-3①で示したものと同様である．

> 情報活用の支援の定量的効果：$E = L_{e1} - L_{e2} = e \times d \times (V \times (t_{\text{reaction1}} - t_{\text{reaction2}}))$
> L_{e1}：従来設定すべきだった車間距離
> L_{e2}：情報活用の支援による短縮した反応時間に基づいて設定すべき車間距離
> $t_{\text{reaction1}}$：従来の反応時間
> $t_{\text{reaction2}}$：短縮した反応時間

④ 情報活用の代行

収集した情報に基づいて，装置が車間距離を制御する場合は運転者の目測誤差や車間距離の変動を考慮する必要がなくなる．また，装置が危険を検知して減速・停止などの衝突回避を行う場合は，運転者の反応時間に対する考慮は不要になり，装置の持つ反応，制動などの特性を考慮して車間距離が設定されることになる．

○装置が車間距離を制御する場合は運転者の目測誤差や車間距離の変動を考慮する必要がない．

$$L_e = e \times d \times (a \times V^2/(2\mu g) + V \times t_{\text{reaction}})$$

において，車間距離の目測誤差から決定した e の値1.9が，装置の計測誤差から決定される値 e_s になり，車間距離の変動から決定した d の値1.4が，装置により制御される車間距離の変動から決定される値 d_s になる．

> 装置が車間距離を制御することの定量的効果：
> $E = L_{e1} - L_{e2} = (1.9 \times 1.4 - e_s \times d_s) \times (a \times V^2/(2\mu g) + V \times t_{\text{reaction}})$
> L_{e1}：従来設定すべきだった車間距離
> L_{e2}：装置が車間距離を制御する場合に設定すべき車間距離

終章　車間距離のあり方と事故防止対策の位置づけ

e_s：装置の計測誤差から決定される値
d_s：装置の制御による車間距離の変動から決定される値

〇装置が危険を検知して減速，停止などの衝突回避を行う場合は，運転者の反応時間や制動距離のばらつきを考慮する必要がない．

$$L_e = e \times d \times (a \times V^2/(2\mu g) + V \times t_{\text{reaction}})$$

において，運転者の特性から決定した反応時間（従来の反応時間）t_{reaction}が，装置の特性から決定される反応時間 $t_{\text{reaction}\cdot s}$ になり，制動距離のばらつきから決定した a の値 2 が，装置による停止の制動距離のばらつきから決定される値 a_s になる．

装置が衝突を回避することの定量的効果：
$$E = L_{e1} - L_{e2} = e \times d \times ((2-a_s) \times V^2/(2\mu g) + V \times (t_{\text{reaction}} - t_{\text{reaction}\cdot s}))$$
　　L_{e1}：従来の設定すべき車間距離
　　L_{e2}：装置が衝突を回避する場合に設定すべき車間距離
　　t_{reaction}：運転者の特性から決定した反応時間（従来の反応時間）
　　$t_{\text{reaction}\cdot s}$：装置の特性から決定した反応時間
　　a_s：装置による停止の制動距離のばらつきから決定される値

〇装置が車間距離を制御するとともに，危険を検知して減速，停止などの衝突回避を行う場合は，運転者の目測誤差のばらつきや車間距離の変動を考慮する必要がなく，運転者の反応時間や制動距離のばらつきも考慮する必要がない．

$$L_e = e \times d \times (a \times V^2/(2\mu g) + V \times t_{\text{reaction}})$$

において，車間距離の目測誤差から決定した e の値 1.9 が，装置の計測誤差から決定される値 e_s になり，車間距離の変動から決定した d の値 1.4 が，装置により制御される車間距離の変動から決定される値 d_s になる．運転者の特性から決定した反応時間（従来の反応時間）t_{reaction}が，装置の特性から決定される反応時間 $t_{\text{reaction}\cdot s}$ になり，制動距離のばらつきから決定した a の値 2 が，装置による停止の際の制動距離のばらつきから決定される値 a_s になる．

装置が車間距離を制御するとともに衝突を回避することの定量的効果：
$$E = L_{e1} - L_{e2} = (1.9 \times 1.4) \times (2 \times V^2/(2\mu g) + V \times t_{\text{reaction}})$$
$$- (e_s \times d_s) \times (a_s \times V^2/(2\mu g) + V \times t_{\text{reaction}\cdot s})$$
　　L_{e1}：従来の設定すべき車間距離
　　L_{e2}：装置が車間距離を制御するとともに衝突を回避する場合に設定すべき車間距離

t_{reaction}：運転者の特性から決定した反応時間（従来の反応時間）
$t_{\text{reaction}\cdot s}$：装置の特性から決定した反応時間
e_s：装置の計測誤差から決定される値
d_s：装置の制御による車間距離の変動から決定される値
a_s：装置による停止の制動距離のばらつきから決定される値

5．事故防止対策の問題とあり方

　第3節から本節では事故防止対策について論じている．第3節では事故防止対策の内容が運転者の情報処理に関してどのような水準に当たるかを検討し，事故防止対策の位置づけを行った．前節では事故防止対策の効果を，設定すべき車間距離に与える影響としてとらえ，対策の定量的効果を示した．

　本節では，事故防止対策を実施する側，あるいは事故防止装置を提供する側の立場で，第3節で示した事故防止対策の位置づけをとらえなおし，事故防止対策を実施する際の問題と今後のあり方について論じる．

5-1　教　　育

① なすべきことを教える

　意識・態度が関係する教育・指導などは，なすべきことが具体的でないと効果がないと言われており，何をなすべきかをはっきりさせて，曖昧な解釈を許さないものにしなければならない．運転者の能力を踏まえて，設定すべき車間距離を指導することは，運転者としてなすべきことを明確に示すことであり，この要求を満たすものである．特に，自分の能力や特性を知らせる体験的教育は，自分の問題として指導内容を認識することにつながるため，効果が大きいと考えられる．

② なすべきことの意味を教える

　なすべきことの意味を教える動機付けは，知識を実行に結びつけるために必要である．車間距離が短いことや車群をつくっていることが交通場面にもたらしている危険の程度や事故発生時の状況を定量的に示すことは，危険な状況を理解し，安全な運転へ導く効果を持つと考えられる．

③ 運転技能の教育・訓練

　運転技能に関する教育・訓練では，それぞれの運転者の制動距離や車間距離を計測し，能力の向上を定量化して示すことで教育効果が向上する．また，異なる種類の能力の向上を一つの尺度で評価することは，教育効果を高めるだけでなく，効果的な教育を選択する際にも有効である．

④ 運転者管理

運転者管理は，教育や訓練が現実に有効に活かされるように運転者に働きかける効果を持つ．速度の管理はこれまでも，タコグラフなどで行われてきたが，最近は運転中の様々な事象を記録できる装置が活用されるようになってきており，これらの記録をもとにした運転者の管理も広がりつつある．記録にとどまらず，運転中に運転の状況をモニターして指導することも近年の機器の発達により可能になってきている．いずれの場合においても，運転者の能力を踏まえた個別的指導が効果的である．

⑤ 運転免許制度

運転免許制度は，すべての運転者を対象にした運転者管理である．運転免許取得のための教習期間などに，危険回避のための訓練を行い，併せて危険回避の能力を計測して定量的に把握しておくことは，その訓練の際の教育効果を高めるだけでなく，その後の教育・指導に関しても有効であると考えられる．

⑥ 取り締まり

道路交通法に基づく取り締まりには主要な3つの効果[2]，すなわち，取り締まりが行われていることを示すことによる抑止効果，運転者を実交通の場面で指導する教育効果，悪質な運転者を交通の場から排除する効果がある．第9章，第10章で示したように，衝突の回避に必要な最低限の車間距離を維持していない運転者も多く，そのことを，取り締まりを通して認識させ，指導することも必要である．

本書で扱った課題の中から，教育・指導・訓練に関係する項目を選び，その項目に関連する安全施策について例示する．

○反応時間
・個々人の反応時間の計測結果に基づく車間距離，速度などの指導（能力の把握）（意識・態度の改善）

○制動距離
・個々人の制動距離の計測結果に基づく車間距離，速度などの指導（能力の把握）（意識・態度の改善）
・制動の訓練（能力の向上）

○車間距離の変動
・個々人の車間距離の変動の計測結果に基づく車間距離の指導（能力の把握）（意識・態度の改善）

○距離感
・個々人の目測誤差の計測結果に基づく車間距離の指導（能力の把握）（意識・態度の改革）

- 距離感の訓練（能力の向上）
○車間距離に関する運転者の特性
- 接近傾向など運転者の特性の分析に基づく指導（特性の把握）（意識・態度の改善）

5-2 交通管理と道路管理

走行している道路の交通状況の危険の程度を，車間距離，速度，交通量などから定量的に評価する方法を第10章で提案した．道路管理者及び交通管理者は，道路の静的な特徴を運転者に伝えるだけでなく，時々刻々変化する交通の状況を定量的に把握し，運転者に判断と行動が可能な形で提供することが期待される．車間距離は，衝突を回避することができる十分な値に設定することが望ましく，十分な車間距離が維持できない状況に至らないための交通管理が必要である．交通の状況によっては十分な車間距離を維持できないこともあると考えられるが，その場合にもその状況の中で，危険水準を下げるための交通管理が必要である．

本書で扱った課題の中から，交通管理と道路管理に関係する項目を選び，その項目に関連する安全施策について例示する．

○反応時間
- 視認性向上のための施設（情報収集の支援）
○制動距離
- 制動力を高める路面（操作の支援）
○距離感
- 距離の把握を助ける施設（情報収集の支援）
○交通状況
- 交通状況の情報提供施設（情報収集の支援）
- 交通状況の情報に基づく指導・警告の施設（情報活用の支援）
○事故状況
- 当該場所周辺の交通事故の発生情報の提供施設（情報収集の支援）

5-3 車載機器

運転者の能力を車載機器で補う，あるいは置き換えることができれば，衝突回避のために運転者がなすべきことも変化する．人の特性は大きくばらつくため，車載機器が安定した特性で，人の能力を補助あるいは代替することの効果は大きいと考えられる．運転を支援する

車載機器については，著しい進歩の中で新たな問題の発生も懸念されているが，懸念の多くは，装置そのものの問題ではなく，それを使う人の特性に関するものである．自動車は，航空機や軌道交通と異なり不特定多数の人が扱うため，扱う人の代表的な特性，あるいは期待される特性を前提にすることはできない．機器が人の介入を必要としないレベルの場合は，人の特性を考慮する必要がなくなると考えられるが，現時点ではそのような状況にない．すなわち，車載機器がある部分で人の代わりをする場合，完全な代替が期待できるまでは，人の特性との調和が必要である．機器と人の役割が錯綜する中においては，機器に対する慣れや過信の問題，機器の限界や誤動作の問題を念頭に，人の特性をさらに研究する必要がある．

本書で扱った課題の中から，車載機器に関係する項目を選び，その項目に関連する安全施策について例示する．

○反応時間
- 視認性の向上（情報収集の支援）
  　前照灯の改良／赤外線監視装置による表示
- 危険の検知と表示（情報収集の支援）（情報収集の代行）
  　レーダーによる障害物の検知
- 危険の警告（情報活用の支援）
  　車間距離の警告／障害物の警告／減速の指示／停止の指示
- 危険の回避（情報活用の代行）
  　自動速度調節／自動停止

○制動距離
- 制動の補助（操作の支援）
  　ABS／ブレーキアシスト
- 路面情報の収集と表示（情報収集の代行）
  　湿潤・乾燥などの検知／摩擦係数の計測
- 路面情報に基づく指導・警告（情報活用の支援）
  　減速の指示／車間距離の指示
- 路面情報に基づく車速制御（情報活用の代行）
  　減速／車間距離の維持

○距離感，車間距離の変動
- 車間距離の計測と表示（情報収集の代行）
- 車間距離の計測結果に基づく指導・警告（情報活用の支援）
  　減速の指示／車間距離の指示

- 車間距離の計測結果に基づく制御
    減速／車間距離の維持
○事故状況
- 当該場所周辺の交通事故の発生情報の受信（情報収集の代行）
- 当該場所周辺の交通事故の発生情報に基づく速度，車間距離などの指導・警告（情報活用の支援）

6. おわりに

　本章では，これまでに求めた運転者に関する知見を具体的に活用するための考察を行い，ほとんどの運転者が衝突を回避することができる安全側の車間距離を提示するとともに，実際の交通場面へ適用する場合の問題について検討した．また，交通事故防止対策の体系化のための位置づけと対策の効果の定量的評価のための方法を提案した．

　本章で提示した安全側の車間距離は，これまで指導されてきた車間距離よりかなり大きい値である．これは，運転者の能力のばらつき，車間距離の運転中の変動や目測誤差を考慮し，ほとんどの運転者が衝突を回避することができる車間距離を求めたためであり，車間距離のあり方を考える際の基本になるものである．現実の交通場面では，安全側の車間距離で走行することが，交通量確保などの観点から実現できない場合も多いと考えられる．この場合，どのような車間距離を指導するかは様々な価値判断が関連する問題であるが，これまで言われていた車間距離の値は，理想的な運転を前提とした車間距離であり，リスクを多く含んだものであることを念頭に置く必要がある．

　現実の交通場面に本章で示した安全側の車間距離を適用することの問題点は既に述べた通りであるが，様々な事故防止対策の進歩はその問題点を解決してくれる可能性がある．本章では事故防止対策の定量的効果を，車間距離として設定すべき値の変化として評価した．この設定すべき値の変化は安全側の車間距離と現実の交通場面が事故防止対策技術の進歩とともに調和していく可能性を示唆するものである．

文　献

1) （社）交通工学研究会：交通工学ハンドブック，p. 143, 1217pgs. 技報堂出版株式会社，東京，1984
2) 牧下寛，岡村和子：交通指導取締りによる交通違反に対する意識の変化，科警研報告交通編，38（2），pp. 95-105, 1997
3) 市原薫：路面の滑り抵抗に関する研究（1），土木研究所報告，135（3），p. 108, 146 pgs., 1969

総　　括

　自動車の高度化は進み，事故を防ぐための様々な機能を持つようになった．しかし，いざ事故が起きたときには，特別な欠陥車でもない限り，「事故の責任は，事故を防げなかった自動車にある」とまで言える状況ではない．これまでと同様，ほとんどの場合，運転者が事故の責任を負わなければならない．すなわち，交通事故を防ぐためには，現状では運転者に多くを期待しなくてはならない．したがって，運転者には多くの指導や教育が行われる．しかし，その中には，運転者がどうしてよいか分からないものが多い．注意をして運転しなさいとか，気をつけて運転するようにという呼びかけは，普通の運転者ならだれでも心がけていることなので，今以上に何かをしようとしてもできないことが多い．脇見をしないというのは少し具体的であるが，全く脇見をしないということも，実際はできそうもない．しかも，こちらに注意をしていたら，他のものにぶつかってしまったなどという類の脇見も少なくない．運転者が意図してできることは，大きな分類で見れば，「速度を落とす」，「車間距離をあける」，「止まるべき場所で止まる」の3点である．止まるべき場所で止まらないのは違反であるから，運転者はこれについては，例外なく守らなければならないし，これで，事故の中で2番目に多い出会い頭事故（平成15年の全人身事故の26％）はほとんど防げると思われる．止まるという指示は，すべきことに曖昧な点はないため，守らせるための方法を考えるという段階である．速度を落とす，車間距離をあけるについても，これらを行えば，事故の中で一番多い追突事故（平成15年の全人身事故の31％）は防げる．どうしても起きてしまう脇見や小さなミスがあっても，速度が低ければ，あるいは車間距離が長ければ，事故につながる前に対処することができる．しかしこの2つは，止まるに比べてまだ曖昧である．速度や車間距離の数字が必要である．速度は制限速度があるのだから，その値が基準である．一方，車間距離は速度に応じたものにすることが必要であり，速度に対してどのような車間距離にすべきかを示さなければならない．ところが，運転者は様々な人がいるので，能力によっても必要な車間距離は異なってくる．特に高齢者は人による違いが大きく，これから高齢運転者が増加すると，ますます個人差が問題になる．

　本書は以上の点を出発点としており，運転に関わる能力について，筆者らが実施した研究の結果をまとめたものである．被験者数は必ずしも十分ではないが，必要最低限は確保して運転者の能力のばらつきを調べるように努め，ほとんどの運転者が衝突を回避することがで

きる車間距離として安全側の値を具体的に示した．また，運転者の様々な特性が車間距離に関わっているため，通常の運転と事故回避に関わる基本的な運転者の特性を広い範囲に渡って記述したつもりである．交通安全に関する取り組みの中には，本書の内容が参考になる場合も少なくないのではないかと期待し，本書が何らかの役に立ってほしいと願っている．

あとがき

　本書に係る研究を開始してから，筆者は職場の異動を重ね，研究環境が次々に変化しました．科学警察研究所（科警研）から交通事故総合分析センター，その後，科警研に戻り，それから自動車安全運転センターへ，そして現在は，科警研に3度目の籍を置いています．本書に係る研究で，多様な調査，分析，実験を実施しているのは，そのことによるものです．

　科警研では，事故の発生過程の研究を始め，最後に事故防止の立場から全体のまとめを行いました．本研究の開始時には千代田区三番町にあった科警研も現在は千葉県柏市に移転しています．移転に伴い施設等も大きく改善しましたが，それ以上に，現場を重視しながらも，学究的であろうとする雰囲気が強まり，現場に役立つ学問研究の場を目指して動いています．「現場で求められるものは時代とともに変わっていくから，求められているものから乖離しないように努めなければならない．また，変化に応えられるように基礎的な研究を続けなくてはならない」とは，高取健彦所長の日頃のお言葉です．こうした雰囲気も本書の作成を下支えしてくれたと感じています．高取所長をはじめとする科警研の皆様にお礼申し上げます．

　交通事故総合分析センターは，事故分析を通じて交通事故の防止に大きな役割を果たしている組織です．ここでは，事故分析に関わる多くの分野の方と交流しながら研究することができました．運転者に注目した事故分析に関する記述は筆者が在籍中に学んだ事柄が基になっています．多くの方のお力添えを頂いたことに感謝いたします．

　自動車安全運転センターは，安全運転のための研修や研究その他の活動を通じて交通事故の防止に大きな役割を果たしている組織です．ここでは，安全運転に関わる研究者，指導員をはじめとする方々のご意見，ご指導を頂きながら研究を進めることができました．運転特性に関わる本書の記述の多くは，筆者が在籍中に実施した調査研究のデータに基づく論文から引用しています．多くの方のご指導とお力添えを頂いたことに感謝いたします．

　それぞれの組織には，それぞれ固有のミッションがあり，その内容も変化していきます．筆者の研究はその時々のミッションに基づくものであり，長期的なビジョンのもとに計画的に研究を進めてきたものではありませんが，多くの研究は同じ流れの中にあったと思います．「研究は一つの目標に向かって順序立てて進めることが普通というわけではない．いろんなことを思いついて，あれこれやってみる．バラバラのように見えても，一人の人間の思

いで行っている研究は深いところでつながっており，いつかは一つにまとまっていくものだ」とは，私が東大在学中に当時助教授だった吉川弘之先生（元東大総長，現産業技術総合研究所理事長）が話してくれたことです．吉川先生に頂いたご指導は折に触れて私の研究を支えてくれていると感じています．ここに改めてお礼の気持ちを表したいと思います．

　研究全般に関しては，九州大学の松永研究室に籍を置いてご指導を頂きました．お世話になりました九州大学の皆様にお礼申し上げます．なかでも，松永勝也教授には，繰り返しご指導いただくだけでなく，多くの励ましを頂きました．先生には，1997年3月に京都で初めてお会いしました．その時，短時間ではありましたが，先生の交通安全についてのお考えを聞かせていただきました．精神論ではなく，技術一辺倒でもない，工学と心理学が融合した先生の取り組みは新鮮なものであり，常に実証的に研究を進め，大胆に発想していく研究スタイルにも共感しました．「運転者が具体的に実行することのできる交通安全対策でなければならない」とする先生のお話は，筆者のそれまでの疑問に解決の糸口を与えてくれたと感じました．研究を進め，本書の完成に至ったのは，それ以来の先生のご指導によるものです．深く感謝申し上げます．

　本書はこのように多くの方のお世話になったものですが，筆者の浅学の故に誤りや適切でない部分があるのではないかというのが気がかりです．「評価は市場がする」とは吉川先生から教わったことですが，高取所長，松永先生のお言葉も同じ流れの中にあると感じています．お気づきの点がありましたら，ご指導，ご指摘いただければ幸いです．

　なお，本書は独立行政法人日本学術振興会平成17年度科学研究費補助金（研究成果公開促進費）の交付を受けて刊行に至ったものです．関係各位にあらためてお礼申し上げます．

索　引

あ行

アンケート　5, 36, 43, 101
暗順応　41
暗視力　6, 38, 41, 47, 101
暗視力計　40
安全　139
安全運転義務違反　20, 22, 26, 29, 31, 32
安全側　126, 127, 142
安全側の車間距離　7, 179, 180, 183, 187, 195, 204
安全施策　201, 202, 203
安全不確認　18, 22, 97
安全不確認の割合　16
安全率　187
安定した車間距離　6, 194
安定した特性　202
意識　10, 82
意識・態度　4, 5, 35, 36, 43, 98, 130
異常値　42
急ぎ傾向　43, 106, 109
依存的傾向　43
一時停止　1
一時停止違反　15, 18, 22, 26, 26, 29, 31, 32, 35, 37, 52
一定間隔　159
一般運転者　65, 71, 74, 75, 76, 77, 78, 142, 180
一般運転者の制動距離　69, 70, 79, 181, 182, 185
一般道路　138, 139, 145, 145, 150, 160, 177
一方通行の逆走　52
意図　78, 98
　——している車間距離　99
　——的　6, 15, 18, 35
　——的な違反　36
　——の違いによる制動距離　75
　——別の制動距離　76
居眠り　147

違反・事故　4, 10, 35
　——の有無　45, 46, 55
　——の有無と内容に関する3グループ　52, 53
　——の経歴　37
違反回数別の違反者数　20
違反が事故につながる傾向　22
違反記録　20, 22
違反件数　22
違反者　20
違反者数　22
違反者と事故者の割合　22
違反種類別違反者数　23
違反種類別事故件数　15, 16, 18, 59
違反種類別事故の割合　15
違反種類別死亡事故件数　16
違反種類別年齢層別違反者数　22
違反種類別年齢層別事故件数　26
違反種類別の違反者数と事故件数　20
違反別　97
違反別件数　147
違反別事故件数　146
違反歴　20
違反を避ける　32, 33
違反をする傾向　22
因子軸　43, 45
因子得点　43, 45
因子負荷量　43, 44, 45
飲酒運転　22, 23, 26, 31, 35
上内境界点　42
上ヒンジ　42
右左折禁止違反　52
右折時　1
内境界点　42
運転傾向の認識　191
運転以外のこと　16
運転以外のタスク　136
運転意識・態度　43, 44, 45, 46, 48, 50, 55, 97, 101, 105, 109, 109

運転意識・態度の因子　43
運転者管理データ　19
運転技能　200
運転傾向　191, 196
運転傾向の認識　195
運転行動　36, 43, 44, 45, 46, 49, 50, 55, 101, 105
運転行動の因子　43, 45
運転時の緊張傾向　45
運転者管理　201
運転者管理データ　4, 5, 10, 19
運転者全体　10
運転者に固有な特性　97, 108, 109, 126, 127, 142, 193
運転者に知らせる　197
運転者に提示　197
運転者の属性　104
運転者の属性と車間距離　98
運転者の特性　35, 97, 108, 187, 199
運転者の能力　31, 62, 187
運転者の判断　194
運転に不必要な行為　147, 147
運転の操作ミス傾向　45, 49, 55
運転の負荷　81
運転への愛着傾向　45, 48, 50, 50, 106, 109
運転免許更新　36
運転免許制度　201
運転免許の保有期間　22
運転免許保有者　5
運転を支援　202
AS-4D　39, 40
ACC　130
ABS　65, 203
液圧　78
エキスパート　64, 68, 77, 142, 180
FR（車）　65, 68
FF（車）　65, 68
円滑　139
遠近の調節　39
追い越し　98
追越車線　164, 167, 168, 169, 172, 173, 187
横断勾配　115
往復コース　83, 84
大型車　160
大型トラック　111, 112, 114, 122, 124, 125, 126, 159, 162, 167, 175
大きく外れた値　88, 90
オーバーブリッジ　162
遅れ反応　93, 94, 94
音に対する反応　82

か行

カーナビゲーション　138
カーナビゲーションシステム　129
カーナビゲーション装置　136
カーブ　115
回帰曲線　181
回帰式　70, 77
開始値　133
開始値との比　136
回避行動　81
過失　12
過小評価　111
過信　203
加速度計　66
過渡的な状態　160
加齢　5, 10, 32, 35
　——に伴う視力の変化　57
　——に伴う心理特性の変化　57
　——による変化　23
考え事　147
眼鏡　39
幹線道路　83, 84
乾燥路面　182, 185
観測時間　164
観測車両　162
観測値　189
観測調査　4, 160
簡便式　69
危険回避　142
危険回避のために必要な反応時間　83
危険側　139, 140, 142
危険行為　6
危険対象　145
危険認知　151, 152
　——距離　4, 145, 146, 149, 150, 153, 154, 155, 156, 177
　——距離の時間換算値　152, 154, 155
　——距離のばらつき　152
　——距離の不足　153, 156
　——時の車間距離　152
　——速度　4, 138, 145, 146, 147, 148, 149, 153, 155, 156, 177
危険の程度　7, 159, 160, 164, 171, 172, 175, 177, 202
危険の発見　196
危険の発生　163
危険発生時を起点　81
危険率　124, 133
危険を検知　7, 194, 197, 199

危険を認知した時　145, 145
基準　77
規制速度　160
95 パーセンタイル値　181
急制動　6, 104, 160, 162, 163, 164, 167
教育　200
教育・訓練　200
教育・指導・訓練　201
教育効果　201
矯正視力　39
共変関係　102
極外値　42
曲線半径　115, 160
距離感　6, 62, 112, 126, 129, 196
距離感の向上　194
寄与率　102, 104, 108
距離の変化　126
距離を制御　6, 129
緊急時の衝突回避　6
緊急時の制動　63, 64, 142
緊急時の制動距離　193
緊急時の制動動作　78
緊急時の停止　6
緊急時の停止距離　6
緊急制動　4
緊急停止　194
近接追従者　97
空走距離　63, 81, 95, 129, 179, 182, 183, 185
空走距離の突発的な延長　3
空走時間　151, 163
具体的　200
具体的な行動　1, 7
クラクション　81, 82
クラクションに対する反応実験　93
クラスター分析　73
グループ 1　147, 149
グループ 3　148
グループ 2　147
グループ 2 と 3　149
訓練　193, 196
経過時間　163
計測誤差　199
計測値と開始値との比　140
計測値と計測開始値の比　142
携帯電話　147
KVA　6, 38, 39, 54, 57, 59, 87, 104, 108, 109
決定係数　70
原因行為　147, 147, 156

限界　203
研修コース　65
研修生　65, 71, 74, 77
研修生の制動距離　69, 70
研修生の波形　73, 74
研修用コース　99
減速　194
減速度　66
減速度波形　73
攻撃的傾向　43
構成　5
高速自動車国道　14
高速周回路　115
高速道路　5, 112, 138, 139, 159, 175, 177
高速道路の観測　7, 144, 159
交通違反　35
交通管理　202
交通事故統計　11
交通事故統計データ　4, 5, 10, 11
交通事故の防止に関連する項目　3
交通事故防止対策　179, 204
交通状況　160, 202
　──に潜在する危険の程度　172
　──の観測　144
　──の危険度　144
交通情報　194
交通場面　204
交通密度　171
交通流　4, 7, 159
交通量　139, 159, 160, 162, 164, 169, 171, 187, 188, 189, 191
交通量当たり当事者車両累積台数　172, 175, 177
交通量確保　204
交通量の推移　164, 169
公道　5, 81
行動類型　149
後輪 2 軸　114
高齢運転者　130
高齢化　1, 35
高齢者　12, 18, 192
高齢者の起こしやすい事故　5
高齢者の身体能力　57
高齢層　139, 140
小型車　160
国際交通安全学会　97
国道 6 号線　191
誤差　186
個人差　95, 187, 192
個人内のばらつき　187

個人の能力　196
誤動作　203
誤反応　42
誤反応数　43, 48
個別的指導　201
コンタクトレンズ　39

さ 行

最高速度違反　52
最大減速度　66, 67, 74, 105
最大値のばらつき　184
最大ブレーキ液圧　66, 67, 74, 105
最低限の車間距離　179
先急ぎ傾向　43
シートベルト着用義務違反　20, 37, 52
視界　112
視界と車間距離　98
視覚　82
視覚機能　98
視覚機能と安全運転　98
視覚刺激　82
視覚による探索　82, 94
視覚による認知　93
時間遅れ　68
時間帯　114, 117
視機能の低下　36
事故回数別の事故者数　20
事故回避能力　33, 33
事故記録　20, 22
事故件数　22
事故者　20
事故事例　7, 147, 156
事故事例調査　5, 145
事故事例の分析　144
事故に至らなかった違反　5
事故につながりやすい違反　5
事故に結びつきやすい違反　29
事故の際の違反　20
事故の全体像　11
事故発生割合　29, 31, 32
事故発生割合の加齢による変化　29, 31
事故分析　4
事故防止対策　7, 18, 191, 195, 200
　——の位置づけ　191
　——の効果　195
　——の定量的効果　194, 204
事故類型　11, 14, 97
事故類型別　159
事故類型別事故件数　18
事故類型別の事故件数　59

事故を回避　160
視線　86
視線移動回数　91, 93, 95
視線配分　82, 91, 95, 142
視線を移動させた回数　87
視対象　39
下内境界点　42
下外境界点　42
下ヒンジ　42
湿潤　182
湿潤路面　182
湿潤路面の摩擦係数　182
実測車両距離　102
実測値　117, 122, 123, 124, 126, 131, 140, 142
実測値と目測値の比　131, 133, 138, 140, 142
実測値と目測値の比の下限　133
質問項目　44
指定の車間距離　101, 107, 114, 117, 120, 122, 123, 131, 133
自動車運転中の死者数　12
自動車等　12
自動速度調節　203
自動停止　203
指導や警告　194
視認性　203
視認性の向上　194
指標　39, 41
指標背景輝度　39
指標面の明るさ　39, 41
死亡事故　147, 147
死亡重傷事故　112, 159
視野角　126
車間距離　1, 2, 14, 18, 59, 62, 63, 81, 84, 97, 109, 112, 114, 129, 131, 136, 138, 139, 159, 159, 160, 162, 191, 195, 197
　——が不安定であることを示す指標　104
　——計　99, 113, 115, 131
　——形成の仕組み　97
　——形成のメカニズム　130
　——と速度の関係　7, 144
　——に関係する運転者の能力　3
　——に関する傾向　6
　——に必要な要件　195
　——のあり方　139, 204
　——の維持　129, 130, 138, 185
　——の開始値　137, 138
　——の下限　136
　——の感覚　112
　——の構成割合　164

索引

——の個人特性　6
——の実測値の下限　138
——の実態　7, 144
——の修正　136, 139
——の推移　133
——の制御動作　130
——の設定　192
——の設定値　186
——の設定方法　101, 114, 115
——の長短　62, 98, 102, 107, 109
——の長短, 安定性　4
——の長短や変動　97, 98
——のとらえ方　160
——の不安定性　98, 104, 106, 108, 108, 109, 142, 193
——の不足　7, 153, 156, 177
——の変化　126
——の変動　62, 129, 136, 139, 140, 186, 187, 193, 194, 198, 199
——の変動の下限　137
——の変動要因　2
——の3つの指標　109
——の目測　4, 98, 111, 139
——の目測誤差　62, 193
——の目測値　138, 139, 142, 186
——の目測の正確さ　98
——の目測の正確性　108
——を計測　194, 198
車群　7, 144, 159, 160, 171, 172, 173
車載機器　129, 202
車種別　149
車線間の速度差　164
車頭間隔　162, 187
車両1台当たりに潜在する危険の程度　172
車両相互事故　14
車両台数　160
周回コース　83, 84
収集事例　149
修正　140, 142
修正された車間距離　137, 138
重大事故　111
縦断勾配　163
主成分分析　102, 104, 107, 108
出現割合　137
首都高速道路　187
順応性　43
遵法傾向　45
遵法性　97
焦燥感　98
照度　41

照度計　41
衝突回避　63, 152, 155, 198, 199
衝突回避に必要な時間　152
衝突発生の可能性　144
情報活用と操作の支援　194, 198
情報活用の代行　194, 198
情報収集　196
情報収集の支援　194, 196
情報収集の代行　194, 197
情報処理　191, 198
　——に関する水準　191, 195
　——能力　10, 31, 93, 95, 142
　——の不正確性　43
情報の意味　194
情報の流れ　179
情報の見落とし傾向　45, 49, 50, 55
女性　22
視力　4, 6, 35, 36, 39, 45, 46, 47, 50, 54, 57, 59, 97, 101
　——関係違反者　52
　——計測　4
　——と違反・事故の関係　52
　——と関係している可能性のある違反・事故　52, 57
　——と関連が弱い　52
　——と関連する可能性のある違反・事故　52, 55
　——と車間距離　98
　——と年齢の相関係数　91
　——と反応時間の関係　94
　——と反応時間の相関係数　91
　——と反応時間の年齢層別の相関係数　54, 55
　——などの低下　15
　——の回復時間　41
　——の各項目と違反・事故の有無　47
　——の低下　94
　——無関係違反者　52, 52
進行方向空間距離　2, 63, 81, 97
信号無視　15, 18, 22, 23, 26, 26, 29, 31, 35, 52, 59
人身事故　11, 37, 146, 146
身体能力　4, 5, 5, 10, 35, 36, 97, 104, 109
　——相互の関係　54
　——の低下　15, 57
　——の低下に起因した違反　36
心理的　196
心理的対策　196
心理的な要素　130
心理特性　5, 10, 35, 36, 55, 59, 97
推移　159, 164, 172

スリップ率　69, 78
生活道路　83, 84
正規分布　42
制御　198, 199
制御誤差　131
静止視力　6, 10, 36, 38, 39, 59, 87, 101,
　　104, 108, 109
静止視力と暗視力の差　48
静止視力と動体視力（KVA, DVA）の差　48
正準判別分析　49
制動　63, 83
制動開始　68, 77
　　──時の速度　66
　　──速度　70, 77
　　──地点　66
制動技術　105, 108, 109, 187
制動距離　6, 62, 63, 64, 66, 67, 76, 77, 81,
　　98, 101, 104, 104, 129, 142, 179, 180,
　　185, 188, 191, 196
　　──などと接近傾向　104
　　──の突発的な延長　3
　　──のばらつき　6, 63, 78, 199
　　──の理論曲線　77
　　──の理論値　182
制動実験　75
制動停止距離法　69
制動灯　83, 85
　　──に対する反応　6
　　──の点灯　163
　　──反応　83, 88, 89, 90, 92, 93, 94, 95
制動動作の個人差　6
制動による衝突回避　152
制動能力　4, 62
制動の研修　180
制動の際の意図　75
制動の仕方　63
制動の能力　196
正判別率　51
赤外線監視装置　203
接近傾向　104, 108, 109, 142, 193
接近傾向指標　102
接近現象　112
接近の車間距離　101, 102, 107, 114, 117,
　　120, 122, 123
設計車両　162
絶対視力　39
設定　140, 142
設定区間　162
設定方法　131
説明変数　49

全違反　19
先行車　83, 101, 113, 130, 162
　　──の大きさ　126
　　──の制動　83, 84, 142
　　──の制動に対する反応時間　85
　　──の違い　122, 126, 142
　　──別　6
　　──別の距離感　4
全国　147
全国調査　37
全事故　11, 146
前照灯　203
選択肢　45
選択反応　6, 41
選択反応時間　42
選択反応時間と単純反応時間の差　50
選択反応時間の中央値　50
前方不注意　15, 18, 97, 146, 159, 175
前方不注意事故　147, 149, 156
全免許保有者　19
相関係数　45, 46, 108, 124
走行が安定　160
走行距離　37, 45, 48, 50, 63
　　──と違反・事故の有無　45
　　──と運転への愛着傾向　48
　　──と年齢　45
走行実験　111
走行車線　164, 167, 169, 173
走行条件　124
走行条件の主効果　140
走行速度　84, 99, 113, 115, 131
走行中の変動　138, 142
走行頻度　37
走行方法　99, 113, 115, 120, 131
走行方法の主効果　133, 136
総視認時間　136
総操作時間　136
装置　197, 198, 199
装置の特性　199
速度　1, 159, 160, 162
　　──違反　22, 26, 29, 31, 32, 35, 37
　　──と車間距離の関係　159
　　──の設定　100
　　──の出し過ぎ　153, 156, 177
　　──の抑制　156
　　──表示装置　162
外境界点　42

た行

第1主成分　102, 104, 107, 108

索　引

第1当事者　12, 18, 112, 147
第1当事者の事故原因　149
台キロ　188
対策の効果　7, 195
態度　10
代表的な値　2
タイヤ速度　66
タコグラフ　201
多重衝突　159, 171
多重衝突になる割合　172
タスク　81
単純反応　6, 41
単純反応時間　41
単独走行　83
注意散漫　1
注意の散漫　2
注意のレベル　81
中央値　42, 43, 181
昼間　114, 117, 122, 126
駐停車違反　37, 52
昼夜　111, 126
　——の距離感　4, 112
　——の差　173
　——の車間距離　160
　——の違い　142
　——別　6
調書　149
調和　203
追従車　99, 113, 130, 162
追従走行　5, 83, 84, 99, 126, 131, 160, 171
追従走行実験　97, 98, 112, 114
追従走行割合　169, 171, 173
追突される　164
　——可能性　160
　——車両の割合　164
　——割合　167
追突事故　1, 2, 14, 18, 59, 97, 159, 175
　——件数　172
　——になる　162
　——になる割合　168, 169, 172
　——の割合　97
　——を回避できるか　169
追突する　162
　——ことになる　167
　——車両の車種別割合　169
　——車両の割合　167, 169
　——と判定　162, 163, 175, 177
　——割合　167, 175
通過　164
通過車両　162

通行区分違反　22, 26, 29, 31, 59
通常の車間距離　101, 102, 107, 114, 115, 120, 122, 123, 131, 133
強い制動　66, 71, 75, 76, 78
出会い頭事故　1, 2, 14
t値　70
DVA　6, 38, 40, 47, 59, 87
停止可能だった速度　156
停止距離　2, 62, 63, 81, 97, 129, 145, 145, 150, 152, 153, 155, 156, 177, 179, 185, 191
　——に基づく設定　179
　——の時間換算値　152, 154, 155
　——の定義　145
　——の突発的な延長　3
　——の変動要因　2
低照度下の視力　38
定量的意味　197
定量的効果　196, 197
適正な車間距離　179
テストドライバー　130
動機付け　200
東京都　147
当事者　160
当事者車両累積台数　172, 173, 175, 177
当事者になる車両台数　171, 172
動体視力　6, 10, 36, 38, 39, 40, 47, 87, 101, 104, 108, 109
動体視力計　40
東北自動車道　160
東名高速道路　159, 189
道路管理　202
道路形状別　149
道路構造令　162, 164
道路の設計　82
特定の運転者　196
どのように行動すべきか　198
飛び出し地点　84, 90
飛び出してきた方向　90
飛び出しに対する反応　6
飛び出しに対する反応時間　85
飛び出しのタイミング　84
飛び出し反応　83, 88, 89, 90, 92, 93, 94, 95
トリガー　66
トリガー時速度　66
取り締まり　37, 201
　——の対象　22
　——の対象となった違反　20
　——の対象になりやすい違反　22, 29
トレーラー法　69

な行

内面的　15
なすべきこと　200
何をすべきか　194
なめらかな制動　66, 71, 75, 78
慣れ　203
20分間交通量　169
入出時刻　162
認知　43
認知・判断　6, 18, 31, 93
　　——などの能力　33
　　——の遅れ　2, 5, 10, 15, 59, 59
　　——の遅れに起因する交通事故　2
認知及び判断の時間　63
認知の遅れ　2, 153, 156, 177, 183
認知の遅れ時間　7, 144, 153, 156, 177
年齢　4, 45, 46, 50, 55, 98, 104, 108
　　——層間の平均値の差　133
　　——層の主効果　133, 136, 139, 140
　　——層別死者数　12
　　——層別走行距離　47
　　——層別の視力　47
　　——層別の反応時間　48
　　——と違反・事故　45
　　——と制動距離　78
　　——別の制動距離　71
能力　2, 18, 191
　　——の向上　193, 196
　　——の把握　191, 195
　　——のばらつき　1, 2, 179, 204
　　——の補助　194, 196
　　——を把握　192

は行

パーセンタイル値　133
排除する効果　201
箱ひげ図　42, 120
バス　162
外れた値　183
外れ値　42, 82, 95, 133, 142
発見遅れ　82, 93, 95
発見のための時間　197
ばらつき　2, 6
万国式試視力表　39, 40
判断　43
判断に要する時間　43
判断の迷い傾向　45, 49, 50
ハンドル操作　63
ハンドルによる衝突回避　152
反応時間　4, 6, 35, 36, 39, 41, 43, 45, 46, 47, 48, 57, 59, 62, 81, 82, 95, 142, 151, 153, 163, 164, 183, 187, 188, 191, 194, 196, 197, 199
　　——の95パーセンタイル値　92
　　——の最大値　92, 184
　　——の代表値　43
　　——の定義　145
　　——の不安定性　43
反応特性指標　42
反応のばらつき　48
判別係数　49, 51
判別分析　49
ひげ　42
必要な車間距離　137, 138, 139, 140, 142, 185
ビデオ撮影　162
尾灯　126
人の特性　202
人の飛び出し　83, 142
ひやり・はっと体験　36, 43, 44, 45, 46, 49, 55, 98, 101, 105
ひやり・はっと体験の合計回数　49
標識　148, 148
標準偏差　104, 108
平ボディ　114
昼間　114, 117, 122, 126
ヒンジ散布度　42, 43
普通乗用車　112, 113, 114, 122, 124, 162, 168, 175
普通乗用車同士　120, 126
普通トラック　162
物損事故　11, 37
不特定多数　203
不必要な余裕　192, 196
踏み替え時間　64, 151
踏替動作　83
振り子型滑り摩擦測定装置　69
ブレーキアシスト　194, 203
ブレーキ液圧　66
ブレーキが効き始める　163
ブレーキを踏み込む速さ　67
ブレーキを踏む力　78
プロドライバー　114, 126
分散分析　133, 136
平均減速度　66, 67, 74, 76, 105
平均車間距離　169, 171
平均車長　162
平均速度　169, 171, 187, 189
偏差絶対値　42
変動　6, 138, 139

変動を考慮した設定　179
法軽視傾向　45, 48, 50, 55
ほとんどの運転者　185, 186, 187, 195, 204
ぼんやり　147

ま行

マイクロバス　162
摩擦係数　65, 69, 77, 151, 152, 163, 180, 181
　　――の下限値　182
　　――の限界値　182
　　――の測定方法　69
摩擦力　77
迷い傾向　55
漫然運転　15, 18, 22, 97, 146, 147
漫然運転の割合　15
見落とし　2, 6, 15, 31, 52, 57, 59
見積もり誤差　138
無違反者　52, 54
無事故・無違反者　38, 45
無事故・無違反者割合　47
眼鏡　39
目の動き　86
免許経歴　20
免許年数　108
免許不携帯　52
免許保有者　4, 19
免許保有者当たりの事故件数　12
免許保有者数　20, 22
免許保有者に占める割合　26
網膜感度　41
模擬市街路　99, 113, 138
目測　6, 138, 139, 179
目測が正確なことを示す指標　104
目測誤差　102, 117, 122, 123, 124, 126, 127, 129, 131, 138, 139, 140, 142, 142, 179, 186, 187, 194, 196, 197, 199, 204
　　――のばらつき　199
　　――を考慮した設定　180
目測車間距離　102
目測値　99, 117, 122, 123, 124, 126, 131, 140, 142, 186
目測値と実測値　112
目測値の誤差割合　102, 104, 107, 108, 122, 125

目測の正確性　102, 104, 106, 108, 109, 142, 193
目的変数　49
モデル　2
モニター　194, 201

や行

夜間　117, 122, 126
夜間視力　41
夜間の距離感　111
夜間の割合　159
有意差　120, 122, 133
有効免許　20
優先意識傾向　48, 50, 55, 43
優良運転者　36
優良運転者講習　36
要件の緩和　195
予期　81, 82, 93
抑止効果　201
横方向変位　136

ら行

ランドルト環　39, 41
ランプ　82
理想制動　68, 74, 78, 181
　　――との比　181
　　――の制動距離　79, 181
　　――の制動距離との比　71
　　――の波形　74
理想的な運転　187, 204
理想的な運転操作　2
理想的な制動　64, 68, 77, 142
両眼視力　39
理論曲線　68, 69
理論値　68, 79, 142, 180, 181
隣接値　42
レーダー　203
ロック　64, 67, 78
ロック直前　68
路面情報の収集　194

わ行

脇見　1
脇見運転　15, 18, 22, 82, 97, 146, 147
脇見運転の割合　16

著者略歴

牧 下　寛（まきした　ひろし）

1977 年　東京大学工学部精密機械工学科卒業
1979 年　東京大学大学院工学系研究科修士課程修了
1979～1984 年　三菱電機株式会社
　　　　レーダーシステムの開発に従事。
1984 年　科学警察研究所研究員
　　　　交通事故の再現手法に関する研究に従事。
1994～1995 年　交通事故総合分析センター研究第一課長
　　　　交通事故の統計的研究，運転免許保有者の統計的研究などに従事。
1998～2002 年　自動車安全運転センター調査研究課長
　　　　自動車運転者の特性に関する調査・研究に従事。
2002 年　科学警察研究所交通部車両運転研究室長
2003 年　科学警察研究所交通部車両運転・事故分析研究室長
2003 年　九州大学大学院システム情報科学府知能システム学専攻博士
　　　　課程修了，「自動車運転事故に関わる人の情報処理特性と事故防止
　　　　対策に関する研究」で博士（情報科学）の学位を取得。
2005 年　科学警察研究所交通科学部交通科学第三研究室長
　　　　現在に至る。

安全運転の科学

2006 年 2 月 10 日　初版発行

著　者　牧　下　　寛
発行者　谷　　隆　一　郎
発行所　（財）九州大学出版会
　　　　〒 812-0053　福岡市東区箱崎 7-1-146
　　　　　　　　　　九州大学構内
　　　　電話　092-641-0515（直通）
　　　　振替　01710-6-3677
印刷／九州電算㈱・大同印刷㈱　製本／篠原製本㈱

Ⓒ 2006 Printed in Japan　　　ISBN4-87378-894-3